Positive
Psychotherapy:
Clinician
Manual

积极心理学治疗手册

心·理·通·识

[加] 塔亚布·拉希德（Tayyab Rashid）
[美] 马丁·塞利格曼（Martin Seligman）
著
/
邓之君
译

中信出版集团 | 北京

图书在版编目（CIP）数据

积极心理学治疗手册 /（加）塔亚布·拉希德，（美）马丁·塞利格曼著；邓之君译 .-- 北京：中信出版社，2020.11（2024.12重印）

书名原文：Positive Psychotherapy: Clinician Manual

ISBN 978-7-5217-2021-1

Ⅰ.①积… Ⅱ.①塔…②马…③邓… Ⅲ.①心理学—手册 Ⅳ.①B84-62

中国版本图书馆 CIP 数据核字（2020）第 118846 号

积极心理学治疗手册

著　者：[加] 塔亚布 · 拉希德　[美] 马丁 · 塞利格曼
译　者：邓之君
出版发行：中信出版集团股份有限公司
（北京市朝阳区东三环北路 27 号嘉铭中心　邮编　100020）
承 印 者：嘉业印刷（天津）有限公司

开　本：787mm × 1092mm　1/16　印　张：25.5　字　数：580 千字
版　次：2020 年 11 月第 1 版　印　次：2024 年 12 月第 8 次印刷
京权图字：01–2020–1277
书　号：ISBN 978-7-5217-2021-1
定　价：88.00 元

目 录

Contents

推荐序

积极何用

凡可正面表述之事皆可谓“积极”，然此并非积极心理学之“积极”本意。在中国现今的语境下，积极心理学被过多赋予“积极”，而丧失心理之初心。一时间，潜力、能量、神经语言、内观心法皆披积极心理学之外衣，而星座、皮纹、相面算命、打坐参禅皆入积极心理学之修法。于民而言，倘假文化唱起新科学则无可辩驳，若伪科学接驳正能量必悍然正确。积极心理学于此被套上枷锁，进退维谷——进则与伪类为伍，难拂其身；退则受骄横指摘，束之精英。-

心理学有其初心，即用科学之法观人心之运行，灵魂之学由此渐成。若在人心运行规律处明治人甚至制人之法，乃其副产品。反之，此种实践亦可为了解理性知识之过程，而非目的。如马丁·塞利格曼之言，“心理学之目的乃医治疾患、活出意义、选拔天才”——这可谓广告而非学术语言。知识无应用之目的，但有其使用之可能。

于心理学中，乃亚伯拉罕·马斯洛首倡积极心理学。在其名著《动机与人格》中，马斯洛使用“积极心理学”作为章节标题，其思想混杂存在主义与人文主义甚至个人体验，乃强调人作为独立个体存在之价值。马斯洛关怀人性、尊重人为之意义，甚至相信人之力量亦可自胜。我曾撰文数篇，论及积极心理学之精髓尽在人心之能动，乃寻根于此。后塞利格曼用其观点付诸实践并登高呐喊，心理学之使命非唯疗愈病患，乃惠及大众幸福，积极心理学遂成心理之显学。显学易成庸俗之学，亦可成“正确”之学。庸俗者，盖因其信者多而泽被者众，商业渐入，异化学者，使知识去其精、操作失其形；正确者，因其弃阴取阳、政治有向，所以平添高傲之姿。然此皆非积极心理学之初心，初心者，仍为爱智求知，或辅以知识惠施于众，许能动之人寻幸福之生活。积极心理学者虽万念不移此心。

中国人尤爱人世间之幸福欢愉、心之喜悦，著名哲学家李泽厚称之为“乐感文化”。然此乐感与积极心理学之幸福、繁盛亦有区别。积极心理学崇尚个体之能动，而吾国文化崇尚群体之和谐，二者不同之处当为吾国学者所察所补。李泽厚以实践理性阐释“乐感”，吾国吾民最为实践，即当穷天地之理，亦求现世之生活。康德不出小城而为大哲，而吾国哲人不行万里羞于论理，此皆实践之所在。现实中，智商优越者不通人事，道德良善者不欲同流，乃至木秀风摧、良币遭驱，皆称之为愚。智慧者大智若愚、大隐于野、大忠似奸，此间辩证，体味妙有。然实践理性非吾国独创，亚里士多德亦多有其实践智慧之论。此类人世间之实践，乃积极心理学之所倡；此类实践无碍彼岸、无涉超越，立行可见、立改可成。再者，幸福之道取自何处，孔子、亚里士多德之哲学与积极心理学有其共有之义，是谓美德。仁者不忧，于秩序中不逾矩，将父子血缘推之于外，则必健康无忧，且保父慈子孝、臣贤君明。亚里士多德亦赞美德之中道，尽可尽之才，取中而行，则至幸福。积极心理学与之异曲同工，以发挥美德优势作为治疗之基，其思想畅顺古今，而其法则藏于此书。

《积极心理学治疗手册》便是积极心理学使用之范本与逐步操作指南。若不欲皓首穷经，则此一册便可取积极心理学应用之实。

是为序。

喻　丰

武汉大学哲学学院心理学系教授、博士生导师

中国心理学会积极心理学专业委员会副主任

前言 积极心理学在临床环境中的应用

在心理治疗中，有一个未经证实的前提，那就是当一个患者被鼓励详细地谈论出自己的问题时，他就会在某种程序上痊愈。积极心理学治疗（Positive Psychotherapy, PPT）则采取了相反的方法，它鼓励患者充分认识到生活中什么是正确的、什么是坚强的、什么是美好的，并充分利用自己最好的一面，以缓冲精神障碍。请思考以下例子：

- 艾玛是一名沉溺于创伤记忆的年轻女性，她鼓起勇气，发现宽恕既有害也有益。
- 亚历杭德罗是一名有抑郁症和自杀念头的中年男子，他坐在精神病急救室里。他注意到坐在那里的其他人比他的情况更糟，他意识到他有足够的内部资源来处理他的麻烦。
- 米里亚姆是一名年近30岁的女研究生，她经历了视觉和听觉上的幻觉，而这些幻觉并不完全属于任何一种诊断范畴。她已经被介绍给许多专家，但他们无法达成一致的诊断结果。

在过去的15年里，这些人，以及其他数以百计的人，都接受了积极心理治疗，因为这种方法并不仅仅将他们视为“受伤的灵魂、疲惫的身体和萎靡的精神”。相较于最小化他们的痛苦，积极心理治疗评估、鉴别并放大了患者的优势，并将这些优势作为治疗的杠杆。

- 当艾玛准备好面对她的创伤时，积极心理治疗变成了一个理解宽恕的细微之处的过程——宽恕在哪些地方可以帮助她,哪些地方会伤害她。她发现宽恕的优势定义了她是一个善良和有同理心的人。
- 在进行积极心理治疗的过程中，亚历杭德罗发现洞察力是他的显著优势之一。他能够确定别人比他更糟糕，这种理解给了他力量去看待和利用生活中的积极因素。
- 当被问及是什么让她重新接受治疗（尽管我们的诊所没有为她提供专门的服务）时，米里亚姆发现，积极心理治疗是世界上唯一不局限于她的症状并欣赏她的创造力和毅力，使她完成学位的方式。

心理治疗在很大程度上已演变成一门主要涉及纠正和修补人们内在弱点的补救学科。在接下来的内容中，你会了解到，心理治疗可以聚焦于探索和培养真正的积极情绪、人格优势、意义和目的等领域。这本手册中的案例显示，尽管患者处于悲伤、压力、焦虑、矛盾或愤怒的状态，但他们能够发现并运用自己的善良、感恩、热情、自律，尤其是希望和乐观的优势。这本手册讲述了这些故事，并构建了一个使用积极心理学的技能来缓解紊乱的系统性的结构。我们相信，这本手册描述了一个改变的过程——通过培养积极情绪，增强人们的品格优势，帮助他们追求人生的意义，培养积极的人际关系，朝着内在激励的目标奋斗，这也是患者和临床医生治愈和成长的关键。

精神卫生专业人员可以在相关的临床条件下使用本手册。第一部分是理论基础，第二部分为临床医生提供了在积极心理治疗实践中的逐步指导。相关的临床资源在每个治疗环节结束时以及本手册末尾的附录中列出。还有一个在线附录（可以在 www.oup.com/ppt 上找到），其中包含大量与积极心理治疗相关的其他资源。

第一部分

引言及理论基础

第1章 积极心理治疗：是什么以及为什么需要它？

一个多世纪以来，心理治疗一直是患者讨论其心理问题的方式。每年有成千上万的人参加励志讲座、工作坊、静修和课程，更多的人购买了自助书籍和电子应用程序。这些治疗项目的关注点是基于这样的假设：挖掘童年创伤、纠正扭曲的错误思维、恢复功能失调的关系。这些方法都是有疗效的。这种对负面因素的关注是有直觉意义的，但是作为本书的作者，我们相信一些临床医生忽略了积极因素的重要性。一方面，心理治疗在减轻患者的抑郁和焦虑方面做得很好，但患者的幸福指数并不是治疗的明确目标；另一方面，积极心理治疗是积极心理学中的一种治疗尝试，旨在通过提高人们的幸福感来缓解其病理性压力。

本手册分为两部分：

第一部分为积极心理治疗提供理论框架；探讨显著优势；总结实践、过程和改变机制。

第二部分包括 15 个积极心理治疗环节，每个环节包括核心概念、指导方针、技能和练习这些技能的工作表。每个环节还包括一个合适且灵活的部分，展示了基于患者的具体情况，积极心理治疗实践在不丢失其核心元素的前提下可以使用的各种方法。此外每个环节包括至少一个案例以及对相关文化差异的思考与探索。

什么是积极心理治疗?

积极心理治疗是一种新兴的治疗方法，它主要基于积极心理学的原则。积极心理学主要研究能使个人、社区和机构蓬勃发展的条件和过程，旨在探索什么是有效的、什么是正确的，以及什么是可以培养的（Rashid, Summers, & Seligman, 2015）。我们可以通过一项广泛的、系统的研究综述来认识积极心理学对心理学领域的影响（Donaldson, Dollwet, & Rao, 2015），该综述考察分析了1999年至2013年间发表的1336篇文章。在这些文章中，超过750篇包含了对积极心理学理论、原理和干预措施的实证检验。

积极心理治疗是积极心理学的临床或治疗分支。积极心理治疗将症状与优势、风险与资源、弱点与价值、遗憾与希望结合起来，以期用一种平衡的方式去理解人类经验的内在复杂性。当然，积极心理治疗可能无法彻底消除患者的痛苦；在积极心理治疗中，临床医生应共情理解并帮助患者处理与创伤相关的痛苦，同时探索其潜在的发展。我们并不认为积极心理治疗是一种新的心理治疗方式，我们更倾向于认为这是一种对治疗的重新定位——“构建优势”模式，补充传统的“纠正错误”疗法（Duckworth, Steen, & Seligman, 2005）。

积极心理治疗不仅仅是关于积极心理学方面的。作为积极心理治疗的临床医生，我们并不是说其他的心理治疗都是消极的，事实上，积极心理治疗并不是为了取代现有的心理治疗，它是一种渐进式的疗法，用以平衡那些主要关注患者缺陷和弱点的疗法。如果教会患者使用自己的最优资源（包括个人的和人际的）来迎接生活的挑战，那么他们就能得到更好的理解和服务。积极心理治疗的最终目标是帮助患者学习具体的、可应用的、与个人相关的技能，这些技能能够最大限度地发挥他们的优势，使他们寻求充实的、满意的且有意义的生活。为了实现这一目标，积极心理治疗将临床医生的角色从对患者缺陷进行权威诊断的人扩展到同时积极促进患者成长、提升患者的心理韧性和幸福感的人。

我们为什么需要积极心理治疗？

心理治疗是心理健康专业人士（如心理学家、精神病学家、社会工作者和咨询师）的核心活动，它利用了广泛的理论方法（Watkins, 2010）。在各种方法中，心理疗法被证明能够有效地改善心理压力（Castonguay, 2013; Seligman, 1995）。它明显优于安慰剂，而且在许多情况下，心理治疗的长期效果比单独用药要好（Leykin & DeRubeis, 2009;Siddique et al., 2012）。事实上，心理治疗已被证明与许多通过经验验证的医学治疗一样有效，包括几乎所有的心脏病干预（如 β 受体阻滞剂、血管成形术和他汀类药物）、老年医学和哮喘（Wampold, 2007）。已经经过经验验证的心理疗法可用于数十种心理障碍，如抑郁症、精神分裂症、创伤后应激障碍、强迫症、恐怖症、惊恐障碍和进食障碍（Barlow, 2008; Seligman, 1995）。美国物质滥用和精神健康服务管理局的网站列出了超过 365 种精神疾病中 84 种的 145 种人工治疗方法（SAMHSA, 2015）。心理治疗的更精细的方面也获得了相关研究，如治疗联盟、治疗沟通的细微差别、非言语语言、治疗师的效果、治疗过程，以及与患者的反馈过程（Wampold, 2001; Watkins, 2010）。

传统心理疗法对问题的关注，使得许多疾病症状得到缓解性治疗。然而，我们认为，心理治疗师对消极因素的高度关注已经陷入僵局：20%~30% 的患者在治疗过程中几乎没有什么变化，还有 5%~10% 的患者在治疗过程中病情恶化（Hansen, Lambert, & Forman, 2002; Lambert, 2013）。在我们看来，心理治疗因此面临着一个巨大的障碍，我们称为“65% 障碍”，这意味着只有约 65% 的患者从治疗中获益。我们认为，基于优势的方法，如积极心理治疗，可以提高心理治疗的有效性，通过：

- 扩大心理治疗的范围
- 超越医学模式
- 扩大心理治疗的结果
- 减少对临床医生的影响

扩大心理治疗的范围

临床医生在心理治疗中把注意力偏向于消极方面是可以理解的。相对于积极经历，进化使我们的大脑更倾向于关注消极经历，对消极经历的反应也更强烈（Baumeister, Bratslavsky, Finkenauer, & Vohs, 2001; Rozin & Royzman, 2001）。在进化过程中，这种天生的消极倾向帮助我们获得住所、食物和伴侣。人类的大脑花了不成比例的时间去思考哪里出了问题，却没有足够的时间去思考生活中什么是对的。从本质上讲，消极因素在很大程度上决定了心理治疗的功效。虽然消极因素在心理治疗中起着重要作用，但它们也限制了治疗的范围。

作为人类，我们希望生活充满目标和意义（Duckworth, Steen, & Seligman, 2005）。随着人们对精神健康问题的日益关注，精神疾病患者在描述他们的生活，以及什么能帮助他们超越精神病患者的角色时，变得更加直言不讳（Secker, Membrey, Grove, & Seebohm, 2002）。这样的患者期待全面康复，包括对生活重新燃起希望、拥有积极的人际关系和有意义的人生追求（Secker, Membrey, Grove, & Seebohm, 2002; Slade, 2010）。心理治疗提供了一个前所未有的机会，通过培养患者的优点来支持他们的个人发展，这个过程不应该被浪费在仅仅关注改善其心理症状或缺陷上。恢复不是改善或消除问题，它应该是评估和增强患者的实力、技能、能力、才能和资质等（Crits-Christoph et al., 2008; Le Boutillier et al., 2011; Rapp & Goscha, 2006）。

超越医学模式

目前的心理治疗仍继续在一种医学模式中运作，在这种模式下，精神障碍是由神经递质失调、基因异常和大脑结构与功能缺陷引起的脑部疾病（Deacon, 2013; Maddux, 2008）。大卫·艾尔金斯（David Elkins, 2009）和许多学者都注意到，在心理治疗中叠加医学模式是一个问题。在医学模式中，医生根据症状诊断疾病，并实施旨在治愈疾病的治疗。在心理治疗中，疾病和治疗往往依赖于患者的人际背景特征——这与医学几乎没有关系，但是医学模式仍然是主要的描述框架，它为心理治疗提供了其他描述系统所缺乏的文化尊重和经济优势（Elkins, 2009）。然而，与医学疾病不同，精神疾病不能追溯到简单的病因。

詹姆斯·马杜克斯（James Maddux, 2008）指出，医学模式对心理治疗的影响可以通过与心理治疗相关的最常见的术语来确定，包括症状、功能障碍、诊断、疾病和治疗。这种影响不成比例地决定了临床关注的重点是疾病和功能障碍，而不是健康。心理治疗的医学模式在培训组织、研究组织和专业组织中根深蒂固，但我们更建议结合一种基于个人优势的方法，使心理治疗更加平衡。有证据表明，个人优势可以成为治疗严重疾病的有效要素，如精神病（Schrank et al., 2016）、自杀意念（Johnson et al., 2010）和边缘性人格障碍（Uliaszek et al., 2016）。通过注入和整合优势，心理治疗领域可以丰富患者和临床医生的经验。斯莱德（Slade, 2010）认为，这样的扩展还可以为临床医生提供挑战污名、歧视以及促进社会福祉的机会。然而，将心理治疗的模式从缺陷扩展到优势将需要评估和治疗方面的改变。在 21 世纪，临床医生的角色转变可能会成为常态，而不是例外。亚历克斯·伍德和尼古拉斯·泰瑞尔（Alex Wood & Nicholas Tarrier, 2010）提出，关注患者的积极因素应该与理解和治疗临床的痛苦同等重要，因为：

- 个人优势可以缓冲负面生活事件的痛苦影响，潜在地预防心理障碍的发展（Huta & Hawley, 2008; Marques, Pais-Ribeiro, & Lopez, 2011）。
- 个人优势与幸福的几个指标相关，如生活质量（Proctor et al., 2011）、心理健康、主观幸福感（Govindji & Linley, 2007）。几乎所有的品格优势都与学术满意度、平均绩点（Lounsbury et al., 2009）、心理健康（Littman-Ovadia & Steger, 2010;Quinlan et al., 2012）存在相关。
- 以个人优势为基础的干预产生了许多好处。优势预测心理障碍的能力超过消极特征或症状的预测能力（Wood et al., 2009）。基于优势的干预措施带来了许多好处（Quinlan et al., 2012）。
- 对来自不同文化背景的患者来说，增强个人优势可能更有效，也更容易被接受（Harris, Thoresen, & Lopez, 2007; Pedrotti, 2011）。
- 有社交智慧和善良等品格优势的人会更少歧视有心理问题的人。思想开明的人认为精神健康障碍并不完全由个人所致（Vertilo & Gibson, 2014）。

扩展心理治疗的结果

心理治疗结果研究人员强调，生活质量和心理健康指标应纳入康复的定义（Fava & Ruini, 2003）。拉里·戴维森（Larry Davidson）和同事用“康复导向护理”这个术语来描述培养一个人生活中积极因素的治疗方法，如财富、抱负、希望和兴趣，以尽量改善和减少患者的症状（Davidson, Shahar, Lawless, Sells, & Tondora, 2006）。

对30份提供康复导向实践指导的国际文件进行的主题分析建议，将“康复”的概念扩大到缓解症状以外的范围，包括健康。分析建议，康复包括评估和使用个人优势和自然支持，用以进行评估、审查、护理计划和实现目标，并且护理和治疗应积极利用这些优势（Le Boutillier et al., 2011）。对康复的定义和扩展也扩大了心理健康专业人员的作用，更强调他们与患者的伙伴关系（Slade, 2010）。施兰克和斯莱德（Schrank & Slade, 2007）将“康复”定义为一个深刻的、个人的、独特的过程，在这个过程中，一个人的态度、价值观、情感、目标、技能和角色都发生了变化。“全面康复”意味着，尽管受到心理压力的限制，一个人仍然能够过上充实和满意的生活。全面康复还包括超越精神疾病的灾难性影响，在生活中发展新的意义和目标。

减少对临床医生的影响

心理治疗的本质要求心理医生倾听患者对事件的详细描述，有时可能是让人害怕的事件，并目睹其极端残忍和 / 或暴力行为的心理（有时也可能是生理的）后果。如果心理治疗在很大程度上需要医生与患者面对微小但严重的负面记忆和不良经历的话，那么这种累积的共情经验可能对临床医生产生负面影响。有证据表明，这些影响会导致医生出现情感衰竭、人格解体和缺乏个人成就，进而导致倦怠和同情疲劳（Berzoff & Kita, 2010; Deighton, Gurris, & Traue, 2007; Hart, 2014）。哈里森和韦斯特伍德（Harrison & Westwood, 2009）探索了维持临床医生健康以及使他们成为榜样的原因，他们发现对以下三个属性保持信任的能力传达出临床医生总体积极的取向：自信心，也就是说，临床医生对其专业知识有信心；治疗的改变过程；世界是一个充满美丽和潜力的地方（尽管还有痛苦和苦难）。这三个属性对于积极心理治疗的理论定位至关重要，并在实践中得到了推广提升。

治疗障碍

正如本章之前指出的，一些患者并未从心理治疗中获益，甚至有一些患者（5%~10%）的病情在治疗期间恶化了（Lambert, 2007）。让我们来讨论一下这个障碍，因为它适用于最常见的精神病理学形式：抑郁症——一种也被称为“精神疾病中的普通感冒”的疾病。考虑两种我们已知有效的治疗方法：认知行为疗法和使用选择性血清素再摄取抑制剂，如百忧解、左洛复和依地普仑。每种治疗会产生约 65% 的反应率，我们知道这个反应包括 45%~55% 的安慰剂效应（Rief et al., 2011）——安慰剂越真实，安慰剂的反应越大，而且这些数字反复出现。最近一项包含了 30 年研究的元分析综述（包括随机分配的抗抑郁药物、安慰剂对照实验）表明，很大比例的治疗效果可以归因于安慰剂反应（Kirsch et al., 2002; Undurraga & Baldessarini, 2017）。

为什么会产生 65% 的治疗障碍？为什么治疗的具体效果如此之小？我们认为，这是因为行为改变对一般人来说是困难的，尤其是对寻求治疗的患者来说，他们可能缺乏动力、有共病问题，或者生活在不健康的环境中，无法改变。因此，许多患者继续以根深蒂固的不适应的方式行事，而做出改变可能会被他们视为有威胁和不可能实现的。

事实上，许多临床医生已经放弃了治愈患者的想法。管理式医疗和有限的治疗预算有时会导致精神卫生专业人员完全专注于危机管理和提供表面性治疗，这种情况在一定程度上解释了 65% 的障碍（Seligman, 2006）。

在传统的、以个体缺点为导向的心理治疗中，一些临床医生认为，对“压抑的愤怒”这样的负面情绪，最佳方法是表达，如果愤怒没有被表达出来，它将通过其他症状表现出来。治疗文献中充斥着诸如“打枕头”“发脾气”和“表达出来”这样的短语，用以说明这种压力思维（Seligman, 2002a）。然而，这种方法使得当前的心理治疗在很大程度上成为一门“受害者学”——把患者描绘成对环境的被动反应者。冲动、本能和需求让患者产生了不可避免的冲突，只有通过发泄才能部分缓解这些冲突。在我们看来，发泄情绪充其量是一种表面疗法，更糟糕的是，它可能引发被放大的愤怒、怨恨和心脏病（Chida & Steptoe, 2009）。

替代传统的治疗方法

学会在面对心理压力时保持正常表现，是积极心理治疗采用的另一种方法。抑郁、焦虑和愤怒往往是由可遗传的个性特征造成的，这些个性特征可以改善，但不能消除。所有的负面情绪和负面人格特征都有很强的生物学限制，期望心理治疗能克服这些限制是不现实的。传统心理疗法使用很缓和的方法，其所能做的最好的事情就是帮助患者生活在这些压力、焦虑或愤怒范围的最上层。想想亚伯拉罕·林肯和温斯顿·丘吉尔这两位患有严重精神疾病的历史人物（Pediaditakis, 2014），他们都属于高功能人群，尽管经历了严重的心理健康问题，但他们的功能都很好，也许他们表现得很好是因为他们利用了自己的优势。心理治疗需要开发干预措施，教患者在出现症状时利用自己的优势更好地发挥作用。我们相信积极心理治疗可以帮助患者更好地工作，并有可能突破 65% 的障碍。

挑战和改变传统的心理治疗方法还有一个重要的原因。好的生活是心理治疗的最终目标，但无法通过传统的缺陷导向的框架来完全实现。例如，在一项控制了这些消极特性的研究中，研究人员发现，没有积极特性（如希望和乐观、自我效能感和感恩）的人患抑郁症的风险是普通人的 2 倍（Wood & Joseph, 2010）。同样，显著个人优势的存在（如希望、对美和卓越的欣赏、智慧）已经被证明对抑郁症患者的康复有重要的贡献（Huta & Hawley, 2008）。希望和乐观（Carver, Scheier, & Segerstrom, 2010）以及感激（Flinchbaugh, Moore, Chang, & May, 2012）都被证明能降低患者的压力和抑郁水平。

第2章

积极干预和理论假设

关注积极因素的心理干预措施少之又少。本章首先简要回顾了早期干预和相关治疗，它们是当代积极心理学干预（Positive Psychology Interventions, PPIs）和积极心理治疗（PPT）的前身。

积极心理干预的历史观点

一直以来，科学家、哲学家和圣贤都试图从不同角度来描述快乐、幸福和繁荣。例如，孔子认为生命的意义在于将人的日常生活与纪律、教育、和谐的社会关系相结合。苏格拉底、柏拉图和亚里士多德认为，要获得幸福，追求高尚的生活是必要条件。在第二次世界大战之前，心理学有三个明确的使命：治疗精神病理症状、使所有人的生活更富有成效和满足感，以及识别和培养高素质人才（Seligman & Csikszentmihalyi, 2000）。威廉·詹姆斯（William James）在《宗教经验种种》（1902）中指出，勇气、希望和信任可以战胜怀疑、恐惧和担忧。约翰·杜威（John Dewey, 1934）强调人与环境之间艺术审美交流的必要性。亨利·默里（Henry Murray, 1938）提出，研究积极、快乐和富有成果的经历对理解人类至关重要。

第二次世界大战后，很大程度上由于经济和政治上的紧急情况，精神病理学的评估和治疗成为心理学更狭隘的主要焦点。然而，像卡尔·罗杰斯（Carl Rogers）、亚伯拉罕·马斯洛（Abraham Maslow）、亨利·默里、戈登·奥尔波特（Gordon Allport）和罗洛·梅（Rollo May）这样的人本主义心理学家继续倡导积极的心理治疗方法。他们试图描述美好的生活，并试图从我们内在的成长趋势中，找出能够促进这种生活的方式。马斯洛（1970）指出：

> 心理学在消极方面比在积极方面成功得多。它向我们揭示了人类的许多缺点、疾病、罪恶，却很少揭示其潜力、美德、可实现的抱负或其心理高度。这就好像心理学自愿地把自己限制在它应有的一半范围内，而且那一半还是更黑暗、更刻薄的。（p.354）

玛丽·雅霍达（Marie Jahoda）在20世纪50年代讨论了积极心理健康的概念（Jahoda, 1958）。迈克尔·福代斯（Michael Fordyce）将这些观念转化为一些积极的干预措施，并在大学生中进行了测试（Fordyce, 1983）。20世纪80年代，史蒂夫·笛·夏德（Steve de Shazer）和茵素·金·伯格（Insoo Kim Berg）（De Shazer et al., 1986; Hawkes, 2011）发现了寻解聚焦疗法，该疗法专注于从可变的选项中产生解决方案和目标。幸福感疗法将认知行为疗法与幸福感元素相结合，已被证明在治疗情感和焦虑障碍方面是有效的（Ruini & Fava, 2009）。同样，弗里奇的生活质量疗法将认知疗法与积极心理学思想相结合，已被证明对抑郁症患者有效（Frisch, 2013）。然而，与绝大多数以缺陷为导向的治疗方法相比，针对积极方面的干预措施太少了，心理治疗师学到了很多关于伤害、缺陷和功能障碍的知识，却对美好生活的要素以及如何培养这些要素知之甚少。

积极心理干预和积极心理治疗

积极心理治疗是一种基于积极心理学原理的治疗方法，也就是说，积极心理治疗是积极心理学的临床和治疗工作。积极心理治疗是由 15 个具体的实践练习组成的，这些练习通过实证验证组成积极心理学干预（PPIs），每个练习可以单独进行，也可以由 2~3 个练习组成集合（Seligman et al., 2005）。经过实证验证，这些练习被组织成一个有凝聚力的协议，即“积极心理治疗”（PPT）。在本节中，在详细描述 PPT 之前，我们对 PPIs 的经验地位进行了评估。

积极心理干预通常在网上发布，是相对简单的提高幸福感的策略。马丁 · 塞利格曼和他的同事通过实验验证了三个 PPIs（三件好事，即祝福日志、以新方式发挥显著优势、感恩拜访；Seligman et al., 2005）。独立的研究方向重复了这些发现（Gander et al., 2013; Mitchell et al., 2009; Mongrain, Anselmo-Mathews, 2012; Odou & Vella-Brodrick, 2013; Schueller & Parks, 2012; Duan et al., 2014; Schotanus-Dijkstra et al., 2015; Vella-Brodrick, Park, & Peterson, 2009）。

PPIs 自首次验证以来得到了广泛的应用（Parks et al., 2012; Proyer et al., 2013; Quinlan et al., 2015; Winslow et al., 2016）。它们为某种程度上正在同时进行的理论和临床尝试提供了一种新的推动力，以培养幸福感和积极的品质，如感恩（Emmons & McCullough, 2003）、宽恕（Worthington & Drinkard, 2000）、享受（Bryant, 1989）、优势（Buckingham & Clifton, 2001; Saleebey, 1997）、心理健康（Ryff & Singer, 1996; Ryff, Singer, & Davidson, 2004）和共情（Long et al., 1999）。

PPIs 的理论框架和应用意义都以学术论文集的形式吸引着学者。《积极心理学干预手册》（*The Handbook of Positive Psychology Interventions*, Parks & Schueller, 2014）对已建立的、新的和正在出现的 PPIs 提供了一个全面的观点。亚历克斯 · 伍德和朱迪思 · 约翰逊（Judith Johnson）最近出版了一本综合编辑的著作《积极临床心理学手册》（*The Handbook of Positive Clinical Psychology*, Wood & Johnson, 2016），它通过检查患者临床情况（如抑郁症、情绪失调、焦虑、创伤后应激、自杀和其他精神疾病），提供了一个综合的视角，因为它与人格、精神病理学以及心理治疗有关。此手册还讨论了基于积极心理学的临床治疗，如积极心理治疗（Rashid & Howes, 2016）、幸福感疗法（Fava, 2016）和生活质量疗法（Frisch, 2016），重新解释了传统疗法，如接受与承诺疗法、来访者中心疗法，以及积极心理学视角的图式疗法。

关于 PPIs 如何促进积极心理治疗方案的发展和完善，见表 2.1：临床环境下选定的积极心理学干预。此表列出了 20 项积极心理干预措施，适用于成人的各种临床和卫生保健情况。这些积极心理学干预方案专注于核心的临床问题，如抑郁症、焦虑症、进食障碍、自杀倾向和行为问题。这些独立的研究清楚地表明，PPIs 在减轻症状方面是有效的。值得注意的是，通过使用重点突出的结构（如感激、希望、善良、宽容和人格优势），PPIs 可以用于主动或辅助治疗范围广泛的健康问题，如心脏问题与康复、中风后康复、脑损伤、2 型糖尿病和乳腺癌。PPIs 还可跨文化应用，包括在中国、印度尼西亚、伊朗、韩国、澳大利亚、德国和西班牙的应用。

每项研究使用的相关 PPT 练习也列在表 2.1 中。这一信息对临床医生尤其重要，因为它表明，虽然积极心理治疗是一种新的和不断发展的治疗模式，但这种做法是有证据基础的。

表 2.1 临床环境下选定的积极心理学干预[①]

序号	来源	临床重点及相关积极心理治疗练习	描述（样本及方法）	结果
1	Huffman et al., 2011	心脏问题 感恩表达 写感谢信 想象最好的自己 做三件善事	对心脏病患者进行为期 8 周的 PP 远程医疗干预试验	PPI 干预似乎是可行的，并获得一组急性心脏病患者的广泛接受

① 以出版年份为序。

（续表）

序号	来源	临床重点及 相关积极心理治疗练习	描述 （样本及方法）	结果
2	Fung et al., 2011	照料家庭的压力 品格优势 盘点以前的幸运 感恩之旅 利用品格优势解决问题	在中国香港一家医院的骨科和创伤科，脑瘫儿童的家长和护理人员完成了4周的疗程	参与者在4个干预阶段和加强阶段都表现出明显较低的父母压力和较高的希望水平。他们感知到的社会支持在小组存续时增加，但在小组结束后没有增加
3	Cheavens et al., 2006	抑郁 品格优势	34名符合MDD标准的成人被随机分配到为期16周的CBT治疗中，其中一组关注患者优势，另一组关注患者的不足或补偿	与关注不足或补偿的被试相比，关注患者优势的小组中，患者症状的变化速度更快
4	Flückiger et al., 2008	焦虑 患者的资源，如个人的优势、能力和接受治疗的准备	在德国进行的这项研究，探索了是否关注患者的资源或能力（尤其是在治疗的初始阶段），对治疗结果的影响	不考虑治疗前的痛苦程度、对幸福感和症状减轻的快速反应，以及治疗师的专业经验和治疗时间的情况下，关注患者能力与积极的治疗结果相关
5	Ho, Yeung, & Kwok, 2014	抑郁 幸福的故事 感恩 乐观的思维方式 享受 好奇心	来自中国香港社区及护理院的74名参与者，年龄介于63至105岁之间，在为期9周的团体训练中完成PPIs	患者抑郁症状有所减轻，生活满意度、感恩程度和幸福感有所提高
6	Andrewes, Walker, & O’Neill, 2014	脑损伤 思考三件好事 找到自己的显著优势	将10例脑损伤患者随机分为干预组和对照组	12周后，干预组幸福感增加，自我概念改善

（续表）

序号	来源	临床重点及相关积极心理治疗练习	描述（样本及方法）	结果
7	Huffman et al., 2014	自杀倾向 感恩拜访 发现自己的人格优势 想象最好的自我 盘点幸运 有意义的活动	本研究评估了9种PP练习的可行性和可接受性（这些练习提供给因自杀想法或行为而住院的患者），同时探讨了这些练习的相关影响	考虑到年龄、顺序和跳过的练习，PPIs总体上是有效的，患者的感恩心态和个人优势都显示出了效力
8	Kerr, O'Donovan, & Pepping, 2015	精神问题，包括抑郁、焦虑、物质滥用等 感恩和善良	在澳大利亚昆士兰州的7家心理门诊诊所中，有48名个体心理治疗候补名单上的成年人参加了此次调查，他们被分配进行为期2周的自我管理干预	短期内的一次简要的PPI能够可靠地培养患者感恩而非善良的情感体验。然而，与安慰剂条件相比，感恩和善意干预都建立了一种联系感，提高了他们对日常生活的满意度和乐观程度，并减少了焦虑
9	Huffman et al., 2015	2型糖尿病 对积极事件的感恩 个人优势 感谢信 善举	在这个概念验证研究中，15例（平均年龄60.1 ± 8.8岁）有2型糖尿病和心血管风险的患者完成了PP练习	积极情绪、乐观情绪和幸福感水平越高，2型糖尿病等慢性疾病患者的健康行为依从性（和结果）就越好
10	Huynh et al., 2015	导致监禁的行为问题 纳入良好生活模型的基于PERMA① 的活动和任务	这个PPI是积极的重返社会劳教项目，通过每周为罪犯安排讲座、讨论和家庭作业，重点教授罪犯重返社会的技能	在感恩、希望和生活满意度方面，患者在干预前和干预后的得分存在显著差异
11	Ko & Hyun, 2015	抑郁 记录好的事情 积极的回馈 感谢信	在韩国的一家医院里，53名确诊为MDD的成年人被分为接受了为期8周PPIs的治疗组和没有接受任何治疗的控制组	接受PPIs治疗的一组在抑郁测量上的得分显著下降，在希望和自尊测量上的得分显著上升

① PERMA指塞利格曼的幸福理论，详见本书第24页。——编者注

（续表）

序号	来源	临床重点及 相关积极心理治疗练习	描述 （样本及方法）	结果
12	Lambert D' raven, Moliver, & Thompson, 2015	抑郁 写感谢信 多行善事	在一个为期6周的试点项目中，76名有抑郁症症状的初级卫生保健机构患者参加了一项干预，其中包括做好事和写感谢信	患者在身体健康、活力、心理健康以及身心健康对日常活动的影响方面，从基线到6个月的随访分数都有所提高
13	Retnowati et al., 2015	自然灾害后的抑郁 希望干预 目标认同 计划 保持动力	干预组为31名直接受印尼默拉皮火山爆发影响的成年人，他们接受了4次时长2小时的希望干预治疗。他们与未接受治疗的对照组（n＝31）进行比较	干预组的抑郁症状在治疗后明显减少
14	Chaves et al., 2017	抑郁 感恩 享受 品格优势 善良	在这个随机对照试验中，经过结构化诊断后，MDD患者被分为CBT组（n＝49）和PPI组（n＝47）	两组患者的主要治疗结果在干预前和干预后均有显著变化，但两组间无显著差异
15	Nikrahan et al., 2016	冠状动脉旁路手术 感恩和宽恕 显著优势 想象最好的自我 积极的社会干预 重塑过去	69例近期接受过冠状动脉搭桥术或经皮介入治疗的患者被随机分为PPI组或待选对照组。在基线、干预后7周和15周随访时评估风险生物标志物	在7周时，与对照组相比，PPI组的高敏感度和皮质醇觉醒反应明显较低
16	Sanjuan et al., 2016	心脏康复 发现美好的事物 显著优势 想象最好的自我 表达感恩 善行	在西班牙，心脏病患者（n＝108）被随机分配到一个对照组（常规康复计划）或幸福计划和康复计划组	在对功能性能力进行控制后，幸福计划和康复计划组的负面情绪明显小于对照组

（续表）

序号	来源	临床重点及 相关积极心理治疗练习	描述 （样本及方法）	结果
17	Wong et al., 2018	精神痛苦 感谢信	寻求心理治疗的成年人（n = 293）被随机分配到（a）对照组（仅接受心理治疗），（b）心理治疗加表达性写作，（c）心理治疗加感恩写作三个组	感恩写作组的参与者会写信表达对他人的感激之情。感恩写作组的参与者比表达组和控制组的参与者报告了明显更好的心理健康状况
18	Harrison, Khairulla, & Kikoler, 2016	饮食障碍 积极情绪的培养 品格优势	8 名年龄在 11 到 18 岁之间的住院女性患者，完成了一个积极组，并在治疗之前、之后以及 6 个月后进行了评估	75% 的患者报告其主观幸福感的改善，87.5% 的患者报告其生活满意度有显著改善
19	Terrill et al., 2016	中风后康复 表达感恩 训练善行	参与者是由 6 个月或更久前患有中风的一方和同居伴侣 / 看护人组成的，一方或双方报告有抑郁症状。干预是一项为期 8 周的自我管理行为 PPI，每周单独完成两项活动，共同完成两项活动	五对参与者完成了该计划（83% 的留存率）。参与者在 8 周内至少参加了 6 周的活动，并表示对干预“非常满意”（M = 3.5 / 4）
20	Muller et al., 2016	慢性疼痛和身体残疾 表达感恩 善行 宽恕 心流 照顾身体	患有脊髓损伤、多发性硬化症、神经肌肉疾病、脊髓灰质炎后综合征和慢性疼痛的患者被随机分配到 PP 组或对照组。PP 组的参与者完成了一个个性化的 PPI，而对照组的参与者记录了 8 周的生活	在干预后，PP 组的疼痛强度、疼痛控制、疼痛恶化、疼痛干扰、生活满意度、积极情绪和抑郁方面均有显著改善。在 2.5 个月后的随访中，患者的生活满意度、抑郁、疼痛强度、疼痛干扰和疼痛控制均得到改善

注释：

PP= 积极心理学，PPI= 积极心理干预，CBT= 认知行为疗法，MDD= 重度抑郁症。

此外，回顾此表将帮助临床医生调整积极心理治疗模型，以满足其患者的特定临床需求。例如，基于新出现的证据，临床医生可以决定哪种做法对有饮食问题的患者更有效，如何跨文化地执行感谢信或感恩拜访，或者哪种做法可能不适合处理创伤的患者。

除了探讨 PPIs 的理论基础，我们也进一步探讨了改变的潜在机制及其在解释临床条件中的作用，包括用感恩来对抗抑郁的有害影响（Wood, Maltby, Gillett, Linley, & Joseph, 2008），将希望作为创伤后应激障碍治疗的一种改变机制（Gilman, Schumm, & Chard, 2012），精神和意义在心理治疗中的治疗作用（Steger & Shin, 2010; Worthington, Hook, Davis, & McDaniel, 2011），以及宽恕作为行使报复或释放愤怒的权利的一个渐进过程（Harris et al., 2006; Worthington, 2005）。其他研究记录了创造力与双相情感障碍（Murray & Johnson, 2010）、积极情绪与社交焦虑（Kashdan et al., 2006）、社交关系与抑郁（Oksanen et al., 2010）之间的关系。菲茨帕特里克和斯塔利卡斯（Fitzpatrick & Stalikas, 2008）认为积极情绪能有力地预测治疗变化。其他越来越多的科学证据表明，积极情绪不仅反映了成功和健康，它们还通过自适应地改变态度和思维方式来创造成功和健康（Fredrickson, 2009）。

一些综述还探讨了 PPIs 的整体有效性和相关性。这些综述综合了理论链，为 PPIs 的应用提供了重要的临床意义。表 2.2“具有临床意义的积极干预措施综述”包括 12 项综述，其中包括关于 PPIs 总体有效性的两项元分析综述。西恩和柳博米尔斯基（Sin & Lyubomirsky, 2009）对 51 种积极干预（包括临床和非临床样本）进行的第一项元分析发现，积极干预措施是有效的，在显著减少抑郁症状（平均 r = 0.31）和提高幸福感（平均 r = 0.29）方面具有中等的效应值。波利尔和她的同事（Bolier, 2013）的第二项元分析涉及 6139 名参与者（包括西恩和柳博米尔斯基的 19 项研究），发现积极心理干预降低抑郁的效应值较小（平均 r = 0.23），但提高幸福感的效应值中等（r = 0.34）。探索 40 个 PPIs 的有效性，霍恩、加尔顿和斯科菲尔德（Hone, Jarden, & Schofield, 2015）使用了一个标准化框架：RE-AIM，评估干预的范围（Reach）、有效性（Efficacy）、适用性（Adoption）、实施（Implementation）和维持（Maintenance）（Glasgow, Vogt, & Boles, 1999; NCCMT, 2008）。RE-AIM 评估研究样本的代表性、情境、成本以及个人和机构层面效果的持久性。根据 RE-AIM 的数据，积极心理干预得分差异很大：范围为 64%，有效性 73%，适用性 84%，实施 58%，维持 16%。两个使用积极情绪的元分析——一个使用行为激活（Mazzucchelli, Kane, & Rees, 2009），另一个使用基于意识的方法（Casellas-Grau & Vives, 2014）——表明基于优势的方法可以提高幸福感。

其他一些研究探讨了具体的积极属性的有效性，如情绪调节中的积极情绪（Quoidbach, Mikolajczak, & Gross, 2015），及具体优势（感恩和善良）在减少症状和增强幸福感方面的有效性（D' raven & Pasha-Zaidi, 2014; Drvaric et al., 2015）。其他的综述则着眼于积极的属性如何影响身体健康问题的管理（Macaskill, 2016），如乳腺癌与感恩（Ruini & Vescovelli, 2013），以及确定可靠的结果衡量标准（Stoner, Orrell, & Spector, 2015）。PPIs 在创伤和战争等复杂情况下的相关性（Al-Krenawi et al., 2011），以及它们与神经科学的相关性（Kapur et al., 2013）也得到了探索。

路易斯·兰博特·德拉文和帕沙·扎伊迪（Louise Lambert D' raven & Pasha-Zaidi, 2016）回顾了在咨询环境中利用人格优势，如感恩、享受、自我同情和积极关系进行积极干预的相关性。他们的结论是，PPIs 在产生积极的情感和体验以及减轻抑郁方面是有效的。更重要的是，PPIs 在临床应用中可以调动内在的能力，有助于激励患者做出理想的改变。此外，PPIs 还为临床实践提供了总体上保持和改善积极情绪和幸福感的策略。

PPIs 可应用于不同的临床环境，解决复杂的临床问题，并完善心理治疗和健康结果的知识基础。在 PPT 的发展和完善中，PPIs 强有力的经验证据和日益显现的治疗效果也是必不可少的。

表 2.2 具有临床意义的积极干预措施综述[①]

序号	来源	描述	主要结果
1	Sin & Lyubomirsky, 2009	元分析：包括 51 项 PPIs，共 4266 名参与者，探讨 PPI 的有效性，为临床医生提供实际指导	结果表明，积极心理干预显著提高幸福感（平均 r = 0.5），降低抑郁症状（平均 r = 0.31）
2	Mazzucchelli, Kane, & Rees, 2010	元分析：研究考察了 BA（行为激活）对幸福感的影响。共包括 20 项研究，1353 名参与者	混合效应值（Hedges' g）表明，BA 和对照组在后续测试中的幸福感差异为 0.52。无论是在临床还是非临床情境中，BA 似乎都提供了一个现成的和有吸引力的干预，以促进一类人群的福祉
3	Quinlan, Swain, & Vellarodrick, 2012	综述：对 8 项研究的回顾，这些研究明确地寻求教授或使用优势分类来提高幸福感，并使用干预前和干预后的措施以及对照组	综述发现，当干预措施要求参与者制订计划、设想一个不同的未来、或明或暗地设定目标时，效果更好。与动机、人际关系和自主性相关的目标更有可能实现。较长时间的干预比较短时间的干预更有效
4	Bolier et al., 2013	元分析：回顾 39 项发表的随机研究，包括 7 项临床研究，涉及 6139 名参与者	元分析发现，主观幸福感的标准化均数差为 0.34，心理幸福感的标准化均数差为 0.20，而抑郁症的标准化均数差为 0.23，表明 PPIs 的影响较小
5	Casellas-Grau & Vives, 2014	系统性综述：集中于 16 项研究，包括基于正念的方法、积极情绪的表达、精神干预、希望疗法和意义建构干预	应用于乳腺癌患者和幸存者的 PPIs 被发现能够促进积极的方面
6	D'raven & Pasha-Zaidi, 2014	综述：本综述针对咨询从业者，探索了一些 PPIs 的样例，如享受、感恩和自我同情，以描述为什么、如何、在什么条件下这些 PPIs 是有效的，以及它们最适合哪些人	该综述的结论是，PPIs 可以促进更大的福祉。但是，重要因素，如适合性、时间和文化也需要考虑，并不是越多越好

① 以出版年份为序。

（续表）

序号	来源	描述	主要结果
7	Drvaric et al., 2015	评论性综述：本文对 11 项研究进行了综述，探讨了在治疗临床发病的精神疾病患者时，基于优势的治疗方法的相关性和有效性	积极的应对技能和适应力可能是缓解高心理压力的保护性因素，这表明增强适应力能有效地提高幸福感，促进临床精神病高风险患者的心理适应健康
8	Hone, Jarden, & Schofield, 2015	有效性综述：关注涉及 10 664 名参与者的 40 项 PPIs 的有效性，本评估探讨了干预效用的五个维度的效果，包括：范围、有效性、适用性、实施和维持（RE-AIM）	关于 RE-AIM 评分的报告水平差异很大：范围为 64%，有效性 73%，适用性 84%，实施 58%，维持 16%
9	Quoidbach, Mikolajczak, & Gross, 2015	综述：采用情绪调节的过程模型，对 125 项以上的研究进行综述。它包括一些 PPIs，诸如善良的行为、最好的自我、盘点幸运、感恩拜访、目标设定、希望和享受	作者提出，积极情绪可以通过五种短期和长期策略来培养，包括情境选择、情境调整、注意力部署、认知变化和反应调节。本综述提供了一个全面的框架和详细的路线图，以帮助临床医生增加患者的幸福感
10	Roepke, 2015	元分析：这篇综述探讨了通过不同的治疗方法，人们是否能在逆境中成长。其中包括 12 项随机对照研究，采用有效或可靠的 PTG 测量（或密切相关的结构）	虽然这些干预措施都不将促进 PTG 作为主要结果，但在 PTG 方面发现了成长（中到大的效应值）
11	Stoner, Orrell, & Spector, 2015	系统性综述：该综述通过标准化的指标，在有共同性格的人群中评估了 PP 测量结果。它的目的是确定稳健的测量水平，以应对潜在的适应性或满足在痴呆症人群中的使用需求	该综述确定了 16 项 PP 结果测量标准，包括心理韧性、自我效能感、宗教 / 灵性、生命价值、连贯性、自主性和智谋。该综述强调了在 PPIs 中报告适当的心理测量分析的重要性
12	Macaskill, 2016	综述：本综述探讨了 PPIs 在有躯体健康问题的临床人群中的应用	PPIs 正开始应用于有躯体健康问题的临床人群。本研究调查 PPIs 在癌症、冠心病和糖尿病治疗中的应用。PPIs 初步显示出良好的效果

注释：

PP= 积极心理学，BA= 行为激活，PPI= 积极心理干预，PTG= 创伤后成长。

积极心理治疗和幸福感理论

积极心理治疗主要基于两大理论：塞利格曼的以幸福的概念化为基础的 PERMA 理论（Seligman, 2002a, 2012）和品格优势（Peterson & Seligman, 2004）。我们首先解释 PERMA，它是一个模型，将幸福分为五个科学上可测量和可管理的组成部分，如表 2.3“幸福理论：PERMA”所示：积极情绪（Positive Emotions）、投入（Engagement）、关系（Relationships）、意义（Meaning）和成就（Accomplishment）（Seligman, 2012）。研究表明，PERMA 的三个维度（积极情绪、投入和意义）的满足与较低的抑郁率和较高的生活满意度相关（Asebedo & Seay, 2014; Bertisch et al., 2014; Headey, Schupp, Tucci, & Wagner, 2010; Kern et al., 2015; Lambert D' raven & Pasha-Zaidi, 2016; Lamont, 2011; Schueller, & Seligman, 2010; Sirgy & Wu, 2009）。

表 2.3 幸福理论：PERMA

元素	简要说明
积极情绪	体验积极的情绪，如幸福、满足、自豪、平静、希望、乐观、信任、自信和感激
投入	将自己深深地沉浸在活动中，利用自己的优势来实现心流体验，这是一种最佳状态，其标志是敏锐的注意力、高度的专注和进一步发展的内在动力
关系	拥有积极、安全、值得信任的关系
意义	有使命感和信念，并为之服务，这种使命感和信念超越了自我
成就	追求成功、掌控、能力和成就本身

积极情绪

积极情绪代表幸福的享乐维度。这个维度包括体验关于过去、现在和未来的积极情绪，以及学习增强这些情绪的强度和延长其持续时间的技能。

对过去的积极情绪包括满意、满足、成就感、自豪和平静。对未来的积极情绪包括希望和乐观、信念、信任和信心。关于现在的积极情绪是复杂的体验，比如享受和正念（Seligman, 2002a）。

与消极情绪相比，积极情绪往往是短暂的，但它们在使思维过程更灵活、更有创造性和更有效率方面发挥着关键作用（Fredrickson, 2009）。研究还表明，积极情绪通过“消除”消极情绪的影响来建立心理韧性（Fredrickson, Tugade, Waugh, & Larkin, 2003; Johnson et al., 2009），并与长寿、婚姻满意度、友谊、收入和心理韧性密切相关（Fredrickson & Branigan, 2005; Lyubomirsky, King, & Diener, 2005）。巴里·施瓦茨（Barry Schwartz）及其同事（2002）发现，寻求心理治疗的抑郁症患者的积极情绪与消极情绪的比例往往低于 0.5 : 1。因此，缺乏积极情绪似乎是精神病理问题的核心。

积极情绪也会影响身体健康。例如，公共卫生官员将心脏病记录作为死亡的根本原因。他们还收集了可能的危险因素的数据，如吸烟率、肥胖、高血压和缺乏锻炼，这些数据在美国的每个县都有。宾夕法尼亚大学的一个研究小组旨在将这种生理流行病与它们的数字社交媒体版本联系起来。这些研究人员利用 2009 年至 2010 年间发布的一组公开消息，利用已建立的情感词典，随机分析了发布地点可见的个人消息样本。有了足够的来自 1300 个美国县的社交媒体消息和健康数据，涵盖了美国人口的 88%，他们发现，在控制了收入和教育水平后，某县居民在社交媒体上表达的愤怒、压力和疲劳等负面情绪与该县较高的心脏病风险相关。另一方面，兴奋和乐观等积极情绪的表达与较低的风险相关（Eichstaedt et al., 2015）。

投入

投入是幸福感的一个维度，它与对工作、亲密关系和休闲的追求、投入和专注有关。投入的概念源于契克森米哈赖（Csikszentmihalyi, 1990）对“心流”的研究，心流是一种由于高度集中而产生的心理状态，通常会导致在从事一项活动时失去时间感，比如感觉“与音乐融为一体”。如果一个人的技能水平足以应付这项任务的挑战，那么他很可能会变得非常专注，或者与这项经验“合二为一”，失去了对时间流逝的感觉。塞利格曼（2002a）提出，提高患者投入度的一种方法是识别患者的“显著”优势，然后帮助他们找到更多使用这些优势的机会。鼓励个人有意识地以新的方式使用他们的显著优势的积极心理干预被认为是特别有效的（Azañedo et al., 2014; Berthold & Ruch, 2014; Buschor et al., 2013; Forest et al., 2012; Güsewell & Ruch, 2012; Khumalo et al., 2008; Littman-Ovadia & Lavy, 2012; Martinez-Marti & Ruch, 2014; Peterson et al., 2007; Proyer et al., 2013; Ruch et al., 2007）。

在 PPT 中，患者学会了利用其显著优势来进行活动，从而创造沉浸感。这些活动相对耗时，可能包括攀岩，国际象棋，篮球，跳舞，创作或体验美术、音乐或文学作品，精神性活动，社交互动，以及其他创造性的追求，如烘焙、园艺、和孩子玩耍。与那些很快就会消失的感官享受相比，这些投入性的活动持续的时间更长，涉及更多的思考和阐释，而且不容易轻易养成。投入是消除无聊、焦虑和抑郁的重要方法。

快感缺失、冷漠、无聊、一心多用和焦躁不安——许多心理障碍的特征——在很大程度上是注意力紊乱的表现（Donaldson, Csikszentmihalyi, & Nakamura, 2011; McCormick et al., 2005）。高强度的投入通常会消除无聊和沉思——我们在试图成功完成一项具有挑战性的任务时，必须激活注意力资源，并将其导向手头的任务，从而减少处理与自我相关、与威胁相关的信息的资源。此外，投入活动后的成就感常常让我们回忆和陶醉，这是积极反思的两种形式（Feldman, Joormann, & Johnson, 2008）。这些投入的特征已被成功地应用于治疗性干预（Grafanaki et al., 2007; Nakamura & Csikszentmihalyi, 2002）。

关系

有人认为，所有人都有一个基本的“归属需要”，这是在人类进化过程中自然选择所形成的（Baumeister & Leary, 1995）。积极和安全的关系与幸福感密切相关（Wallace, 2013）。根据美国人的时间使用调查，我们醒着的大部分时间都在以某种形式主动或被动地与他人互动，包括讨论、合作和交换商品（BLS, 2015）。人际关系的质量比数量特征（比如我们有多少朋友，在一起的时间有多长）更重要。例如，拥有广泛社会支持的儿童，包括父母、同龄人和老师，比没有这些支持的儿童体验到更少的精神病理症状（焦虑和抑郁）和更多的幸福感（生活满意度）。这并不受他们学业成绩的影响（Demir, 2010; Stewart & Suldo, 2011）。此外，积极的人际关系不仅可以缓解我们的心理疾病，还能延长我们的寿命。在 148 项涉及 308 849 名参与者的研究中，那些社会关系较好的人存活的可能性增加了 50%。这一发现在不同的年龄、性别、初始健康状况、死因和随访期都保持一致（Holt-Lunstad & Timothy, 2010）。几乎所有的 PPT 实践都涉及个人或回忆他人的反思。在一项随机试验中，研究人员发现，完成以关系为中心的积极活动的个体对关系的满意度更高（O’ Connell, O’ Shea, & Gallagher, 2016）。

意义

人生的意义在于利用自己的显著优势来归属并服务于比自己更大的事物。维克多·弗兰克尔（Viktor Frankl）是研究人生意义的先驱，他强调，幸福不能通过渴望幸福来获得；相反，它必须是为一个比自己更大的目标而努力的非刻意的结果。那些能够成功地追求将自己与更大目标联系起来的活动的人，就能实现“有意义的生活”。有很多方法可以做到这一点：亲密的人际关系，追求艺术、智力或科学创新，哲学或宗教沉思，社会或环境行动主义，带来使命感的职业，以及灵性或其他潜在的孤独追求，如冥想（Stillman & Baumeister, 2009; Wrzesniewski, McCauley, Rozin, & Schwartz, 1997）。一个人不管是如何建立有意义的生活的，他都会因以上活动产生一种满足感，并让人相信自己过得很好（Ackerman, Zuroff, & Moskowitz, 2000; Hicks & King, 2009）。

同样在大脑损伤后，生活目标较高的成年人恢复更快（Ryff et al., 2016）。治疗可以是一次有用的冒险，帮助患者定义和设置具体的目标，并阐明与这些目标相关的总体意义，以增加实现目标的可能性（McKnight & Kashdan, 2009）。有充分的证据表明，能够意识到意义和目标，有助于我们从逆境中迅速恢复或反弹，并缓冲绝望和失控的感觉（Graham, Lobel, Glass, & Lokshina, 2008; Lightsey, 2006）。生活充满意义的患者更有可能在困难的情况下坚持而不是放弃（McKnight & Kasdhan, 2009）。PPT 可以帮助患者建立联系来处理心理问题。

成就

成就可以指客观、具体的成就，也可以指升职、获得奖章或奖项。然而，成就的本质在于它对个人和人际关系的进步、发展和最终成长的主观追求。在幸福感的 PERMA 模型中，个人成就被定义为利用我们的优势、能力、天赋和技能来实现一些让我们深感满意或满足的事情。

实现成就需要积极而有策略地运用优势（即什么时候使用哪些优势），以及密切监控情境变化，以便及时做出改变。改变的同时，成就还要求特定行为或习惯的一致性。最后，成就可能有外在的回报，但当我们追求并完成一个出于内在激励的有意义的目标时，它会提升幸福感。

积极心理治疗的理论假设

PPT 是在积极干预研究的实证基础和 PERMA 模型与品格优势的理论基础上发展起来的。然而，正如我们以下将要讨论的，PPT 也基于以下三方面的假设：具体行为模式的本质、原因、过程与治疗。

成长的固有能力

与人本主义心理学相一致，PPT 假设，当患者内在的成长、满足和幸福的能力被长期的社会心理困扰所阻碍时，就会出现精神疾病。心理治疗通过人际联系的变革性力量，提供了一个独特的机会来启动或恢复人类的潜力。它呈现了一种无与伦比的人际互动，在这种互动中，一个有同理心的、不带偏见的临床医生了解患者最深层的情感、欲望、抱负、想法、信念、行动和习惯。如果这种排他的途径主要被用来处理负面因素——这是我们与生俱来的——并修复最坏的方面，那么培育成长的机会要么被掩盖，要么完全丧失。

专注于优势能让患者学到更自然、更有趣、更有创意、更有感恩之心的具体技能，而不仅仅是学会如何不死板、不无趣、不墨守成规、不抱怨。有证据表明，优势在成长中可以发挥关键作用——即使是在可怕的生活环境中。品格优势比人口统计学特征、社会支持、自尊、生活满意度、积极影响、自我效能感和乐观主义更能预测适应力（Martinez-Marti & Ruch, 2016）。越来越多的证据支持这种关于优势重要性的假设。例如，林利（Linley）和他的同事（2010）已经表明，使用优势的人更有可能实现他们的目标。此外，使用优势可以缓冲负面经历的影响（Johnson, Gooding, Wood, & Tarrier, 2010）。在关注自己的优势，如乐观、感恩、享受、好奇心、勇气、利他主义和生活目标时，老年患者的抑郁症状有所减轻（Ho,

Yeung, & Kwok, 2014）。综上所述，PPT 假设患者有能力成长，并强调成长的过程，从而有助于减轻其症状。

优势与症状同样真实

PPT 重视自身的优势。PPT 认为积极情绪和优势是真实的，就像消极的症状和障碍一样真实。优势不是对症状缓解坐视不管的防御、幻觉或副产品。如果抱怨、欺骗、竞争、嫉妒、贪婪、担忧和压力是真实存在的，那么诚实、合作、满足、感激、同情和宁静也是真实存在的。研究表明，患者没有症状并不意味着他心理健康（Bartels et al., 2013; Keyes & Eduardo, 2012; Suldo & Shaffer, 2008）。将患者的优势与症状结合起来可以加深其自我认知，并为临床医生提供额外的干预途径。查文斯（Cheavens）和他的同事（2012）认为，在心理治疗中，关注患者的相对优势，而不是他们的弱点，会带来更好的结果。同样，弗拉基格和格罗斯·霍尔特福斯（Flückiger & Grosse Holtforth, 2008）发现，在每次治疗前关注患者的优势可以改善治疗结果。当一名临床医生积极努力恢复和培养勇气、善良、诚实、毅力和社交能力时，其患者的生活可能会变得更加充实。相对地，当临床医生专注于改善症状时，其患者的生活可能会变得不那么痛苦。

治疗关系

PPT 的第三个也是最后一个假设是，有效的治疗关系可以建立在对积极的个人特征和经历（如积极的情绪、优点和美德）的探索和分析之上，而不仅仅是谈论问题。医患同盟的建立是治疗能够带来改变的核心共同因素（Horvath et al., 2011; Kazdin, 2009）。谢尔、戴维斯和亨德森（Scheel,

Davis, & Henderson, 2012）发现，注重优势有助于临床医生与患者建立信任关系，并通过灌输希望来激励他们。另一项基于对 26 名巴西心理治疗师的采访的研究发现，当临床医生从患者对治疗过程的投入中获得积极情绪时，这种来自患者的积极投入会让临床医生更加了解患者的智慧和能力。此外，积极情绪促进了医患关系，因为患者自身的优势被赋予了与缺陷同等的重要性（Vandenberghe & Silvestre, 2013）。因此，将患者的优势纳入治疗，能够巩固医患同盟。

这一过程与传统的心理治疗方法不同，传统的心理治疗方法是由临床医生以诊断的形式分析和解释一系列症状和问题。在大众媒体对心理治疗的描述中，治疗关系的特征是患者谈论其困难，透露压抑的情绪，并在临床医生的帮助下恢复失落或破损的自尊。这些描述进一步强化了临床医生的这一角色。

第3章 精神病理学：症状与优势

在积极心理治疗中，精神病理学的核心概念是认为积极因素（如品格优势、积极情绪、意义、积极关系和成就）与症状一样，是评估和治疗精神病理问题的核心。这与传统的精神病理学观点大相径庭，传统观点认为症状是精神病理学的核心。单纯基于症状的分类系统不足以理解患者丰富而复杂的生活。在提出论点前，我们想要澄清的是，我们理解只关注症状背后的原因。在临床环境中，令人烦恼的症状确实很明显，比积极特征更容易接近和评估。负面经历通常会让患者和临床医生进行更复杂、更深刻的临床讨论。因此，寻求临床服务的患者很容易回忆起负面事件、挫折和失败；临床医生很容易评估、阐释冲突、矛盾、欺骗以及个人或人际关系缺陷的故事，这些都不足为奇。由于负面信息表面上具有更多的信息价值，临床医生会更关注负面信息，继而卷入复杂的认知处理（Peeters & Czapinski, 1990）。因此，临床评估通常用于探索症状和疾病。然而，只关注症状会极大地限制临床评估，下面将对此进行讨论。

症状评估

核心要素

评估症状的基本假设是，症状是临床治疗的核心要素。因此，症状值得认真研究，而积极要素被认为是缓解症状的副产品，不需要评估。这一假设是如此根深蒂固，以至于传统上往往将积极的品质当作防御。例如，焦虑被理论化为一种工作伦理背后的驱动力，而这种工作伦理正是新教改革的特征（Weber, 2002）。有理论认为，抑郁是作为一种防御机制来抵御负罪感的，而同情则是对这种感觉的补偿（McWilliams, 1994）。在 PPT 中，人类的优势和人类的弱点一样真实，和时间一样古老，在每种文化中都受到重视（Peterson & Seligman, 2004）。在评估和治疗精神病理问题方面，优势和症状一样重要。优势不再被认为是防御、副产品或补偿。它们根据本身的价值得到评价，并在评估程序中独立于弱点加以衡量。例如，谦逊并不一定是一种通过抑制自己来吸引他人合作的特质，乐于助人并不一定是为了缓解或消除压力，创造力也不仅仅是将焦虑转化为创新。

被曲解的标签和框架

传统的以缺点为导向的评估和治疗方法将患者归入《精神障碍诊断与统计手册》（*Diagnostic and Statistical Manual of Mental Disorders*, DSM; APA, 2013）中的不同类别。标签是用来对世界进行分类和组织的，其本身无可厚非（Maddux, 2008）；但是，将患者简化或物化为精神病理学的标签，可能会剥夺患者丰富的复杂性（Boisvert & Faust, 2002; Szasz, 1961）。当过度关注诊断时，基于 DSM 的诊断会产生一个患者的性格概述，主要包括缺陷、功能障碍和疾病；而对性格的临床评估应该是一个探索优点和缺点的综合过程（Suldo & Shaffer, 2008）。一旦临床评估将现有的情况定义为一个问题，减少问题就被视为干预成功的衡量标准。然而，心理问题是复杂和多维度的，往往有独特的表现（Harris & Thoresen, 2006）；此外，精神症状的改善也并不能确保患者获得健康。临床时间和资源的分配都是有限的，如果这些资源的大部分被改善症状所占用，那么就没有多少时间和精力来扩大优势、追寻意义或目的了。

污名化

目前的临床实践主要是揭露儿童期创伤，评估扭曲的思想，评估人际关系困难和情感混乱。人们避免寻求临床服务，因为他们害怕自己面临的困境被描述成精神病学的诊断，继而被污名化（Corrigan, 2004）。大众媒体对精神疾病患者的描述仍然存在对精神健康的污名（Bearse, McMinn, Seegobin, & Free, 2013）。此外，越来越多的多元化和国际化的个体并不总是认同欧洲中心的诊断标签（Zalaquett et al., 2008）。

重新定义

朱迪思·约翰逊和亚历克斯斯·伍德（2017）认为，积极心理学和临床心理学的大部分研究概念都存在于从正面到负面的连续性的序列中（例如从感恩到忘恩负义、从平静到焦虑），所以谈论某个领域是研究“积极的”或“消极的”是毫无意义的。通过整合积极心理学，传统的以性格缺点为基础的精神病理学也将受益，因为：

- 无论是横向的还是前瞻性的，当考虑到传统临床因素时，积极心理学概念（如品格优势和积极情绪）都能够独立地预测幸福感。
- 品格优势和积极稳定的情绪是积极心理学家的主要关注点，它们与风险因素相互作用来预测结果，因而具有弹性。
- 积极心理学干预（如 PPT）通常用于增进幸福感，也可用于缓解症状。
- 通过整合积极心理学的概念，主要以欧洲为中心的临床心理学研究也可以适应跨文化应用。

鉴于这些论点，我们邀请临床医生重新定义基于 DSM 的心理障碍。

20多年前，埃文斯（Evans, 1993）假设消极行为或症状有其他积极形式。在某种程度上，这种相互关系是一个语义问题。在日常语言中定义的症状，总是可以被翻译成简单的对立面，尽管并不是所有的症状或障碍都自然地具有这种相互作用。例如，勇气可以被概念化为焦虑的对立面，但并非所有焦虑的人都缺乏勇气。埃文斯认为精神病理学中的大多数概念都可以被划分成两个平行的维度：首先，病态的或不受欢迎的属性从严重的偏离，通过某个中性点，到其可能的不发生；第二，对立属性从不发生到某个中性点，再到它所期望的形式。

同样，彼得森（Peterson, 2006）提出，心理障碍可以被认为是优势的缺乏、优势的对立面或优势的过度（the Absence of strength, the Opposite of strength, or the Excess of strength, AOE）。彼得森认为，缺乏品格优势是真正的精神病理问题的一个标志。然而，像埃文斯一样，彼得森承认品格优势的缺乏不一定适用于精神分裂症和双相障碍等疾病，这些疾病有明确的生物学标志。许多心理障碍（如抑郁、焦虑、注意力和行为问题，以及人格障碍）可以被更全面地理解为症状的存在以及人格优势的缺失、相反或过度。根据彼得森的AOE法，从众是由于缺乏原创性，特别是当整个团队都坚持从众时。缺乏好奇心就会表现为无兴趣，无兴趣对一个人所能知道的事情强加限制，这不是我们所期望的。好奇心的对立面是无聊。过分的好奇也可能是有害的，尤其是当有人对暴力、性或非法毒品感到好奇的时候。考虑到临床治疗的敏感性和微妙之处，在临床环境中应用AOE法可能具有挑战性。将患者概念化为完全缺乏优势（如勇气、乐观或善良），有优势的对立面（如相对于创造力的平庸、相对于诚实的欺骗、相对于公平的偏见），或优势过度（相对于情绪智力的情绪混乱、相对于公民意识的沙文主义、相对于幽默的滑稽）可能会挫伤临床医生和患者，并且理论上似乎也是不合理的——很难想象一个人没有一点儿善良或完全缺乏勇气。因此，我们提出了一个稍加改良版的优势的AOE法。

我们建议，基于 DSM 的疾病应根据优势的缺乏或过度进行审查。例如，从缺乏的角度看，抑郁可能部分原因是由于缺乏希望、乐观或热情；同样，缺乏勇气和耐心可以解释焦虑的某些方面；缺乏公平、公正或正义可能会导致行为障碍。许多心理障碍似乎可以被概念化为一种具体优势的过度。例如，抑郁在一定程度上可能是一种过度的谦逊（不愿表达自己的需求）、一种过度的善良（以牺牲自我意义为代价来对待他人）、一种过度的洞察力（狭隘的现实观），以及一种过度的意义感（导致过度关注和无法松懈的责任感）。表 3.1“主要的优势失调类的心理障碍”依据缺乏或过度的优势，列出了主要心理障碍的症状。

单凭优势不足还不足以做出诊断。尽管如此，英国斯特林大学（University of Sterling）的亚历克斯·伍德正在进行的一系列新研究显示，积极心理缺失或不足，会构成临床症状风险。伍德和约瑟夫（Wood & Joseph, 2010）的研究中，对 5 500 名参与者进行了纵向追踪研究，发现在自我接纳、自主权、生活中的目的性、与他人的积极关系、环境掌控感和个人成长等积极品质上得分低的个体，在临床范围内经历抑郁症状的可能性是正常人的 7 倍。缺乏积极的特性独立构成一个导致心理障碍的风险因素。除了以上提到的许多负面因素，还包括目前和以前的抑郁症、神经过敏、身体不健康。此外，积极优势得分高的人可以缓冲负面生活事件的影响，包括临床痛苦（Johnson et al., 2010; Johnson, Gooding, Wood, & Tarrier, 2010）。

我们如何从 PPT 的角度使缺乏或过度的优势发挥作用呢？思考一个临床案例。流行病学研究中心抑郁量表（Center for Epidemiologic Studies-Depression scale, CES-D; Radloff, 1977）是 5 种最常用的抑郁症状测量方法之一，有 16 个消极和 4 个积极的项目。人们普遍认为，这一措施着眼于两个分离的因素——抑郁和幸福（Shafer, 2006）。分析来自 6 125 名成年人的数据，亚历克斯·伍德和他的同事证明，CES-D 的二维结构很可能是一种统计假象：抑郁和幸福很大程度上可能是同义的，现有的测量可以触及同一连续体的不同端点（Wood, Taylor, & Joseph, 2010）。也就是说，抑郁和幸福都是同一连续体的一部分，分开研究它们会不必要地重复研究工作。同样，状态–特质焦虑量表（Spielberger et al., 1983）也可以被概念化为焦虑–放松连续体。

个体差异

在 PPT 中，我们选择了一些特质来描述优势的缺乏或过度，这些特质融合了已定义的、经过充分研究的优势（如感激、好奇心和宽恕）和日常生活中表现出来的特质（如谨慎、沉着、反思和灵活性）。重新定义症状的一种方法是考虑它们的对立面（也就是优势）在日常生活中的缺乏或过度。尽管我们用来描述优势不足或过度的日常用语可能具有可识别和可测量的个体差异，但其中一些并不是实证检验的重点。

品格优势的缺乏和过度

我们认识到，许多用来描述品格优势的缺乏或过度的术语可能暗示了品格优势的缺乏或过度是不受欢迎的，从而使品格优势成为说教性的。例如，缺乏远见、节制和勇气通常被认为是不受欢迎的状态，而过度的激情、自我保护和冒险通常被认为是受欢迎的状态。我们的方法和努力是提供一个较少主观和更科学的理解。有证据表明，更多的感激、善良、好奇、爱和希望与生活满意度密切相关（Park, Peterson, & Seligman, 2004），而缺乏社交智慧、节制、自我调节和毅力与心理问题相关（Aldao, Nolen-Hoeksema, & Schweizer, 2010; Bron et al., 2012）。

情境动力学

通过了解复杂的情况和文化环境，可以更好地掌握心理障碍和相关症状。在这些情况和文化环境中，患者被嵌入其中，而他们往往很难控制这些动态变化。这里有两个例子：

我们的一个患者迈克，有社交焦虑障碍。他总是避免社交场合，由于英语不是他的第一语言，所以他非常谨慎，以免自己说错话。迈克无意中说了一些不恰当的话，冒犯了他的一个朋友，这个朋友指责他歧视别人，之后他就变得更加焦虑了。根据优势的缺乏或过度来观察症状时也需要理解情境特点。迈克在与说母语的朋友交流时没有表现出社交焦虑的迹象，在这种情况下，他感到自信，能开玩笑，并表现出同情心。症状驱动的方法可能会这样描述这种情况："患者在用母语交流时没有表现出社交焦虑的症状。"一个基于优势的方法对同样的情况会描述为："当患者用母语交流时，他是有趣的，社交上是舒适的，并且富有同情心。"

另一位患者沙伦有两份兼职工作：一份在一家高端零售店；另一份在一家精神病机构，工作对象是有发育障碍的儿童。在零售店，沙伦工作时非常专业，她会注意每一个细节。她说，她对自己的销售工作非常谨慎，渐渐地发现自己总是在担心犯错误或忘记一些事情。在另一份工作中，尽管有让孩子们参与治疗活动的艰巨任务，但沙伦发现自己很放松、爱玩、喜欢社交。症状驱动的方法可能会将这种情况描述为："患者在她的零售工作中经历适度的预期焦虑。她在精神病机构的工作中没有经历过类似程度的焦虑。"对同样的情况，基于优势的方法可能会描述为："处于零售职位的患者是谨慎的、警惕的，有时比她应该做的更多。因此，她不能发挥她的其他优势，如创造力和亲和力。另一方面，在精神病院，她能更好地发挥自己的优势，她活泼、放松，能真诚地与他人交流。"

重要的是要考虑情境动态，以及优势如何在理解患者复杂而丰富的生活中发挥微妙的作用。

拥有和发展品格优势

具有引起明显痛苦和功能失调的特定症状群，通常可以做出临床诊断。这是我们的一个患者雅思明的情况，她在被几位心理健康专家诊断为边缘性人格障碍后前来接受治疗。

在我们在一起的前10分钟里，雅思明几乎逐字逐句地讲述了DSM中列出的症状。她在自己身上看到的只是情绪失调、人际关系困难和自我伤害的冲动。在她完成了综合优势评估后，我们没有无视她的症状，而是把她描述成一个充满爱却缺乏适当表达技巧的人，是一个可以理解并习得建立同理心、善良和谨慎的技巧，并从中获益的人。尽管雅思明能够识别出许多她倾向于表现出糟糕判断的领域，但她也能够分享她做出良好判断的时候。她分享了一个事件，是她自发的、及时的反应救了一个朋友的生命的事情。优势评估让她意识到自己有特定的优点，尽管这些优点确实是优点，但过度使用它们往往会给她带来麻烦。与此同时，她缺乏某些优势，比如谨慎、自律，以及恰当使用她解决自己问题的热情。

在我们看来，仅仅了解症状或优势是不足以促进改变的。当临床医生帮助患者发展一种恰当而细致的优势使用方法时，治疗改变才会发生。当临床医生强调利用患者过去的成功来解决当前的问题时，当临床医生能足够熟练地发现哪怕很小或很短暂的利用或展现优势的实例时，当临床医生通过具体优势的例子与患者沟通其价值时，当临床医生不放弃寻找优势时，改变就发生了。

优势等级或程度

临床医生应该确定患者是否具有足够的特定优势以有效地使用它（Ajzen & Sheikh, 2013）。例如，中年患者茱莉亚，经历了广泛性焦虑障碍的症状，表现为过度担忧、感到不安、难以集中注意力。如果她的症状可以通过发展优势来治疗，那么茱莉亚需要在多大程度上具备某些优势，比如批判性思维、洞察力和享受？有没有一种特定的配对或优势群可能对治疗有效？研究表明，在提高生活满意度方面，发挥我们的显著或不太显著的优势同样有效（Gelso, Nutt Williams, Fretz, 2014; Rashid, 2004; Rust, Diessner, & Reade, 2009）。

表 3.1 主要的优势失调类的心理障碍[①]

出现的症状	优势失调（缺乏或过度）
重性抑郁障碍	
沮丧的情绪，感到悲伤，绝望（如被别人观察到流泪），无助，迟缓，烦躁，无聊	缺乏快乐、喜悦、希望和乐观、活泼、自发性、目标取向 过度：谨慎、谦虚
快乐减少	缺乏享受、热情和好奇心 过度：自我调节、满足
疲劳，迟缓	缺乏热情、警觉性 过度：放松，懈怠
思考或集中注意力的能力下降，优柔寡断，徘徊不定	缺乏决心，思维发散 过度：理性
自杀意念 / 计划	缺乏意义、希望、社会联系、决心、发散思维、智谋 过度：满不在乎 / 毫无顾忌（防御性悲观）
破坏性心境失调障碍	
严重的情绪爆发（口头和身体上）	缺乏自律、谨慎
持续的易怒和愤怒	过度：热情

① 根据《精神障碍诊断与统计手册》（第五版）。

（续表）

出现的症状	优势失调（缺乏或过度）
焦虑性抑郁障碍	
感到兴奋或紧张，感到异常不安	缺乏满足（能忍受痛苦）、感恩、放松、谨慎、对新奇想法的开放性（好奇心） 过度：强烈的兴趣、热情、渴望
双相障碍	
高涨的、膨胀的、易怒的情绪	缺乏镇定、平和与冷静的头脑 过度：激情
膨胀的自尊或自大	缺乏谦逊、个人和社交智慧 过度：意志力、自省
比平时更健谈	缺乏反思和沉思 过度：热情、激情
过多地参与令人愉快的活动（如无节制的疯狂购物、轻率的性行为、轻率的商业 / 职业选择）	缺乏节制、谨慎、简单 过度：激情（迷恋）、自我放纵
过度参与可能带来痛苦后果的活动（如无节制的疯狂购物、轻率的性行为，或愚蠢的商业投资）	缺乏自我调节、洞察力、平衡、谦逊、情绪调节 过度：自我照顾（自我放纵）、热情、满足
广泛性焦虑障碍	
过分担心真实的或察觉到的危险	缺乏洞察力、智慧、批判性思维 过度：谨慎、专注
感到坐立不安、疲倦、烦闷、焦躁、易怒、难以集中注意力和入睡	缺乏平静、专注、自发性 过度：洞察力
分离焦虑障碍	
持续和过度担心失去主要的依恋对象	缺乏爱、爱与被爱的能力、社会信任、乐观、联系 过度：感情、自律
选择性缄默症	
在特定的社会环境中，人们期望说话，却没有说话	缺乏主动性、个人和社交智慧、社交技能 过度：谨慎、审查
特定恐怖症	
对某一特定物体或情况的明显焦虑	缺乏勇气、创造力 过度：敏感、谨慎的反应性

（续表）

出现的症状	优势失调（缺乏或过度）
主动回避或忍受强烈的恐惧或焦虑； 过分的恐惧	缺乏放松、专注力、承受社会判断的勇气、理性的自言自语（反思和反省） 过度：遵守、意识、谨慎
感到不安、烦闷、焦躁、易怒	缺乏镇定、自我智能、自我评价、监控、放松、专注、冷静、沉着 过度：谨慎、灵敏度、反应活性、批判性评价
社交恐怖症	
害怕社交或工作表现	缺乏勇气、随机应变、对他人的信任 过度：社交智慧（自我被视为观众，而不是社交图景的一部分）、批判性评价和评估
场所恐怖症	
置身人群中或使用公共交通工具、停车场、桥梁、商店、剧院时有明显的恐惧或焦虑； 独自在外	缺乏勇气、随机应变、心胸开阔、灵活多变 过度：敏感、对环境小心、谨慎
惊恐障碍	
对“发疯”的极度恐惧，表现为心跳加速、头晕、不稳定或眩晕； 现实感丧失和人格解体； 对未来攻击的持续担忧	缺乏沉着、社交和个人智慧、创造力和好奇心去探索表象之外的环境 / 情况、乐观（预期意外的不利结果） 过度：灵敏度、对环境中线索的反应、意识
强迫症	
反复出现的、持续的、侵入性的、不想要的想法、冲动或形象	缺乏专注和放手的能力、好奇心、洞察力 过度：反思和自省、道德和公平
重复的行为或个人觉得有必要的精神行为，以防止焦虑	缺乏对不完美事物和现象的满意、创造性、灵活性、约束能力 过度：反思和反省、计划
躯体变形障碍	
对他人认为不明显或轻微的外表缺陷的关注	缺乏对不完美自我形象的满意、个人品格优势、谦虚 过度：个人智慧、自我照顾、自我价值
囤积障碍	
不论实际价值如何，都难以送走或丢弃财产	缺乏认定重要性与意义的视角、清晰的自我形象（身份与物品混同），与物品和工件的关系强于与人和经历的关系，无法超越自己的感知需求（缺乏同情心） 过度：乐观、谨慎

（续表）

出现的症状	优势失调（缺乏或过度）
创伤后应激障碍	
创伤性事件的反复的、非自愿的、侵入性的痛苦记忆	缺乏心理韧性、恢复能力、处理情绪或寻求支持的个人智力、探索各种应对机制的冒险能力 / 创造力、毅力、乐观、希望、社会支持、理解创伤事件的意义或正确看待事物 过度：反思（沉思），仅通过负面观点来看待或感知事件、坚持（创伤经验）
强烈或长期的心理痛苦和对象征创伤事件的外部线索的恐惧	缺乏自我安慰、放松或恢复镇静的能力，缺乏以不同或恰当方式来体验痛苦境遇的创造性和勇气，缺乏自主决断 过度：沉着、谨慎、保持现状
避免痛苦的记忆（人、地点、对话活动、物体、情境）	缺乏直面痛苦记忆的决心（情感上的勇敢） 过度：以不屈服于自然经验或承担必要风险为代价的自我保护
注意缺陷多动障碍	
不注意细节，听不进去	缺乏注意力和社交智慧 过度：警觉性
难以组织任务和活动	缺乏纪律和管理 过度：热情、热心
避免或不喜欢需要持续注意力或脑力劳动的任务	缺乏勇气和耐心 过度：享乐的快乐
过度的烦躁，运动，跑步，踱步	缺乏冷静和沉着 过度：敏捷、热情
说话过分，打断或打扰别人，难以等待轮到自己	缺乏社交能力，缺乏自我意识 过度：热情、主动和好奇心
对立违抗障碍	
故意惹恼别人	缺乏善意、同情心和公平 过度：宽厚
通常是愤怒的、怨恨的、恶意的或报复性的	缺乏宽恕、感恩和冷静 过度：公平、平等
破坏性、冲动控制及品行障碍	
欺凌、威胁、恐吓他人	缺乏善意和公民意识 过度：领导、控制、治理

（续表）

出现的症状	优势失调（缺乏或过度）
偷盗、毁坏他人财物	缺乏诚实、公平和正义 过度：勇气
人格障碍	
偏执型人格障碍	
没有充分根据地怀疑他人剥削、伤害或欺骗	缺乏社交能力、信任他人、心胸开阔、好奇心 过度：谨慎、勤奋
怀疑他人的忠诚或可信度，不愿向他人吐露心声，从善意的评论或事件中解读出隐含的贬损或威胁意义	缺乏个人智慧、给予或接受爱、深刻和安全的依恋 过度：社交能力、开放性
边缘型人格障碍	
普遍的不稳定的关系； 想象或真实的遗弃	在深层和持续的一对一关系中，缺乏爱与被爱的能力、安全的依恋、情感上的亲密与互惠、关系中的审慎和善良、共情 过度：快速衰退的好奇心和热情、依恋、情商
理想化和贬损	在亲密的关系中缺乏真实性和信任、节制、谨慎和开放的思想（受单一事件的影响）、现实取向、洞察力 过度：判断、自发性
自我伤害的冲动（如花钱、鲁莽驾驶、暴饮暴食）和愤怒的爆发	缺乏自我调节（宽容）、节制、谨慎 过度：有勇无谋（不谨慎的行动）、冒险
自恋型人格障碍	
浮夸、自大、需要崇拜、自视甚高	缺乏真实性、谦逊 过度：自嘲、批评
缺乏同理心	缺乏社交智慧、善良（对他人真诚地感兴趣） 过度：个人智慧（个人需求或希望优先）
幻想无限的成功、力量、才华、美丽或理想的爱情	缺乏谦逊、洞察力和个人智慧 过度：创造力（幻想）、合理化、推理
权利意识，对不合理的优待的期望，需要过度的赞赏	缺乏谦逊、公民意识和公平 过度：领导力、需要赏识
人际剥削	缺乏公平、公正和正义 过度：专制、跋扈
妒忌别人	缺乏慷慨和欣赏 过度：自我保护

（续表）

出现的症状	优势失调（缺乏或过度）
表演型人格障碍	
过度情绪化和寻求注意力	缺乏冷静和谦虚 过度：个人和情绪智力
易受暗示（即容易受他人或环境影响）	缺乏毅力、决心、目标导向 过度：注意力效能
不适当的性诱惑，过分强调外表	缺乏判断力和自律 过度：情绪脱抑制
肤浅而仓促的情绪表达	缺乏专注力和社交能力 过度：自发性
自吹自擂，戏剧化、夸张而肤浅的情绪表达	缺乏真实性，对自己的需要、情感和兴趣缺乏真实表达，缺乏适度、正念 过度：情绪智力、热情
高估关系	缺乏社交能力 过度：照顾和帮助
强迫型人格障碍	
专注于细节、秩序和完美主义	缺乏洞察力，更重要的是自发性 过度：持久性、整齐
以灵活性、开放性和效率为代价的人际控制	缺乏善意、同情心和服从他人的能力 过度：屈服和宽大处理
过分关注细节、规则、清单、组织或日程安排，以至于活动的主要目标被掩盖	缺乏灵活性、创造性思维、新颖和富有成效的做事方式 过度：完美、组织
过分投入工作而牺牲了休闲和友谊	对人际关系缺乏平衡、享受和欣赏 过度：自我放纵
刻板和固执	缺乏适应性、灵活性、解决问题的创造性 过度：纪律、谨慎
对道德、伦理或价值观过于认真、谨慎和死板	缺乏前瞻性、考虑决策的隐含性、适应性、灵活性、解决问题的创造性 过度：自以为是
回避型人格障碍	
因害怕批评、否定或拒绝而避免与他人一起活动	缺乏处理人际关系的勇气去冒险，缺乏批判性思维以正确看待别人的批评或否定，缺乏勇气 过度：自我意识、谨慎

（续表）

出现的症状	优势失调（缺乏或过度）
社会孤立，回避他人，在新的人际关系中因感觉自己不够好而压抑自己	缺乏人际关系上的优势，难以将自己与他人或群体的身份融合在一起 过度：谨慎、批判性思维
认为自己在社交上无能，个人缺乏吸引力，不如他人	缺乏自信、自我效能感、希望和乐观 过度：谦卑、真实性
不愿意冒险从事任何新的活动	缺乏勇气和好奇心 过度：自律、合规
依赖型人格障碍	
过度需要被照顾，害怕被单独留下	缺乏独立性、主动性和领导力 过度：隐居
难以做出日常决定，缺乏远见	缺乏决心，缺乏远见 过度：批判性分析、关注细节
难以表达与他人不同的意见	缺乏勇气，不能为正确的事情说话，缺乏判断力 过度：坚定
难以开始	缺乏自我效能感、乐观、好奇心 过度：组织、自主
反社会型人格障碍	
不能遵守社会规范或法律	缺乏公民意识、共同目标、对权威的尊重、善良、怜悯、宽恕 过度：勇气（冒险）、活力
欺骗，反复说谎，为了个人利益而欺骗他人	缺乏诚实、正直、公平、道德指南针、同理心 过度：以自我为中心的个人智力
易怒，冲动，由身体上的争斗或攻击表现出来的攻击性	缺乏冷静、专注、宽容、善良体贴、了解他人、自我控制、洞察力（无法预测后果） 过度：精神和身体的活力、激情、野心、勇气、随时准备走出舒适区

注释：

缺乏 = 实践或利用品格优势的能力下降， 过度 = 优势过度，而不是症状过度。

第 4 章 品格优势的中心地位及其在积极心理治疗中的应用

与症状同样重要的品格优势

彼得森和塞利格曼（2004）的《品格优势与美德》（*Character Strengths and Virtues*, CVS）是心理学上第一个全面、连贯、系统地对人类核心优势进行分类的研究（见表 4.1“优势的行动分类价值”）。品格优势被定义为一种普遍的特质，它本身就具有价值，且不一定会导致工具性的结果。在很大程度上，性格的优势不会减弱，相反，拥有这种能力的人会提升那些目睹这种能力的人，继而使他们产生认同而不是嫉妒。我们所拥有的优势模式有着巨大的差异，社会机构试图通过固定程序来培养这些人格优势。然而，CVS 分类是描述性的，而不是说明性的，而且品格优势可以像其他行为变量一样进行研究。

品格优势、价值观和才能

什么区分了优势（对期望行为的描述）和价值（对期望行为的评价）？品格优势和价值观在道德上都是可取的，但它们在以下几个方面有所不同：

- 与更广泛的核心价值观相比，品格优势是我们自身更具体和微妙的属性。例如，与他人相处的价值是由更具体的属性（品格优势）推断出来的，比如爱与被爱的能力、善良、社交能力、团队合作和感恩。

- 与品格优势相比，价值观往往是由机构通过育儿实践、教育以及复杂的奖励和认可体系积极培育的。如果我们坚持或展现这些价值观，我们就会被认为是好公民。换句话说，价值观被用作评价我们作为个体的标准。
- 品格优势是通过组合来表达的（而不是单一地），并体现在具体的使用情境中。例如，像善良和宽恕这样的优势可以巩固社会纽带，但是，如果过度使用，就会被认为是理所当然的。在这个分类方案中，品格优势（如善良、团队合作、热情）与天赋和能力是不同的。运动能力、照相式的记忆力、完美的音高、灵巧的手和身体的敏捷性，这些都是天赋和能力的例子，它们往往被重视，因为它们会带来其他的结果。品格优势具有道德特征，而天赋和能力没有。

价值观和优势是近亲，有许多相似之处。一个或多个核心价值可能在不同的品格优势之下运作，而许多品格优势可能与一个或多个核心价值相交。价值观和品格优势都能指导我们的行为。价值观和品格优势都为我们提供了一个机会来反思我们是谁，以及指导我们行动和决定的原则。价值观和品格优势都与较高的生活满意度和幸福感密切相关。

价值观往往比品格优势更具规范性。例如，成功的价值不仅仅是为了成功而被渴望，还有更多其他方面。学校、商业、工作、政治、艺术和体育等机构都制定了具体的规则和要求来衡量和控制我们的成功。其中一些规则包括与他人相处、保持良好的卫生、保持组织性和一丝不苟的价值观，这些价值观几乎是个人和职业成就所必需的属性。相对而言，品格优势被认为是更个性化的属性。例如，与具有好奇心、公平、社交能力、自我调节和灵性等品格优势的 B 相比，具有创造力、勇敢、可靠、谨慎和活泼等品格优势的 A 可以获得同样的成功和成就（价值观）。

品格优势也不同于才能。音乐才能、运动敏捷性或手工灵巧等天赋更多地是天生的、固定的，而品格优势则是后天获得的、个人建构的，往往是由更大的社会机构培养出来的。天赋往往是自动的，而优势可以被有意地运用（例如，理解什么时候善意和公平是合适的）。如前所述，天赋更多的是与生俱来的（如音乐才能、运动能力、灵巧的手），有时会被浪费掉。善良、好奇、感恩或乐观的人往往能找到利用而不是浪费自己才能的方法。天赋倾向于道德中立，而优势和价值观则有道德倾向。有证据表明，感恩、好奇心、爱、乐观和热情的人更有可能对自己的生活感到满意。换句话说，品格优势能提高幸福感（Peterson, Park, & Seligman, 2005）。

天赋往往比优势或价值观更独立。一个人的运动敏捷度对他的智力功能影响较小，而一个人的艺术能力与她日常的实际智力联系不大。与能力相比，优势是相互关联的，往往集群发挥作用。好奇心强的人也可能很有创造力，自律和谨慎是相辅相成的，领导力和公民意识也是如此。

表 4.1 优势的行动分类价值

美德：智慧和知识——获取和使用知识的优势	
a	**创造力：**思考新颖和富有成效的做事方式
b	**好奇心：**对体验的开放性：对所有正在进行的体验感兴趣
c	**开放性：**把事情想清楚，并从各个方面进行检查
d	**好学：**掌握新技能、新话题、新知识
e	**洞察力：**能够给别人提供明智的建议
美德：勇气——情感优势，即面临内部或外部反对时，能运用意志力实现目标	
a	**勇敢：**不畏惧威胁、挑战或痛苦
b	**坚毅：**做事有始有终；不顾困难坚持一项行动方针
c	**正直：**讲真话，以真诚的方式展现自己
d	**活力与热情：**带着兴奋和能量生活；做事不半途而废；把生活当作一场冒险；感觉充满活力和精力

（续表）

美德：仁慈——人际关系的优势，包括照顾和帮助他人	
a	**爱**：珍视与他人的亲密关系，尤其是那些分享和关怀得到回报的关系；亲近他人
b	**善良**：为他人做好事；帮助他们；照顾他们
c	**社交能力**：了解自己和他人的动机和感受；知道如何适应不同的社会环境；知道别人的想法
美德：公正——构成健康社区生活基础的优势	
a	**公民意识与团队合作**：作为组群或团队的一员，工作出色；对团队忠诚；各司其职
b	**公平**：按照公平正义的理念对所有人一视同仁；不让个人情感影响他人的决定；给每个人公平的机会
c	**领导力**：鼓励自己所在的团队完成任务，同时保持团队内部的良好关系；组织团体活动并确保其进行
美德：节制——防止过度的优势	
a	**宽恕和仁慈**：宽恕那些做错事的人；接受他人的缺点；给人们第二次机会；没有复仇
b	**谦卑和平实**：让自己的成就说明一切；不寻求聚光灯；不认为自己比别人更特别
c	**谨慎**：谨慎自己的选择；不承担不应有的风险；没有说过或做过以后可能会后悔的事情
d	**自我调节（自我控制）**：调节一个人的感觉和行为；自律；控制食欲和情绪
美德：超越——与更大的宇宙建立联系并提供意义的优势	
a	**对美和卓越的欣赏**：从自然到艺术、数学、科学，能欣赏生活中不同领域的美丽、卓越
b	**感恩**：意识到并感激美好的事物；花时间表达感谢
c	**希望与乐观**：期待最好的未来，并努力实现它；相信美好的未来是可以实现的
d	**幽默风趣**：喜欢笑和玩耍；给别人带来欢乐，看到光明的一面；编（不一定是讲）笑话
e	**灵性**：知道自己在更大的图景中的位置；对塑造行为并带来慰藉的生活的更高目标和意义有一以贯之的信念

将品格优势融入积极心理治疗

在积极心理治疗的整个过程中，临床医生积极寻找患者生活中的体现其优势的事件、经验和表达。这些可能通过才华、技巧、天赋、能力和资质来体现，可以培养用来应对和潜在地缓冲心理障碍。积极心理学家经常被批评为“要么最小化患者的缺点，要么只关注其优点和积极方面”。我们重申，正如我们在本书中所做的，探究品格优势并不以忽视症状为代价。我们相信，如果患者能将症状与优势相结合、风险与资源相结合、脆弱性与韧性相结合，从而提供一幅复杂而现实的自我意识画像，那么他们就能从病态走向健康。然而，在传统的心理治疗中，对患者整体心理状况的优势进行深思熟虑的整合并不常见。因此，我们建议利用以下三个因素来发挥患者的优势：

- 使用有效可靠的优势测量方法
- 对优势有细致入微的理解
- 将优势转化为有意义的目标

使用有效可靠的优势测量方法

大多数积极干预措施中的优势通常使用免费的在线测量方法——优势行动价值问卷（www.viacharacter.org）（Values in Action-Inventory of Strengths, VIA-IS; Peterson & Seligman, 2004）。品格优势的一些替代测量方法也得到了发展和经验验证，包括优势发现（Buckingham & Clifton, 2001）、觉悟 2（Linley, 2008）、成人需求和优势评估（Nelson & Johnston, 2008）和生活质量调查（Frisch, 2013）。通常，临床医生遵循一个直接的“识别和使用你的优势”策略，其中前 5 名（总共 24 项）被认为是显著优势。然后，他会要求患者寻找新的方法来使用其显著优势。这种方法虽然在非临床环境中有用和有效，但未必能满足患者挑剔的临床需求。专注于排名靠前的优势可能会让患者认为，他们排名前五的优势具有最大的治疗潜力，而这可能并不适用于所有患者。一位多才多艺的中年男性患者在我们的练习中说：“每完成一项工作，我的本能反应都是别人做得更好。”像这样的患者可能无法从发挥他的最大优势中获益，这些优势包括毅力、领导力和好学。他的一些较低的优势，如感恩、灵性和幽默，可能对他有更大的治疗益处。重要的是要记住，并非所有 24 种优势在每种情况下都具有相同的治疗潜力。

对优势有细致入微的理解

以优势为基础的治疗方法最关键的方面是对优势的情境化使用，它始终把问题和症状作为首要任务。临床环境通常需要一个更细微的和理论驱动的方法来使用优势（Biswas-Diener, Kashdan, & Minhas, 2011）。为了克服这一不足，我们建议采用综合优势评估方法（Rashid & Seligman, 2013）。在这种方法中，临床医生为患者简要描述每个核心优势（基于 CVS，每个优势大约 20 到 25 字），并请患者最多识别（不用排名）5 个最能说明他个性的优势。此外，患者还会从朋友或家人那里收集数据来与临床医生分享。然后，临床医生综合所有这些信息，并向患者提供所选优势的标题和描述——用名称和特定的情境来识别每个优势。接下来，临床医生鼓励患者分享自己的记忆、经历、真实生活中的故事、逸事、成就和技能，以说明在特定情况下如何运用这些优势。然后，患者完成一个自我报告的优势测量（如 VIA-IS）。患者与临床医生一起设定具体的、可实现的、可测量的目标，这个目标针对他们表现出的问题，并切合他们的显著优势的适应性使用。在最近的一项临床研究中，在被诊断为抑郁症和焦虑症的患者中，好奇心、幽默感和正直的优势最有可能被其他人发现，而谦逊、公平和洞察力最不可能被其他人认可（Rashid et al., 2013）。

将优势转化为有意义的目标

重要的是，目标对个人有意义，并能适应患者的实际情况。例如，如果患者的目标是更多地使用好奇心，患者就要和临床医生通过具体的行动来讨论好奇心的最佳平衡是什么，这样好奇心的使用就不会导致干扰（太多 / 过度使用）或无聊（缺乏 / 不足使用）。患者还被教导以一种可校准的和灵活的方式使用他们的优势来设定目标，以适应环境的挑战（Biswas-Diener, Kashdan, & Minhas, 2011; Schwartz & Sharpe, 2010），见表 4.2“利用优势克服 15 个常见的挑战”。

表 4.2 利用优势克服 15 个常见的挑战

挑战（症状）	潜在的品格优势	基于优势的考虑
1. 患者对社交不感兴趣（如不常说话，不常分享或参与社交活动，朋友很少）	活力和热情，激情，自我调节	鼓励患者每周至少进行一次户外活动，如远足、骑自行车或山地自行车、登山、快步走或慢跑
2. 患者容易放弃，难以完成任务，粗心犯错	坚持，勤勉，勤奋，毅力	帮助患者识别降低日常活动兴趣的因素；设定一些可以实现的小目标，这些目标可以被患者信任的人监控或分享
3. 患者表现冲动，难以控制情绪，经历情绪波动	自律，个人智力	探索情绪爆发的诱因（个人和情绪智力）；向患者保证，患者可以设计出具体的、基于实力的替代行为，以达到相同的功能或目标，而不是对感知到的威胁做出反应。例如，患者可以用好奇心和开放性来询问令他烦恼的事情，而不是用尖叫来吸引注意力或表达沮丧。如果问题持续存在，患者可以使用洞察力，例如，这是一个可解决的问题吗？如果不是，哪些部分是可解决的？然后患者可以通过与他人合作（团队合作）寻找创造性的方法来解决问题，同时保持一个现实但充满希望的展望（乐观）
4. 患者记仇，夸大他人的小过错，不接受真诚的道歉	宽恕和怜悯	讨论坚持怨恨和负面记忆对情绪的影响。在适当的情况下，帮助患者用善意去同情冒犯者，并通过帮助患者回忆她冒犯别人并被宽恕的时候，使这种经历常规化。
5. 患者对他人友好、轻松的手势没有反应，表现出压抑的情绪	幽默风趣，社交能力	鼓励患者以和蔼的态度做出轻松的手势，从事有趣的活动。给患者展示一些相关的吸引人的视频、真实生活故事或当代的范例

（续表）

挑战（症状）	潜在的品格优势	基于优势的考虑
6. 患者想要但难以发起有意义的社交活动，避免社交场合，感到孤立和无精打采	社交能力，勇气，毅力	鼓励患者从参加一些她觉得安全、不需要太多一对一互动的社交活动开始，比如参加一个创意课程（如摄影、绘画、平面设计、烹饪或编织）。鼓励患者密切关注社交活动，并找到方法提供她的意见，分享她的观点，而不用担心被评价
7. 患者被她的失败和缺点所困扰，过于消极	希望和乐观	与患者积极合作，建立一份清单，列出目前正在进行的工作，或至少是足够好的工作，并征求患者对其因果关系的看法；从过去的成功中，即使是很小的成功中，来建立掌控感和乐观态度
8. 患者是有竞争力的和高成就的，花了很多时间和精力成为最好的；当别人超过他时，他就会怨恨或后悔	公民意识与团队合作，洞察力，谦卑平实	教育患者科学地发现物质收益的回报递减。通过体验活动，帮助他体验享受、缓慢和感恩，让他感受到益处。教导患者谦逊的心理益处，让他们在不需要外部认可或奖励的情况下完成伟大的工作
9. 患者思维僵化、死板，不能很好地适应变化，例如新的情境、同事和情况	好奇心，开放性	系统地培养好奇心和开放性，鼓励患者尝试新的体验，尤其是关于人、地方和过程的。鼓励患者故意质疑，以建立她的开放心态，有意审视各方面；阅读和讨论相反的观点，以便更好地了解自己
10. 患者认为生活中的美好事物和他人的善意行为是理所当然的	感恩，社交能力，善良	与患者讨论一些他真正感激但没有明确表达的事情。鼓励患者思考，如果他认为理所当然的事情没有出现在他的生活中，他会有什么感觉。帮助患者注意并记录（书面或通过智能手机）他人一整天的积极行为
11. 患者缺乏谦虚，吸引不必要的关注，高估自己的素质和成就	谦逊，平实，真实	引导患者对自己的能力和成就做出准确、真实的评估，并帮助患者通过可靠、真实、没有任何外在伪装的感觉来想象或回忆经历。让患者写一份声明，承认她的缺陷，并说明这些缺陷如何使她具有人性
12. 患者不从错误中吸取教训，经常重复错误。患者对道德和伦理问题缺乏更深层次的理解，无法将知识应用到实际问题中	洞察力，实践智慧，谨慎	利用患者最近做出的一个对结果不利的决定，让患者通过讨论来磨砺自己的实践智慧：（a）这个决定对患者和其他人有什么影响？（b）患者有否最妥善地使用或考虑有关情况的情境特征？（c）是否有其他优势可以用来取得更好的结果，例如社交能力和善良，而不是死板地应用规则（表面看上去的公平）？（d）患者的行为是否传达了潜在的优势？（e）患者是否向同伴或可靠、消息灵通的人士寻求明智的建议？

（续表）

挑战（症状）	潜在的品格优势	基于优势的考虑
13. 患者因自我孤立或表现出不感兴趣而退出	爱与被爱的能力，社交能力	患者通过日常的手势和动作表现出真挚的爱和情感。帮助患者以小的方式向对她感兴趣的人表达关心，并对她的朋友诚实和透明
14. 患者在特定情况下行为不当，对不同的人不敏感或不关心	公平，公正和正义	不带指责或羞辱地鼓励患者意识到不同人的积极品质。逐渐鼓励患者与他们互动。当别人受到不公平对待、欺负或嘲笑时，患者会挺身而出
15. 患者在工作中感到困顿，无法找到成长的机会，感到倦怠、无聊	创造力，勇气，毅力	鼓励患者以一种新颖而恰当的方式处理日常工作任务，不要害怕失败。如果他尝试这样做，但没有成功，指导患者通过开展工作之外的活动来探索和表达自己的创造力，这是他一直想做但迄今未能做到的事情。如果这个活动没有实现，鼓励患者尝试另一个，直到他发现一个可实现的

让我们看看一位年轻女患者艾玛的案例，她在短暂的婚姻后寻求心理治疗来处理离婚问题。

和许多患者一样，艾玛在接受治疗时感受到了痛苦、伤害和背叛。她感到很困窘，因为她选择在相对年轻的时候结婚，违背了她保守的父母的意愿，他们希望她继续接受教育。她报告说，她有侵入性的负面想法。我们最初的治疗重点是处理创伤，仅仅是共同创造一个空间，艾玛可以在这里分享她的受伤、愤怒和背叛的感觉，通过被倾听，她可以感受到同情和认同。在这些对话中，临床医生关注创伤的细节，并温和地指出艾玛表现出的一些健康行为（如健康的应对和心理韧性）。临床医生也对艾玛对治疗的承诺表示赞赏（承认），她分享了她的困窘、遗憾和恐惧（勇气），以及她的努力和坚持。这种支持帮助患者表达了改变的愿望。这位以优势为基础的临床医生谨慎地抓住了这个机会，鼓励艾玛讨论改变的可能性，温柔地分享她迄今为止在治疗中被注意到的优势。虽然一开始不愿意承认自己的优势，但只要从临床医生那里听到真实的情况，艾玛的自我效能感就会增强。

在积极心理治疗中整合品格优势的技能和策略

评估患者的品格优势，这为医生和患者协作设置目标，提供了一个独特的临床机会。临床医生可以与患者讨论治疗的目的，例如："你是想摆脱所有的担忧、恐惧、压力和疑虑，还是你也希望得到快乐、自信和满足？"在我们的经验中，几乎每个患者都想达到这两个目的。然而，至关重要的是，临床医生要认识到 PPT 的目标是帮助患者了解，没有缺点，并不是唯一的临床目标，存在幸福感对于治疗和进一步预防心理障碍同样重要（Keyes, 2013）。以下是将优势融入 PPT 的策略。

评估品格优势的方法

大多数精神病理学的测量都是昂贵的，需要在临床环境中完成。由积极心理学的实践者和研究人员开发的有效和可靠的优势测量，随时可以在网上免费获得。例如，"真正的幸福"网站（www.authentichappiness.org，隶属于宾夕法尼亚大学）和"行动中的价值"网站（www.viacharacter.org）提供了这样的测量。患者可以在家完成这些测量，并将结果打印出来进行治疗。如前所述，评估优势最广泛使用的方法之一是 VIA-IS（Peterson & Seligman, 2004; www.viacharacter.org）。基于 CVS 优势模型，VIA-IS 有两个版本——240 个项目和 120 个项目。同样基于 CVS 模型，有一个带有反馈机制的 72 项的简版（Rashid et al., 2013; www.tayyabrashid.com）。这三个网站都提供免费的测量，并提供关于优势和其他积极属性的即时反馈。

除了自我报告之外，研究指导下的访谈也可以用来评估优势。如果临床医生不喜欢使用正式的评估，他们可以在正在进行的治疗中使用问题来引出患者的优势、积极情绪和意义。例如："是什么让你的生活有意义？让我们暂停一下，谈谈你擅长什么。当你看到别人做一件善良或勇敢的事情时，你最初的想法和感受是什么？”弗拉基格和他的同事（2009）通过临床访谈，在治疗过程中激发患者的优势。以下是他们的几个“资源激活问题”，这些问题在日常工作中很容易被纳入生活史问卷或临床访谈中：

- 你最喜欢什么？请描述你最愉快的一次经历。
- 你擅长什么？请描述一下激发你最好的一面的经历。
- 你对未来的期望是什么？
- 对你来说，怎样能让你满意？
- 什么经历给你一种真实感？
- 请描述一次你感受到“真实的自己”的经历。

在对心理治疗师的研究中，迈克尔·谢尔（Michael Scheel）和他的同事（2012）确定了 5 个主题，可以指导临床医生进行 PPT 或任何基于优势的治疗，通过访谈评估患者的优势。下面将介绍这 5 个主题，并以我们的临床实践为例：

被放大的优势

这个主题可以帮助患者看到他们过去的优点，注意所呈现的积极方面，并梳理出成功案例，即使只是很小的成功案例。

例如，一个社交焦虑症男患者，提供了一个如何克服在观众“锐利的眼光”前从事运动的恐惧的故事，他在整个赛季只上场了 3 分钟并得了 3 分，但这足以让他的球队进入季后赛。一位有创伤后应激障碍（PTSD）和抑郁症症状的女性患者能够回忆起她敢于直面欺凌她朋友的人的勇气。这些故事为临床医生提供了扩大患者过去的优势的机会。

相关注意事项

对于需要更多关注缺陷的情况，临床医生需要了解优势的局限性。从情境考虑的主题出发，假设过快地推进可能会阻止患者将来接受优势。

例如，有惊恐障碍或强迫症的急性症状的患者需要特定的、完善的治疗方案。建议有严重社交焦虑症状的患者自发地磨炼自己的社交技能，或者要求患者考虑创伤后的成长，而不是先处理他的创伤，这可能会让这些患者在未来放弃以优势为基础的方法。

面向品格优势的过程

这一主题着眼于从优势的角度寻找定义患者身份的方法，从而帮助患者克服对问题和缺陷的选择性关注，并利用好时机讨论优势。

例如，在早期的治疗环节，一位患者说："尽管我上了冥想课，但我还是感到不安，我觉得我的大脑总是在高速车道上。"医生引导这位患者有意识地回忆过去的三天，每次回忆一天，并要求她至少寻找一次积极的经历，无论多么微小。她能够回忆并写下这三次经历。这位临床医生补充说，这位患者善于享受（回忆）和欣赏美（她记得的一次经历包括享受五分钟的散步，那时正好阳光从云层中照射出来）。写积极事件的经历可以作为一个显而易见的线索，让我们回到积极的时刻。患者同意开始写感恩日志，最终她发现冥想练习很有帮助。

面向品格优势的结果

这个主题帮助患者增加对变化的所有权，利用他们的优势形成目标，并学习设置发现或利用特定优势的目标。

例如，一位患者建立了一家成功的金融咨询公司，但她接受治疗是因为她感到缺乏目标和意义。在整理她的优势档案时，患者意识到，如果没有她的坚持和持久的乐观与韧性，白手起家并在竞争激烈的市场中取得成功的过程也许是不可能的。一路上，她遭受了许多挫折，但她忍受了。因为她从来没有花时间去拥有和庆祝自己的成就，所以说出自己的优点可以帮助患者更深刻地认识到这些优点。在继续下一个目标之前，总有另一个目标要完成。此外，这位患者能够看到她的公司支持许多员工和他们的家庭——这一认识增强了她的使命感。为了进一步发展她的意义感，患者决定为一个经济条件差的学生提供教育奖学金。

积极意义的建构

临床医生利用积极意义的主题，帮助患者通过增加对他们的问题的理解来发展优势，帮助患者从现实的角度平衡他们的消极和积极的特点，帮助患者理解挑战或问题可以成为优势的环境。

例如，一位男性患者经历过很多精神创伤，包括在空袭中幸存下来。现在，他必须每周工作 60 多个小时，还要继续上学。在治疗开始时，他认为自己是 PTSD、注意缺陷多动障碍、焦虑和抑郁症状的集合，而没有其他可取之处。因此，认清自己的优势，并通过现实生活中的挑战将它们融入情境中，有助于改变他的自我认知。优势帮助这个患者看到了他从受害者到幸存者的转变。目前，他作为一名顾问，正在帮助其他遭受痛苦和创伤的受害者。

发现环境中的优势

有些患者会比其他人更清楚自己的优势。临床医生可以鼓励患者从家庭成员、同事和朋友那里寻求关于患者优势的相关信息，以及与患者相关的其他人的优势。这对评估和确定社会和公共缓冲特别有帮助。例如，除了询问家庭成员的问题，临床医生还可以评估来自主要支持团体、机构（协会、社团、俱乐部、兄弟会、姐妹会）和社交网络的依恋、爱等。应该探究患者在工作或社区中的问题，以及社会机构中嵌入的利益和支持（Wright & Lopez, 2009）。

品格优势典范

为了帮助患者识别和鉴定自己的优势，临床医生可以参考某些优势的典范（也称为范例或偶像人物）。例如马拉拉·优素福·扎伊代表勇敢，圣雄甘地代表领导和自我调节，特蕾莎修女代表善良和人性，纳尔逊·曼德拉代表领导和坚持，马丁·路德·金代表勇气、自律和公平，阿尔伯特·爱因斯坦代表好奇心，查理·卓别林代表幽默和顽皮，比尔·盖茨代表利他主义，演员梅丽尔·斯特里普代表创造力。附录 D“建立你的优势”（也见于患者工作簿和网站 www.oup.com/ppt）中包括描述、行为、使用优势的方式、突出的研究成果、学术书籍、当代的例子，以及与 24 个优势相关的网站。

使用特定的人物和电影角色来讨论优势，通过提供一个可以学习的范例，可以在现实冲突和主要优势开发的背景下具体讨论优势的应用。临床医生可以探索患者对相关优势的代表性人物的识别和不识别的方式，并在努力解决患者生活中的困境时参考这些榜样。临床医生可以通过使用《电影中的积极心理学》（*Positive Psychology at the Movies*, Niemiec & Wedding, 2013）等资源来提供关于优势的具体说明，这些资源列出了电影、它们的主题，以及与 24 种优势中的每一种联系起来的角色。

评估治疗开始时的品格优势

优势可以在治疗过程的早期评估。当通过共情倾听建立融洽关系时，临床医生可以在患者讲述他们的故事时开始注意他们的优势。出于几个原因，我们建议在治疗中尽早讨论优势。首先，在危机接踵而至时，了解并承认自己的优势尤其有益。这种理解为临床医生提供了一种有价值的额外资源，这种资源可能会被激活，尤其是在需要心理韧性来驾驭激烈的波动时。在多伦多斯卡伯勒大学健康与保健中心（本手册的作者之一是那里的临床心理学家和研究人员），在线评估品格优势是标准内化评估的一部分。在完成一项优势测试后，患者会收到关于其突出品格优势的反馈。下面是三个例子。

例 1：一名经历过车祸的年轻女性在入院时表现出严重的抑郁症症状，包括认知和运动迟缓。医生注意到她的一个优点——感激，并问这代表了什么。女患者勉强地笑了笑，停了好一会儿才说："我很庆幸自己还活着，我曾把生命中许多美好的东西都视为理所当然。现在，我不再这样认为了。"

例 2：一名大三男生因其学业不佳收到停学通知书后开始接受个人治疗。在第一次治疗中，他显得很沮丧，说大学生活不适合他。临床医生共情倾听了他的担忧，然后请他分享一件事来证明他的社交能力。尽管学业不佳，但他在一家大型零售店担任销售代表时，总是表现出色。"我可以和几乎所有人联系，说服他们购买产品。第一年快结束的时候，经理告诉我，我的业绩在全国排名第三，这让我非常吃惊。"

例 3：一名中年妇女被诊断为边缘型人格障碍，在完成辩证行为疗法的小组治疗后她又寻求个体治疗。一开始，当患者和医生讨论了其最显著的人格优势后，她说："我已经接受过大量的治疗，如心理疗法、支持小组等，但这是第一次在治疗开始时，医生以一种积极的方式告诉我我能做什么……之前我总是听别人谈论我的弱点。你真是太好了！"

除了症状外，对品格优势的系统评估将丰富对患者的临床了解。如果患者的每一种症状背后都有其痛苦的经历，那么每一种优势背后也都有关于坚韧、联结和满足的故事。指出患者的优点可以让医生有机会与患者建立联系，从而灌输希望、乐观、勇气和创造力。

第5章 积极心理治疗：改变的实践、过程和机制

实践和过程

积极心理治疗（PPT）分为三个阶段[①]。表5.1“积极心理治疗：分环节描述”呈现了PPT的概要：

- 在第一阶段的开始，患者创建一个个人叙述，回忆和写出一个使患者表现出最好的一面的，尤其是克服挑战的故事。在这个阶段，大部分的治疗工作集中在评估和组织一个显著的优势概况，并获得整合优势与心理压力源的必要技能。
- 第二阶段帮助患者学会重新评估个人内部体验和人际体验，特别是将其负面体验转化为正面体验，以促进一个平衡的状态。
- 第三阶段帮助患者通过其优势来追求生活的目的和意义。

在本章中，我们概述了每个阶段，在每个阶段中，我们描述了在环节

① 另一种治疗方法，也被称为“积极心理疗法”，是由德国的诺施拉特·佩塞施基安（Nossrat Peseschkian）提出的。佩塞施基安和他的同事从事PPT已经超过20年，虽然这两种治疗方法拥有相同的名字，但它们是不同的。本书所讨论的PPT根植于当代积极心理学运动，而佩塞施基安和他的同事所实践的PPT是一种系统的综合方法，融合了跨文化和跨理论的观点（Peseschkian, 2000; Peseschkian & Tritt, 1998）。

中和环节间的过程和实践。虽然我们以具体有序的方式描述 PPT，但是临床医生需要使用临床判断将这个过程更合适地应用于每个患者。PPT 可以是一种独立的治疗方法，其实践也可以与其他治疗方法相结合。

在整个治疗过程中，临床医生鼓励患者写一本感恩日志，描述他们每天经历的三件好的事情。大多数患者发现，有意识地将注意力集中在好的体验上是很有帮助的，否则他们会在喧嚣的日常生活中错过这些体验。到治疗结束时，患者已经学会用书面形式（手写、涂鸦或电子文本）、视觉形式（用移动设备拍照）或人际关系形式（讨论、欣赏和/或当面表达）记录他们每天的积极体验。这一过程帮助他们维持在本环节中学会培养的更广泛的经验意识，并继续抵制人类对消极偏见的自然倾向。患者了解到他们有一组独特的优势，他们可以用不同的方式使用这些优势。基于此，我们继续探索 PPT 的方法。

表 5.1 积极心理治疗：分环节描述

环节序号及主题	内容	主要练习
第一阶段		
1. 积极介绍与感恩日志	这一环节将患者导向临床环境，明确患者和临床医生的角色和责任。这个环节还会教大家如何通过记录积极的经历和欣赏感恩对幸福的影响来开始培养感恩之心	**积极介绍** 患者回忆、反思并写出一页积极介绍，分享一个有开头、中间和积极结尾的故事，要尽可能地具体，以展现自己最好的一面 **感恩日志** 患者开始写日记，每天晚上记录三件好的事情（或大或小），并写下这些事发生的原因
2. 品格优势与显著优势	这是以下三个环节的第一部分，重点是品格优势和显著优势，这是积极的特质，可以通过实践来发展，可以促进个人成长和健康	**品格优势** 患者通过多个来源收集信息，包括自我报告、在线测量、家庭成员和朋友，来编制自己的显著优势档案

（续表）

环节序号及主题	内容	主要练习
3. 实践智慧	这一环节将介绍实践智慧的技巧。这些技巧教会我们如何恰当地以一种平衡的方式运用显著优势来解决问题	**知道如何使用优势** 患者应用四种实用的智慧策略（特异性、关联性、冲突、反思与校准）来处理三个具体的情景
4. 更好的我	本环节着重阐明和实施关于自我发展的积极的、务实的、持续的书面计划	**更好的我** 患者写一份自我发展计划，名为“一个好的我”，通过具体的、可衡量的和可实现的目标，更合适地利用自己的优势
	第二阶段	
5. 开放记忆与闭合记忆	在这个环节中，患者回忆、书写和处理记忆，学习处理开放或消极记忆的技巧	**积极评价** 在练习放松后，患者写下痛苦的记忆，并探索四种方法来更合适地处理它们
6. 宽恕	这个环节告诉我们宽恕是一个改变的过程，而不是一个事件。这个环节解释什么是宽恕，什么不是	**REACH** 患者学习 REACH——宽恕的过程 **宽恕信** 患者写一封宽恕的信，但并不一定寄出
7. 最大化与满足	本环节介绍了最大化（旨在做出“最好的”可能选择）和满足（做出“足够好”的选择）的概念	**趋向满足** 患者探索哪些是自己最大化或满足的生活领域，并起草一份提高满意度的计划
8. 感恩	这一环节扩展了感恩的概念，让患者回忆并写信给那些过去为患者做过一些积极的事情，但患者从未完整感谢过的还在世的人	**感谢信** 患者反思并给那些在需要的时候帮助过他但没有得到适当感谢的人写一封感谢信 **感恩拜访** 患者邀请自己为之写感谢信的人进行一对一的会面。在没有事先解释的情况下，患者当面朗读信函
	第三阶段	
9. 希望与乐观	在这个环节中，患者学会看到最可能的、现实的结果。他们要认识到，挑战是暂时的，学会如何培养希望	**绝望与希望** 患者反思并写出三件绝望的事和三件有希望的事

（续表）

环节序号及主题	内容	主要练习
10. 创伤后成长	这一环节邀请患者探索那些持续困扰他们的创伤经历带来的深刻感受和想法	**表达性写作** 患者可以完成一项可选的练习，将烦恼和创伤的经历写在纸上，确保这篇文章只有患者本人看到，并放在一个安全的地方。当患者发展出健康的应对技巧，不再被当前的压力所压倒时，练习就完成了
11. 慢生活与享受生活	在这个环节中，患者学习如何有意识地放慢节奏，培养一种享受的意识。通过这样做，他们学会了专注于积极的一面	**缓慢和享受** 患者选择一种慢速技巧和一种适合自己的个性和生活环境的享受技巧
12. 积极关系	在这个环节中，患者会学到认识到他们所爱之人的优点的重要性	**积极关系树** 患者和他所爱的人一起评估他的优点，每个人都把它们写在纸上的一棵大树上。患者与他的爱人讨论通过赞美彼此的优点来丰富关系的方法
13. 积极沟通	在这个环节中，患者了解四种对好消息的回应方式，以及哪一种可以预测关系满意度	**积极的建设性回应** 患者探索自己的重要他人的优点，并实践积极的建设性回应
14. 利他行为	在这个环节中，患者将学习利他行为是如何帮助自己和他人的	**时间礼物** 患者计划花时间利用自己的显著优势送出一份礼物
15. 人生意义与目标	这一环节的重点是为更大的利益寻找和追求有意义的努力	**积极遗产** 患者写下自己希望被如何记住，特别是在自己曾留下积极足迹的方面

第一阶段

过程

第一阶段的 PPT 包括前四个环节。从第一个环节开始，临床医生鼓励患者集中想一个展现其最好一面的具体经历或事件，来反思其个人叙述。临床医生鼓励患者分享自己的经历，以展示其优势与奋斗的过程，也就是说，让患者回忆自己如何成功地应对或克服各种人生挑战。

临床医生以同理心倾听患者所关心的问题，以建立和维持充满信任的治疗关系。为加深对症状性痛苦的讨论，可以和患者讨论一些生活中简单的善举，如患者制作并享用特定的一餐、享受好天气，或顺利地完成日常琐事。这些讨论可以让患者将注意力集中到生活中微小但积极的方面——这些方面可能会被患者对诊断痛苦的过度关注所掩盖。

然后，患者通过多种资源评估自己的优势，并设定与他们当前的问题和幸福感相关的现实目标。PPT 第一阶段的核心是通过自我评价，结合重要他人的意见，使患者认识到自己过去和现在的优点，从而拓宽患者的视角。这一过程主要是通过写一篇关于心理韧性的记叙文，并鉴别使这种心理韧性成为可能的优势。临床医生积极寻找机会，帮助患者更深入地理解如何才能合适地使用优势来处理挑战性的情况。有证据表明，对积极经验的回忆在情绪调节中起着重要作用（Joormann, Dkanem, & Gotlib, 2006），这样的回忆可以让个人“享受”这些积极的情绪（Bryant, Smart, & King, 2005）。菲茨帕特里克和斯塔利卡斯（2008）提出，积极情绪，尤其是在治疗过程的早期阶段，可以作为改变的产生者，使患者考虑新的想法和观点，并可以建立长期积累的资源。

评估优势的最后一步是让临床医生鼓励患者培养实践智慧。在使用优势方面，实践智慧被认为是一种“大师优势”（Schwartz & Sharpe, 2010），指导患者如何使用具体优势。实践智慧通过重新配置患者的心理资源（包括优势在内），转变视角，并在竞争欲望、实际需求与生活领域之间取得平衡，使患者能够适应不断变化的环境（Kashdan & Rottenberg, 2010; Young, Kashdan, & Macatee, 2015）。

通过教授患者细微的、标准的、具体的积极方面和消极方面的使用，PPT 将帮助患者在不同的情境中调节情绪，提高自我评价。例如，患者可能会被激励去体验甚至强化其负面情绪，因为这些情绪对他们来说可能比正面情绪更有用：

- 在一段亲密关系中，当你愤怒、沮丧或失望时，可能意味着对方做错了。
- 如果没有恰当的焦虑水平，那么完成一项重要任务时，你可能会拖延。
- 避免承认损失和悲伤，求助于不健康的应对手段（如毒品、性或购物），可能会让患者无法理解损失的含义，无法思考适应性应对所需的对个人叙述的修正和调整。

PPT 不一定要求患者更多地使用具体的优势，相反，PPT 鼓励患者更深入地思考何时以及如何使用特定的优势是否合适，以及这种使用如何影响他人（Biswas-Diener, Kashdan, & Minhas, 2011; Freidlin, Littman-Ovadia, & Niemiec, 2017; Kashdan & Rottenberg, 2010）。表 4.2 展示了心理挑战与克服心理挑战的具体优势策略之间的潜在联系。

练习

患者通过创建积极的自我介绍开始积极心理治疗，这提供了通过故事来介绍自己的机会，这个故事描述了他们认为自己处于最佳状态（尤其是克服挑战）时的情况。患者进一步反思，并将这个介绍写成一个大约 300 字的故事。第一阶段的剩余部分的重点是优势实践，它开始于一个全面的优势评估。PPT 建议使用两种有效且可靠的测量方法，即 120 个项目的行动价值优势问卷（Values in Action-Inventory of Strengths，VIA-IS; Peterson & Seligman, 2004）和显著优势问卷（Rashid et al., 2013）。这两种方法都来自对优势和美德的分类（Peterson & Seligman, 2004）。优势评估还包括其他自我报告测量（基于描述和相关照片来识别优势）和来自重要他人的附属报告，这些报告识别了（而不是排名）患者的显著优势（附属报告由患者在环节间获得）。然后，临床医生汇总所有来源的数据，以确定患者的显著优势。这个全面的评估过程使患者能够以具体的术语识别、理解和情境化他们的优势。在本书末尾的附录 D“建立你的优势”（也出现在患者工作簿和 www.oup.com/ppt），有一个全面的行为和行动列表，旨在显示 24 种品格优势。这种资源将抽象的优势概念转化为可管理的具体行动。

在整个治疗过程中，为了使显著优势与症状同样突出，临床医生会温和地鼓励患者分享他们的记忆、经历、成就和技能，以证明其显著优势的使用和发展。然而，在讨论优势时，临床医生不应该破坏或最小化患者的负面特征，情境对决定患者何时使用优势非常重要。例如，如前所述，患者可能会被激励去采取行动，甚至强化其负面情绪，因为在特定的情境下，这些情绪可能比正面情绪更有用。PPT 并不一定要求患者更多地使用具体优势，而是让患者考虑何时以及如何表达特定的优势是合适的。这种方法与卡什丹和罗滕伯格（Kashdan & Rottenberg, 2010）以及比斯瓦斯–迪纳、卡什丹和米尼亚斯（Biswas-Diener, Kashdan, & Minhas, 2011）提出的策略相一致。

PPT 的第一阶段结束时，患者要设定具体的、可实现的行为目标，这些目标要自适应地利用其显著优势来解决他们陈述的关注点。这些目标是实践的核心——“更好的我”。这个实践是对最初的积极心理学干预“最好的我们”（Sheldon & Lyubomirsky, 2006）的修正，鼓励患者成为更容易实现的“更好的我”。随着对他们最深层的资源和显著优势的理解加深，患者会被引导去想象，然后用具体的语言写下与他们所关注的问题相关的个人目标。其目的是改善自我调节，以重新设置患者的首选项，增强患者的动机和情绪。这个练习的写作部分很重要，研究表明，制定一份书面的自我提升计划可以增加 42% 的成功率（Fadla, 2014）。

第二阶段

过程

PPT 的第二阶段由第 5 到第 8 四个环节组成。这一阶段的重点是帮助患者通过讨论有效处理日常琐事，以及解决或建设性地处理更重大的逆境（如怨恨、负面记忆或创伤），从而适应性地运用优势。患者被进一步教导以一种经过校准的、灵活的方式使用他们的优势，以应对环境的挑战

（Biswas-Diener, Kashdan, & Minhas, 2011）。在这个过程中，临床医生强调了特定的患者行为或习惯，这些行为或习惯可以解释某些症状或问题，如优势的缺乏或过度（如前所述），而非缺点。

PPT 第二阶段的核心是帮助患者学习具体的、积极的和基于意义的应对策略，重新解释那些困扰患者的开放的（未解决的）和消极的记忆（Folkman & Moskowtiz, 2000）。下面是我们临床实践中的一个例子：

> 山姆是一个有心理问题的年轻男性，在他的个人治疗的前三个环节里，他分享了一段似乎经过精心排练的故事。文字中充满了最近和过去的回忆：对自己目前的恋爱关系感到不安全，对在自己 9 岁时就离开家的父亲感到愤怒，对自己的外表不满，在社交场合感到尴尬。山姆分享这些细节的需求是如此强烈，以至于临床医生直到这位患者分享了关于他父亲的一段积极记忆时才觉得有必要介入。山姆说，虽然他的父亲因为毒品问题很少出现在他的生活中，但父亲非常虔诚地和他参加了一个仪式。这是一个开始，临床医生马上开始询问细节。山姆解释说，每年 12 月，他父亲都会带他去当地的圣诞集市，他们要等很长时间才能坐上摩天轮。山姆裹得严严实实，手里拿着热巧克力，10 到 12 分钟的旅程是一年中最棒的事情。在讨论这段记忆的细节时，山姆的情绪发生了变化。尽管他对父亲的看法没有太大改变，但描述一个特定的积极记忆在他心中创造了一个柔软的、积极的小空间。山姆还意识到，他花了很多时间沉湎于对父亲的负面记忆中，这些往事是无法改变的。然而，山姆现在可以选择改变他对这些记忆的反应。

在 PPT 的第二阶段，患者会意识到他们在开放和消极记忆上投入了多少注意力和其他资源，他们会学习如何将这些注意力重新部署到生活中真实发生的真正积极的事件上。在了解了宽恕是什么和不是什么之后，患者可以选择使用宽恕来停止基于怨恨的情绪循环。通过回忆过去的积极记忆，他们可能会体验到一种持久的感激之情。记录和反思深刻的个人经历有助于患者理解他们的情绪，反过来，这也为他们提供了更强的掌控感，这是个人成长的一个基本要素（Deci & Ryan, 2008）。

练习

在 PPT 的第二阶段，在建立治疗关系并帮助患者确定他们的优势之后，医生鼓励患者写下他们的积怨、痛苦的记忆或愤恨，然后讨论保留这些负面情绪的后果。PPT 不会抑制负面情绪的表达，相反，PPT 鼓励患者获取各种积极的和消极的情绪。然而，正如前面所提到的，消极情绪（通常是怨恨或痛苦记忆的形式）比积极情绪在我们身上逗留和保持的时间要长得多。有许多 PPT 实践可以帮助患者合适地处理负面记忆。例如，积极的评价（Rashid & Seligman, 2013）可以帮助患者解开他们的怨恨，并通过 4 种策略重新评价他们：

- **创造心理空间：**患者从第三人称的角度描述痛苦的记忆，这种视角不那么个人化，更中性。这种做法可以帮助患者省却大量的精力和时间来回忆那些唤起情感的负面记忆的细节（Kross, Ayduk, & Mischel, 2005）。因此，患者可以利用更多的认知和注意力资源来重新构建他们的感受和负面记忆的含义，而不是重复它发生的事情及其感受。
- **重新整合：**患者在放松的状态下回忆痛苦记忆中更细微的方面。这样做的目的是回忆、充实和重新巩固痛苦记忆中积极的或适应性的方面，这些方面可能由于大脑倾向于消极而被忽视。
- **专注于自己：**鼓励患者观察负面记忆，而不是做出反应。这种做法是后退一步，让开放和消极的记忆展现在患者眼前，就像看电影一样。患者被教导要成为这些记忆的观察者，而不是参与者，有意识地放松与记忆相关的情感纽带。

- **转移注意力：**鼓励患者识别触发痛苦记忆的线索，并帮助他们立即进行另一种身体或认知活动（转移注意力），以停止对痛苦记忆的完整演绎。与此密切相关的是，有心理问题的患者的痛苦记忆往往是由外部线索触发的。让患者参与一项适应性的替代活动，有助于避免滑入负面记忆的恶性循环。如果有效，患者会学会处理负面记忆，而不是被负面记忆消耗掉。

在第 12 章环节 6 中，临床医生与患者一起探索各种情景，帮助他们理解什么是宽恕，什么不是。PPT 中的“宽恕”被认为是一种改变的过程——自愿放弃报复的权利（感知的或真实的）（Harris et al., 2007; Wade, Worthington, & Haake, 2009）。患者被教导，宽恕不是纵容或赦免冒犯者、不是破坏社会可接受的正义、不是忘记错误，也不是无视冒犯的后果。患者了解到，宽恕并不仅仅是用中性或积极的想法或情绪取代消极的想法或情绪（Enright & Fitzgibbons, 2015）。之后，患者写下他们自己的一个负面经历，并希望通过宽恕来解决它。

PPT 中间部分的另一个实践是“趋向满足”（Schwartz et al., 2002），它帮助患者了解如何意识到在任务上花费的精力和时间，以及如何管理这些花费以达到适当和有益的目的。这种做法的目的是让患者意识到，我们经常花很多时间购物，这会分散我们直面负面因素的注意力，对提升幸福感也没有多大帮助。

PPT 中一个相关且同样重要的结构是感恩，这是一种对生活中公认的积极因素心存感激的状态。感恩与幸福感有很强的关联（Davis et al., 2016; Kerr, O’ Donovan, & Pepping, 2015; Wood, Froh, & Geraghty, 2010）。如第 14 章环节 8 所述，在 PPT 的这一环节，有两个相关的实践对培养感恩是必不可少的。第一个是感谢信，在信中，患者回忆起一个为自己做过好事的人，而患者从来没有感谢过那个人。在这个环节上，患者要写一封表达感激之情的信，信中要详细描述这个人的善举及其带来的积极影响。作为家庭作业，患者再写两份草稿，然后组织一次感恩拜访。在第二个实践中，鼓励患者当面或通过电话向收件人朗读信函。当面对面进行时，这种做法可以使双方都产生强大的积极情绪，患者通常将其描述为一种他们最初不愿参与但之后发现是深刻感人的一种体验。

第三阶段

过程

PPT 的第三阶段涵盖了第 9 到 15 共七个环节，重点是恢复或培养积极的关系（私密的和公共的）。弗兰克尔的两部关于意义和目的的重要著作——《活出生命的意义》（1963）和《医生与心灵：从心理治疗到意义治疗》（1986），都强调幸福不能单靠渴望获得。相反，幸福必须作为为一个比自己更大的目标而奋斗的非刻意的结果“随之而来”。那些能够追求将自己与更大目标联系起来的活动的人，会体验到更大的幸福感（McKnight & Kashdan, 2009; McLean & Pratt, 2006; Schnell, 2009）。因此，在 PPT 的第三阶段，患者可能已经准备好去追求意义和目的。优点拓宽了患者的自我概念，患者能够处理令人烦恼的记忆，学会宽恕，并开始看到感恩的好处。研究成果强烈支持的观点是，意义感和使命感有助于患者有效地处理心理压力，使命感的存在有助于患者从逆境中恢复或反弹，并缓冲绝望和缺乏控制的感觉（Bonanno & Mancini, 2012; Calhoun & Tedeshi, 2006; Graham, Lobel, Glass, & Lokshina, 2008; Skaggs & Barron, 2006）。PPT 的第三阶段鼓励患者通过一些过程来培养意义，例如加强密切的人际关系和公共关系，追求艺术、智力或科学创新，从事哲学或宗教沉思（Stillman & Baumeister, 2009; Wrzesniewski, McCauley, Rozin, & Schwartz, 1997）。这一阶段的实践，如“绝望与希望”“表达性写作”“时间礼物”都在帮助患者寻找和追求意义和目的。在这个过程中，患者经常分享痛苦，有时甚至是创伤性的经历。

临床医生同情地关注这些患者的经历，并在适当的时候，从这些经历中探索成长的主题。以下是这种探索的两个临床例证：

我们的一个女患者娜菲莎，受到伴侣的情感虐待，还抚养着一个发育障碍的孩子。这位患者觉得没有人关心她。在通过同理心和欣赏她的韧性建立起稳固的治疗关系后，临床医生问她，她是如何做到尽管面临所有这些挑战，还能继续学业的。娜菲莎停顿了一下，然后描述了她从姐姐那里得到的巨大支持的细节。不到 10 分钟前，她感到孤独和无助，但在讨论了来自姐姐的支持的细节后，她的情绪发生了变化。讨论她获得支持的细节有助于这位患者了解其他人的优点，并在一定程度上缓解她的愤怒。

阮是一位有情绪失调症状和药物成瘾问题的女性患者，她正在和我们中的一位临床医生进行单独治疗。在一次治疗快结束的时候，这位患者说，她为自己几个月前流产的想法感到困扰——她在之前的治疗中没有讨论过这个问题。她已经完成了她的显著优势档案，善良是她的优势之一。顺便说一句，在这最后的评论之前，临床医生和阮讨论了她的善良。一周后，在接下来的治疗中，这位患者说："你知道我提到过我有多困扰……我想了想，因为我们正在讨论善良……，我突然想，在这种情况下的善良是什么呢？我经过搜索，决定捐出我的卵细胞给一对夫妇，他们将从中受益。"她进一步解释说，为了捐卵，她必须一年不使用药物。她觉得她的决定不仅会支持别人，也会支持她自己。

练习

PPT 第三阶段的实践将继续利用患者的优势，并将重点放在利用这些优势，为比自身更大的事情服务。第三阶段的一些实践侧重于通过注意、承认和赞赏他人的优点，或通过发挥自己的优点与他人联系来改善人际关系（Ryan, Huta, & Deci, 2008）。患者还可以通过“积极关系树”（Tree of Positive Relationships）来学习发现他们所爱的人的优点，并围绕共同的或相关的优点计划人际交往活动。另一个实践，积极的建设性的回应，教患者如何在他们的伙伴与他们分享好消息时，确认和利用宝贵的时刻（Gable, Reis, Impett, & Asher, 2004）。这一阶段的最后两个实践（时间礼物和积极遗产），帮助患者通过有意义的努力分享他们在服务他人方面的优势，并阐明他们希望如何被记住的愿景。

正念可以通过让我们意识到当下的快乐来提升认知，如果我们不明确地将注意力放到这些快乐的瞬间，它们就会悄悄溜走。临床经验表明，大多数患者寻求治疗以管理快节奏和高度复杂环境下的压力。“缓慢和享受”的练习（Bryant & Veroff, 2007）要求患者密切关注与执行简单任务相关的感觉，如吃一个葡萄干、触摸羽毛或闻香味。患者往往会发现，只要专注于这些活动，他们就会变得更快乐、更平衡。临床医生应该帮助患者将这种有意识的享受融入他们生活的各个方面。另一个实践“时间礼物”能帮助患者体验到，明确地为重要他人花时间，对人际关系和关系中的个人的重要性和影响。

PPT 的最后一个实践“积极遗产”要求患者写一段简短的话（最多一页），内容主要是他们希望自己如何被记住。该过程旨在培养患者选择和精简特定优势以实现长期目标的能力，以及预测或调整他们在前进过程中可能面临的任何障碍（Schmid, Phelp, & Lerner, 2011）。这个最后的练习与开始的练习相联系，意在从过去的经验（积极介绍）中获得掌控感，并为未来调整自己的优势和动机（积极遗产）。下面是一个例子：

> 四十多岁的患者玛丽卡在孩子们成年后，又回到学校并拿到了研究生学位。刚开始进行个人心理治疗时，她感到愤世嫉俗和痛苦，主要是针对她的前夫。但随着她积极地工作，并与过去的有害记忆保持

健康的距离，玛丽卡变得越来越乐观，“积极遗产”这个练习帮助她清晰地表达出她真正想从生活中得到什么：

“我不想让别人认为我是一个愤怒和痛苦的人……当然，我希望人们认为我是一个真实的人；我希望人们认为我是一个快乐的人，一个有爱心和责任感的人，一个努力工作、敢于直面生活的困难和挫折的人。我希望人们知道我是一位好母亲——我教导三个孩子，生活的真正考验不是名利，而是与他人分享。我不想让别人认为我是一个没有宽容之心的人。我知道我没有最快乐的基因，但无论我处于何种境遇，我都会让生活变得更好，而不是更糟。”

临床医生注意

这里描述的三个阶段和过程可能并不总是按照预期的方式展开，也可能不能很好地适应所有患者，要把这些阶段看作通往康复和幸福的交叉路径。除非医生在治疗的后期和患者讨论了人生意义和目的，否则患者可能无法完全理解自己人生故事的意义。同样，积极评价的练习可能比 15 个环节所包含的内容更多。情境或其他因素（如有限的疗程、新出现的危机或需要立即持续关注的创伤，或患者偏好不关注优势）可能会阻碍一些患者充分表达自己的优势。改变的过程是困难的。如果患者多年来一直专注于自己的消极情绪，那么医生可能需要在 15 个环节之外采取更多的办法来培养和巩固患者的希望、热情和感激等优势。

改变机制

在对积极心理治疗的系统回顾中，沃尔什、卡西迪和普里布（Walsh,

Cassidy, & Priebe, 2016）发现了一些改变机制，如图 5.1 所示。这些机制分为五大类进行讨论。每个标题后面的附加描述对应图 5.1 中描述的变量。

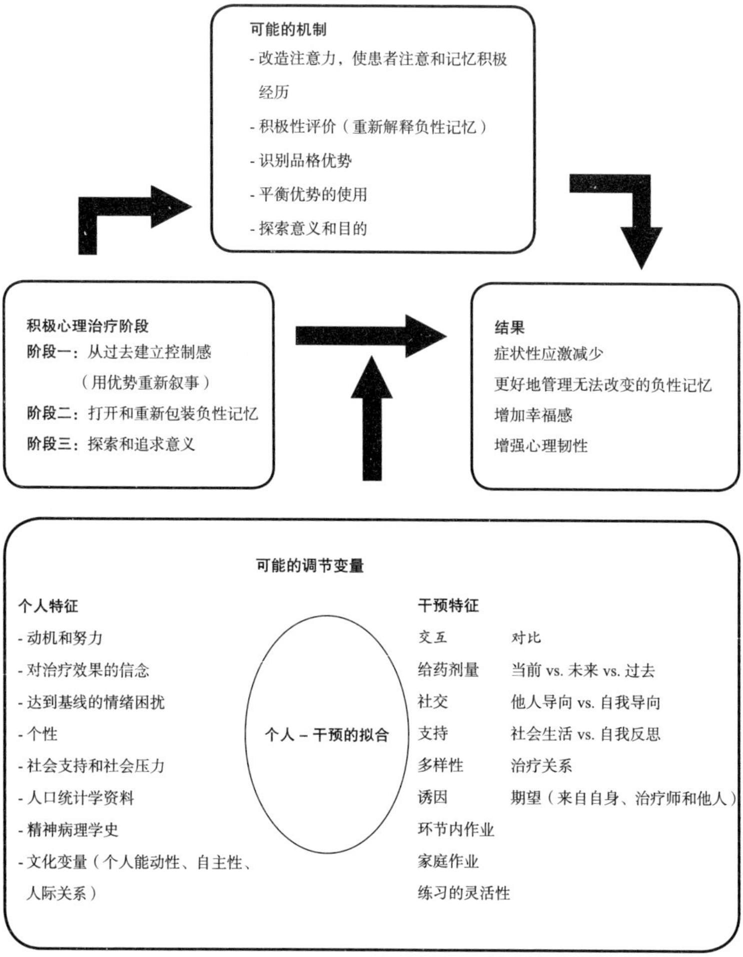

图 5.1 积极心理治疗的改变机制

积极情绪的培养

一些 PPT 练习明确地培养积极情绪，这打开了我们的注意力资源。芭芭拉·弗雷德里克森（Barbara Fredrickson）在积极情绪方面的开创性工作表明，感性情绪虽然在本质上是短暂的，但能扩大我们的认知和行为能力（Fredrickson, 2001, 2009）。PPT 实践（如感恩日志、感谢信、感恩拜访、缓慢和享受等）特别有利于积极情绪的培养。在感恩日志的练习中，患者在治疗过程中，每天要在睡觉前写下一天中发生的三件或大或小的好事。大多数患者发现，这种做法不仅有助于应对负面经历，还有助于通过明确关注他人的友善行为来巩固关系，从而对现有的人际关系产生一种新的欣赏感。明确地表达对一件好事的感激之情，最好是当面表达，尽管不容易，但却总是能让人产生积极情绪，因为这种表达带有一种真诚、专注、持久的感激之情。例如，我们的一位中年男性患者在完成这项工作后说："在工作中，我过去常常只看到上司的缺点和错误。自从我开始写感恩日志以来，我就会刻意发现上司所做的好事……现在，我能看到很多之前错过的东西。"

同样，感谢信和感恩拜访往往会让患者产生深刻的积极情绪。如下文所示，我们的患者劳伦斯描述了这次感恩拜访的经历：

> 我打了七稿才写好我想说的话，因为我不想显得仓促。
>
> 过去，我和马克每周都会在一个特定的餐厅吃晚餐或午餐。
>
> 这次，当我邀请马克周末共进晚餐时，我也选择了同样的地方。我们坐在餐厅中间的位置。服务员告诉我们至少要 25 分钟才可以上餐，所以在等待食物的时候，我对马克说："我有一张纸条想要读给你。"
>
> 他看着我，担心地问："你没事吧，劳伦斯？你身体还好吗？你脸色好像不太好……"
>
> "不，不，我很好。我要大声读给你听。"我试图解释。
>
> "好吧，说吧。"他有点儿矛盾地说。
>
> 我读了那封信。令我彻底震惊的是，我看到他眼里含着泪

水——我之前从没见过他流泪。我们是33年的朋友了，他一向少言寡语，我也是。这是一个我们都沉默的时刻，但之前我们之间从未有现在这般的内在联结。

这个例子说明，积极情绪可以产生改变。特普费尔和沃克（Toepfer & Walker, 2009）发现，感谢信的质量、表达的词语和语气都有助于幸福感。此外，通过确定自己和他人的品格优势，患者可能会发现自己的价值，并认识到他人的价值，从而培养以积极的方式与他人相处的意识。感谢信和感恩拜访对这位患者的健康产生了积极的影响，因为它恢复了一段重要的关系，而这段关系可能受到了抑郁症的不利影响。菲茨帕特里克和斯塔利卡斯（2008）强调了积极情绪作为治疗改变的潜在产生者的重要性，他们认为，可以扩大导致改变的因素以及如何实现改变的范围，这种扩展对心理治疗具有启发价值。例如，在PPT中，我们可以认为实践不仅能让患者产生积极情绪，还能让患者更加开放。当患者体验到积极的情绪时，他更有可能产生新想法，为问题制订新的解决方案，重新解释当前面临的挑战，并提出新的解决办法和行动方案。积极情绪可以开阔思维，使人更加灵活和包容。这种扩展，再加上对患者优势的了解，能够鼓励他重新定义问题。每周的PPT实践能够使患者调整和利用其注意力来发现、标记和描述积极的经验。因此，PPT实践就像“微小的变化事件”一样，随着时间的推移而累积，从而产生更大的结果。

积极评价（记忆重写）

PPT的第二阶段的重点是帮助患者系统地直面负性记忆（PPT中称为“开放记忆”）。在一个放松和安全的治疗环境中，当患者建立治疗联盟，探索他们的优势，并获得实践智慧策略后，他们将试图以一种现实且积极的方式重新解释消极的经历、事件或情境（Watkins et al., 2008）。此阶段重点在于帮助患者了解负性记忆的不利影响，以及开发更丰富、更深刻、更具细微情感与体察力的词汇的积极意义。患者还会学习一些具体的策略，把注意力从让他们陷入困境的消极情绪转移到更中性的情绪上。与这些技能相结合，患者还可以获得其他技能来发挥自己的优势。例如，积极评价的技巧帮助了我们的一位患者吉娜，她因激烈的离婚带来的开放而消极的记忆而痛苦。在她进行这项实践的同时，吉娜还写了一本感恩日志（这是一项正在进行的实践），这提高了她认识自己优势的适应性和非适应性的技能。对于这位患者，改变并不是由于一个或两个实践或技能，而是由于考虑到了她的优势（显著优势档案），重新解释过去（积极评价），启动和保持一个积极的心态来帮助她克服消极偏见（定期参加治疗），坚持写感恩日志。这些过程共同帮助吉娜认识到，情感反应可以是动态的，而对优势的认识有助于我们探索这些动态的积极或适应性的方面。

与记忆相关的情感是可塑的，因为它们具有天生的可重构性。负性记忆可以被重写，以减少其负面影响（Redondo et al., 2014）。通过积极评价，患者将学会把消极经历与积极经历相联系。

治疗性写作（品格优势的识别）

一些促进积极评价的 PPT 实践包括反思和写作。写作是另一种潜在的改变机制，它包括（个人）反思和（与临床医生）讨论一次重要的经历。这种方法被认为是一个有力的治疗途径（Frattaroli, 2006）。写积极的事情（积极介绍、感谢信、积极遗产）和消极的事情（开放记忆）似乎都能让患者理解这些事情。记录创伤事件的好处是有据可查的（Pennebaker, 1997）。写下消极和积极的事件有助于患者探索体验的更深层次。写作过程究竟会如何导致改变？在 PPT 中，写作几乎总是与思考同步进行的——要么由患者单独完成，要么由临床医生在治疗环节中协助完成。例如，在感恩日志实践中，患者以一种更私密的方式组织他们的个人和情感体验，这使他们能够反思与治疗相关的体验和情感。因此，在这种情况下，写作工作与积极评价是一致的。这个过程允许患者在安全的范围内，在临床医生在场的情况下（字面上或比喻上），将他们混乱的记忆组织成有序的、有一定结构的口头语言。一种支持性的治疗关系可以帮助患者重建或重新评价情感上比较敏感和经常回避的经历。

反思和写作也有助于患者关注时间的维度。例如，积极介绍的实践强调从过去获得掌控感来提高现在的自我效能，而“更好的自我”和“积极遗产”允许患者使用从过去和现在获得的掌控感、成就感、心理韧性来设想一个有意义的未来。

贯穿整个 PPT 的积极情绪会增加患者在信息处理方面的体验，而这反过来又能帮助他们在重新评估自己的体验时，在写作中更加开放和富有探索性。已经有确凿的证据表明，写下创伤经历有益于身心健康（Frattaroli, 2006; Kerner & Fitzpatrick, 2007; Phillips & Rolfe, 2016）。新出现的证据表明，写关于消极和积极事件的文章有助于患者探索体验的更深层次（Burton & King, 2004; Furnes & Dysvik, 2013）。我们在完成 PPT 的患者（个人和团体）身上看到的变化表明，反思和写作积极和消极的东西都是有益的。

资源激活（使用优势）

PPT 是基于心理治疗的资源激活模型（Flückiger & Grosse Holtforth, 2008），该模型将患者已有的资源（如个人优势、能力和准备）应用到他们寻求治疗的问题上。PPT 活动（如探索自己的显著优势）结合其他实践（如感恩拜访、积极的建设性回应、缓慢和享受，以及时间礼物）一起激活资源，即将优势转化为具体的、适合个人的行动。进行这些实践可以帮助患者在现实中体验抽象的想法，从而改变患者的感受。毕竟，患者寻求治疗是因为他们感到痛苦，而将他们的优势和其他良性因素付诸行动会占据认知资源（例如工作记忆、注意力、选择和过滤），使患者没有足够的时间来思考生活的负面因素。更多积极体验可以提高患者的自我效能感，增强自信。研究表明，由于自我概念水平的提高，优势与生活满意度相关（Allan & Duffy, 2014; Douglass & Duffy, 2015）。

当患者探索和拥有其个人和人际关系的技能和适应力，追求与个人密切相关的有意义的目标，以此来体现自己的能力时，临床医生就能促进资源的激活。例如：

> 塞玛是一位患有抑郁症的女性患者，她分享了自己的积极介绍，并完成了她的显著优势练习。她说："我在心理治疗时，只关注自己身上缺失的东西，感觉就像我把自己裹在一个假的安全毯里……这让我更加沉湎于其中……现在，我看到其他人也同意我的看法——我是一个有精神、有创造力和社交能力的人。我觉得那块毯子已经被掀开了，我已准备好继续前行。"她能够通过完成一个"更好的我"的练习来设定具体的目标。

看起来，患者越觉得自己受到重视和照顾，他们就越愿意、越有能力解决自己的问题。我们相信，认同自己的优势可以帮助患者体验到自己的能力和自信。

体验能力的培养（意义和目的）

PPT实践能够让患者开发他们的显著优势。症状性的焦虑会隐藏这些优势，前来接受治疗的患者往往不知道自己的具体优势。不像享乐活动（产生快乐的活动，如吃巧克力、做爱、度假或者购物）是一种捷径，PPT 是有意为之的活动，是有时间顺序、有紧迫感的活动（例如，写下并完成一次感恩拜访，制订一个使用显著优势的计划，每天在感恩日志中记录三件好事，安排一个享受的日期，送出一份时间礼物）。与能够快速习惯（或适应）的享乐活动相比，PPT 活动持续的时间更长，需要大量的思考和解释，不易适应。例如，有证据表明，体验性的活动比购物更能预测幸福感（Dittmar, Bond, Hurst, & Kasser, 2014; Kasser, 2002）。因此，在治疗的一开始，患者就被告知幸福不是简单地发生，而是他们必须让它发生。PPT 实践改变了患者，因为他们可以参加利用自己显著优势的活动（Allan & Duffy, 2014; Forest et al., 2012）。例如，让具有创造力的显著优势的患者想出可以使用创造力的活动时，她选择了陶艺，这是她一直想尝试的活动。

调节变量在治疗改变中的作用（个人—干预的拟合）

许多潜在的调节变量可以影响治疗的改变。斯蒂芬·舒勒（Stephen Schuller, 2010）详细讨论了人与活动的契合度。在 PPT 实践的背景下，这一过程本质上需要临床医生针对患者的个人需求，根据他的性格和内在动机，制订具体的实践方案。例如：患者是否有改变的动机？如果是，他对此事的信心和自我效能感如何？患者是否认为 PPT 在普遍和具体的实践中是有效的？即使在面临挑战的情况下，他是否也足够重视 PPT 实践，他的承诺水平会不会下降？如果下降了，他有社会支持来帮助自己重新参与吗？就特定练习的最佳强度、时间、顺序和整合程度而言，整体的情境特征是什么（Lyubomirsky & Layous, 2013; Schueller, Kashdan, & Parks, 2014）？在不考虑核心治疗完整性的情况下，每个 PPT 实践中允许多大的灵活性来处理个人化治疗方案中的独特个性、文化特征和情境特征？

积极心理治疗中的注意事项

积极心理学一直被批评没有足够深入地探究人们的问题，以及快速引导人们形成基于个人的积极观念（Coyne & Tennen, 2010; Ehrenreich, 2009; McNulty & Fincham, 2012）。正如在本章中以各种方式重申的，PPT 的治疗目的既不否认负面情绪，也不鼓励患者通过乐观的眼光快速寻找积极的一面。PPT 是一种科学的尝试，它温和地鼓励患者探索自己完整的资源，并学会使用这些资源来克服挑战。也就是说，在进行 PPT 时，要注意以下几点：

1. 尽管强调优势，但 PPT 并没有这样规定。相反，PPT 是一种描述性的方法，基于汇集的科学证据。这些证据表明，当个人关注其经历的积极方面时，就会产生某些好处。随着时间的推移，具体的系列证据证明，积极优势与生物和基因标记的测量具有因果关系。例如，表现良好（不仅仅是感觉良好）与抗体和抗病毒基因的更强表达有关（Fredrickson et al., 2013）。同样，人们在社交媒体上发布的负面情绪，如愤怒、压力和疲劳，与较高的心脏病风险相关（Eichstaedt et al., 2015）。医生应该明确地向患者解释 PPT 的理念和实践的科学基础，以避免被认为是一种规定性的方法。

2. 临床上对出现恐慌症、选择性缄默症、偏执型人格障碍等急性症状的患者使用 PPT 是不明智的，目前尚无证据表明 PPT 对这些疾病有效。此外，一些患者可能强烈地感觉到他们的症状（而不是优势）应该是治疗的重点，这样的患者可能害怕临床医生判断他们的弱点。一些患者可能有一种根深蒂固的自我感觉，认为自己是受害者，不容易发现自己的主动性。然而，对另一些患者来说，品格优势的认同可能夸大了自恋的特征。因此，重要的是要在特定的情境中讨论优势，并彻底讨论细微差别。例如，在某些情况下，有些患者可能无法从友善或宽容的行为中获益。同样，一些患者可能会因为既真实又聪明而感到矛盾。一些患者可能会面临通过诚实或同理心来解决复杂挑战的困境。同样，有虐待史但有谦逊、善良、宽容等优点的患者可能不会轻易从 PPT 中受益，除非他们发展出更准确、更现实地理解情况的视角和批判性思维能力。有严重创伤经历和创伤后应激症状的患者，最初可能对以症状为重点的治疗有更好的反应，但他们还没有准备好进行创伤后成长 PPT 练习。总之，PPT 并不是万能的，它可能对一些临床问题比其他方法更有效，它可能对某些患者比其他患者更具相关性，并且可能只是在特定的时间里而不是始终相关。临床医生必须探索这些维度来评估患者治疗的契合度，并应持续监测这种契合度。

3. 使用 PPT 的临床医生不应该期望线性的进步，因为改变患者长期行为和情绪模式的动机在治疗过程中是波动的。临床医生不应该假设所有残留的负面情绪、伤害、疼痛和失落感都已经处理好了，因为患者可能没有把所有事情都讲出来。患者在 PPT 实践中产生负面和不舒服的情绪是很常见的，其中一些实践的性质鼓励患者探索来自困难和创伤经历的痛苦（以及潜在的增长）。当患者痛苦的记忆出现时，临床医生应该时刻注意并及时处理这些负面情绪，而不是为了积极的一面就轻视或最小化它们，这可能会严重破坏治疗关系。特别是当患者报告了历史创伤后，临床医生意识到治疗中已经取得了后续进展时，不应过快或过猛地指出创伤、损失或逆境所提供的积极机会。当然，临床医生也不应因担心破坏治疗关系而妨碍患者关注自己潜在的成长。

4. 就像其他治疗方法一样，临床医生应该意识到 PPT 练习可能会对患者造成意想不到的伤害。例如，对于自我感觉膨胀的患者，利用优势可能会进一步支持其自恋。虽然强调优势的平衡和情境相关的使用是很重要的，但也应该讨论负面情绪的适应维度。例如，对公然侵犯人权表示愤怒的患者，或因失去公共资源（如一家独立书店的关闭或自动化导致的失业）而表示悲伤的患者，他们的感受应该得到承认和确认。确实存在的真正的负面情绪不应该被积极的情绪所取代。

5. 最后，积极的情绪、品格优势、意义、人际关系和成就应该从文化情境的角度来看待。当从患者的文化角度来看时，情绪化的沟通方式、对大家庭成员的依赖，或避免直接的目光接触，都可能传达热情、爱和尊重（McGrath, 2015; Pedrotti, 2011）。在每一环节的 PPT 中，我们都概述了文化方面的考虑（第 7~21 章）。

关于积极心理治疗结果的研究

关于 PPT 的实证证据的体量在不断增长。我们最初单独验证 PPT 中的实践（Seligman, Steen, Park, & Peterson, 2005），之后合并为 PPT 手册（Rashid & Seligman, 2019; Seligman, Rashid, & Parks, 2006），并且已被用于 20 项研究中（表 5.2“积极心理治疗结果研究汇总”中可以看到有关研究的详细清单）。这些研究涉及各种临床人群（如抑郁症、焦虑症、边缘型人格障碍、精神病和尼古丁依赖患者），这些研究大多以小组治疗的形式进行。总的来说，PPT 已经被证明可以显著降低患者痛苦的症状，提高治疗后的幸福感，具有中到大的效应值范围（见表 5.2 测量前和测量后评分变化的结果值和效应值）。其中四项研究（包括两项随机对照试验）将 PPT 直接与辩证行为疗法和认知行为疗法进行了比较，这两种疗法都是经过充分研究的积极的临床治疗。研究发现，PPT 和这两种治疗方法效果一样好，甚至超过了这两种治疗方法，尤其是在幸福感指标上（Carr, Finnegan, Griffin, Cotter, & Hyland, 2017; Ochoa, Casellas-Grau, Vives, Font, & Borràs, 2017; Schrank et al., 2016）。表 5.2 中超过一半的研究对来自加拿大、中国、韩国、智利、法国、西班牙、奥地利、伊朗和美国的社区样本（医院门诊患者、社区精神卫生诊所患者）进行了治疗，解决了包括抑郁症、焦虑症、边缘型人格障碍、精神病和尼古丁依赖在内的临床问题。

研究显示，与控制组或预处理组相比，PPT 可使患者抑郁程度减少、幸福感增加。与认知行为疗法或辩证行为疗法等其他治疗方法相比，PPT 的效果相当，尤其是在幸福感测量方面。在回顾这些研究时，我们需要注意，大多数研究的样本量都很小。尽管如此，这些研究仍然表明，PPT 的方法是有价值的，并且需要进一步的实证研究来明确之前的发现，并提高我们对改变机制的理解。为此，研究者已经设计和验证了积极心理治疗量表（PPTI; Guney, 2011）（本手册末尾附录 C 中转载了 PPTI，它也出现在患者工作簿和 www.oup.com/ppt）。PPTI 用于评估 PPT 的具体积极成分，包括积极情绪、投入度、意义和关系（Bertisch, Rath, Long, Ashman, & Rashid, 2014; Rashid, Howes, & Louden, 2017）。此外，积极临床心理学资源的在线附录（可在 www.oup.com/pp 上找到）提供了一个全面的附加资源列表，包括与积极临床心理学相关的书目、按主题组织的临床论文列表，以及相关的多媒体资源（视频、网站和纪录片）。

最近有研究者发表了一篇关于 PPT 在精神卫生保健领域应用的系统综述（Walsh et al., 2016）。基于 12 项研究，这篇综述发现 PPT 的一些内容被广泛使用（感恩日志、品格优势、感谢信和感恩拜访），而其他内容则使用较少（如趋向满足、积极评价、积极关系树）。随着 PPT 临床实践和研究的发展，希望凭借本书的出版，基于纵向和多方法的研究设计（如经验取样或生理学和神经学指标）能够发现 PPT 对特定疾病的有效性。我们认为有必要通过临床研究，不断地为临床应用 PPT 提供信息，从而丰富和完善临床实践体系。

我们都是有理论素养、探究精神和实践经验的临床医生。在本手册的第一部分，我们试图构建一个连贯的 PPT 理论框架。我们已经为 PPT 提出了理论支持——为什么它是必要的，以及来自哪些特定的幸福链。近十年来，以证据为基础的实践一直是我们不变的原则。这部分描述了我们在众多临床条件和不同样本的情况下，为提高 PPT 的有效性所做出的努力。第一部分描述的理论链在第二部分将被转换为结构化的、有序的、灵活的和与文化相适应的环节。

表 5.2　积极心理治疗结果研究汇总①

序号	作者及出版情况	描述和样本特征	结果的测量指标	主要发现
随机对照试验				
1	Seligman, Rashid, & Parks, 2006, 已出版	患有 MDD 的被试分别进行个人 PPT（n = 11）12~14 个治疗环节，对照组进行 TAU（n = 9）和 TAUMED（n = 12）；在大学咨询中心寻求治疗的本科生和研究生	抑郁（ZDRS 和 Hamilton）、整体精神压力（OQ-45）、生活满意度（SWLS）和幸福指数（PPTI）	治疗后抑郁 PPT< TAU（ZDRS 和 Hamilton *d* =1.12 和 1.14），并且 PPT <TAUMED（ZDRS *d* = 1.22），整体精神压力（OQ-45 *d* = 1.13）；治疗后幸福指数 PPT > TAU，TAUMED（*d* = 1.26 和 1.03）
2	Seligman, Rashid, & Parks, 2006, 已出版	有轻度至中度抑郁症状的患者分别进入小组 PPT 组（n = 21）或无治疗对照组（n = 21），6 个治疗环节；大学本科生	抑郁与生活满意度（SWLS）	治疗后抑郁 PPT < 对照组（BDI-II *d* = 0.48），3、6、12 个月后随访（*d* = 0.67、0.77、0.57），PPT 组每周减少 0.96 分（*p* <0.003），变化比率明显大于对照组（*p* <0. 05）
3	Parks-Schei-ner, 2009, 学位论文	个人（n = 52）完成 6 个在线 PPT 练习，对照没有治疗的在线样本组（n = 69）	抑郁（CES-D）、生活满意度（SWLS）、积极和消极情绪（PANAS）	治疗后抑郁 PPT 组 < 对照组（在 3 个月后的随访中，CES-D *d* = 0.21）；治疗后 PANAS 指标 PPT 组 > 控制组（在 1 个月和 3 个月后的随访中，分别为 *d*= 0.16、0.33 和 0.50）
4	Asgharipoor et al., 2012, 已出版	在伊朗的一家医院，被诊断为 MDD 的患者分别进行了 12 周的小组 PPT（n = 9）或 12 周的 CBT	抑郁（SCID 和 BDI-II）、幸福感（OTH）、生活满意度（SWLS）、心理幸福感（SWS）	治疗后幸福感 PPT > CBT（OTH *d* = 1.86）在大多数测量结果中，两种疗法的效果没有区别

① 以出版年份为序。

（续表）

序号	作者及出版情况	描述和样本特征	结果的测量指标	主要发现
5	Lü and Liu, 2013，已出版	小组 PPT（n = 16），每周 16 次，每次 2 小时，与没有治疗的控制组（n = 18）比较，探讨在应对环境挑战时积极情绪对迷走神经张力的影响	积极和消极情绪（PANAS）和呼吸性窦性心律不齐	抑郁，PPT 组 < 控制组，6 个月的随访（*d* = 0.21）；积极和消极情绪，PPT 组 > 控制组，干预前、3 个月后、6 个月后的随访（*d* = 0.16, 0.33, 0.55）
6	Rashid et al., 2013，已出版	公立中学六年级和七年级学生进行了 8 个治疗环节的小组 PPT（n = 9），以及没有任何治疗的对照组（n = 9）	社会技能（SSRS）、学生满意度（SLSS）、幸福感（PPTI-C）、抑郁（CDI）	治疗后，PPT 组 > 控制组（SSRS- 整合的父母版本 *d*=1.88, PPTI-C *d*=0.90）
7	Reinsch, 2014，会议展示	PPT 组（n = 9）与未接受治疗的对照组（*n* = 8），6 个治疗环节；通过员工援助计划寻求心理治疗的患者	抑郁（CES-D）和幸福感（PPTI）	治疗后抑郁（CES-D *d* = 0.84）。相较于无治疗对照组，干预后治疗获益维持一个月，患者减少了 45%，具有统计学意义
8	Schrank et al., 2016；已出版	完成 WELLFOCUS 的 PPT 组（n = 43）与 TAU 组（n = 41），11 周的治疗环节；被诊断为精神病的社区成人	幸福感（WEMWBS），精神压力（简明精神病评定量表）、抑郁量表、幸福量表、PPTI	治疗后，WEMWBS（*d* = 0.42），抑郁（*d* = 0.38），依据积极心理治疗量表的幸福感（*d* = 0.30）。对治疗组的后续分析发现，进一步提高了症状减少的结果（*d* = 0.43）和抑郁（*d* = 0.41，SDHS 抑郁得分）
9	Uliaszek, Rashid, Williams, and Gulamani, 2016，已出版	小组 PPT（n = 27）与辩证行为治疗（n = 27）对比；某大学健康中心表现出抑郁和边缘型人格障碍症状的患者	抑郁（SCID）、精神症状（SCL- 90）、情绪调节（DER）、痛苦耐受（DTS）、正念（KIMS）、幸福感（PPTI）和生活满意度（SWLS），应对方式（WOCCL），工作联盟量表；PPTI PPT	除了 PPTI、SWLS、工作联盟量表和 WOCCL 适应不良亚量表外，PPT 和辩证行为治疗在所有测量的治疗前和治疗后都有显著差异，平均效应值分别为 *d* = 0.60 和 *d* = 0.78

（续表）

序号	作者及出版情况	描述和样本特征	结果的测量指标	主要发现
10	Dowlatabadi et al., 2016, 已出版	将 36 例有轻度至中度抑郁症状的不孕妇女随机分到对照组（n = 18）和干预组（n = 18）	抑郁（BDI-II）和生活满意度（SWLS）	结果显示，与对照组相比，干预组的生活满意度显著提高，前测为 22.66，后测为 26.13（$p < 0.001$）
11	Dowlatabadi et al., 2016, 已出版	这个随机对照试验是在伊朗 Kerman-shah 肿瘤中心对乳腺癌患者进行的，将 21 名患者分配到 PPT 组，将 21 名患者分配到对照组。PPT 组 5 例、对照组 4 例未完成研究	这些数据是在干预前和干预后 10 周收集的，基于抑郁症（BDI-II）和牛津大学的幸福量表	治疗后抑郁，PPT 组 > 控制组（BDI-II d= 1.13）；治疗后幸福感，PPT 组 > 控制组（牛津大学幸福量表 d= 1.83）
12	Carr et al., 2017, 已出版	来自三个公共精神卫生机构的 82 名参与者，他们有 3 种 MDD 诊断，被分配到结合了 CBT 和 PPT 的 SYTL（Say Yes to Life）组（n = 40）和 TAU 组（n = 42）。TAU 包括 CBT 支持治疗、以患者为中心的治疗、心理动力学、心理治疗和整合心理治疗。两种治疗都持续了 20 次，每周 2 小时	抑郁：SCID；贝克抑郁量表-II（BDI-II）、汉密尔顿抑郁评定量表（HRS-D）、蒙哥马利–阿斯伯格抑郁评定量表（MADRS），成本–后果评估	在时间 1、2 和 3 的治疗完成者和 ITT 分析中，对 BDI-II、HAM-D 和 MADRS 的平均分进行 2 × 3、组 × 时间的 MANOVAs 分析，时间主效应显著。所有的效应大小都有利于 SYTL 组，范围从小（d = 0.12）到中等（d = 0.66）。成本–后果分析显示，SYTL 组的平均总服务使用成本（欧元 / 例）明显低于 TAU 组
13	Furchtlehner and Laireiter, 2016；学位论文	将诊断为抑郁症的患者分成小组，将小组 PPT 组（n = 44）与小组 CBT 组（n = 44）进行比较，每次 2 小时，共 14 周	SCID、抑郁（BDI-II、MADS）、幸福感（PPTI）、生活满意度（SWLS）和症状（BSI）	在所有测量结果中，PPT 优于 CBT，有中到大的效应值，抑郁（d = 0.82）、MADS（d = 0.33）、PPTI（d = 0.58）、SWLS（d = 0.85）和 BSI（d = 0.95）

（续表）

序号	作者及出版情况	描述和样本特征	结果的测量指标	主要发现
14	Hwang, Kwon, and Hong, 2017；已出版	韩国釜山市区大学生被随机分配到三种条件下：个人调节（PPTm; n = 8），群体神经反馈辅助冥想治疗（NFB; n = 8），无治疗（n= 8）	繁荣量表（FS）用于评估心理和社会幸福感，积极和消极体验量表（SPANE）用于评估主观情感	与无治疗组相比，PPTm 和 NFB 辅助冥想治疗对心理健康（FS）和正、负体验（SPANE）均有显著的积极影响。在随访中，与 PPTm 相比，NFB 冥想治疗显示出更大的主观幸福感增加，平均效果大小 $d = 1.08$，而 PPTm 相比 NFB 冥想治疗显示出更大的心理社会幸福感增加，平均效果大小 $d = 1.36$
15	Ochoa et al., 2017, 已出版	126 名成年女性患者，高情绪困扰的乳腺癌连续幸存者被分配到针对癌症的积极心理治疗组（Positive Psychotherapy for Cancer, PPC; n = 73）和对照组（n = 53）。PPC 共进行 12 个疗程，每次 90~120 分钟，每组 8~12 人	医院焦虑与抑郁量表（HADS）、应激后障碍自评量表–民用版（PCL- C）、PTG、极端生活事件量表	治疗后PPC组明显优于对照组，表现出痛苦减轻、创伤后症状减轻、PTG升高。在3个月和12个月后的随访中，疗效保持不变
非随机化				
16	Goodwin, 2010, 学位论文	小组 PPT（n = 11），共 10 个治疗环节，主要关注焦虑和压力个体的关系满意度的提高；培训诊所的社区样本	焦虑（BAI）、压力（PSS）、关系调整（DAS）	治疗后，PPT 组的焦虑指标变化显著（BAI $d = 1.48$），压力指标变化显著（PSS $d = 1.22$），关系满意度没有显著变化（DAS）
17	Cuadra-Peralta et al., 2010, 已出版	智利社区中心被诊断为抑郁症的患者分配到小组 PPT 组（n = 8）和行为疗法组（n = 10），进行了 9 个治疗环节	抑郁（BDI- II 和 CES-D）、幸福感（AHI）	治疗后，患者幸福感（AHI）PPT 组 > 行为疗法组（$d = 0.72$）；抑郁指标显示，PPT 组在治疗前和治疗后存在显著差异（BDI-II $d = 0.90$, CES-D $d = 0.93$）

（续表）

序号	作者及出版情况	描述和样本特征	结果的测量指标	主要发现
		随机对照试验		
18	Bay, 2012，已出版	小组 PPT 组（n = 10）与小组 CBT 组（n=8）、药物组（n = 8）比较；患者为法国某医院出现抑郁症状的个体	抑郁（BDI- 缩减版）、抑郁和焦虑（HADS）、幸福感（SHS）、情绪量表（EQ-I）、生活满意度（SWLS）、积极和消极情绪（PANAS）	治疗后抑郁，PPT < CBT（d = 0.66），幸福感（SHS d = 0.81），生活满意度（SWLS d = 0.66），乐观（LOT-R d = 1.62），情商（EQ-I d = 1.04）。在大多数测试中，PPT 和 CBT 都比药物组表现更好
19	Meyer et al., 2012，已出版	小组 PPT 组，10 个治疗环节，有 6 个练习适用于在医院附属诊所有精神分裂症症状的患者（n = 16）；进行基线、干预后、3 个月后的随访评估	心理幸福感（SWS）、享受（SBI）、希望（DHS）、恢复（RAS）、症状（BSI）、社会功能（SFS）	治疗后，PPT < CBT，抑郁（BDI d = 0.66），幸福感（SHS d = 0.81），生活满意度（SWLS d = 0.66），乐观（LOT-R d = 1.62），EQ-I（d = 1.04）。在大多数个案中，PPT 组和 CBT 组均优于药物组
20	Kahler et al., 2015，已出版	8 个治疗环节的小组 PPT（n = 19）与社区医疗中心的戒烟咨询和尼古丁贴片相结合	抑郁（SCID、CES-D）、尼古丁依赖（FTND）、积极和消极情绪（PANAS）	治疗出席率和治疗满意度很高，大多数参与者报告使用和受益于 PPT 练习。近 1/3（31.6%）的被调查者在戒烟后的 6 个月内没有吸烟

注释：

PPT= 积极心理治疗，MDD = 重度抑郁症，SWLS = 生活满意度量表，TAU = 常规治疗，TAUMED = 常规治疗加药物治疗，CBT = 认知行为治疗，MANOVA = 多元方差分析，PTG = 创伤后成长，ZDRS =Zung 抑郁自评量表。

结果测量量表

1. Beck Depression Inventory-II（BDI-II; Beck, Steer, & Brown, 1996）

2. Beck Depression Inventory-II-Short Form（BDI-SF; Chibnall & Tait,

1994）

3. Beck Anxiety Inventory（BAI; Beck, Epstein, & Steer, 1988）

4. Brief Symptom Inventory（BSI; Derogatis, 1993）

5. Brief Psychiatric Rating Scale（BPRS; Overall & Gorham, 1962）

6. Center for Epidemiological Studies Depression Scale（CES-D; Radloff, 1977）

7. Children Depression Inventory（CDI; Kovacs, 1992）

8. Client Satisfaction Questionnaire（CSQ-8; Larsen, Atkinson, Hargreaves, & Nguycn, 1979）

9. Difficulties in Emotion Regulation Scale（DERS; Gratz & Roemer, 2004）

10. Distress Tolerance Scale（DTS; Simons & Gaher, 2005）

11. Dyadic Adjustment Scale（DAS; Spanier, 1976）

12. Emotional Quotient Inventory（EQ-I; Dawda & Hart, 2000）

13. Fagerström Test for Nicotine Dependence（FTND; Heatherton, Kozlowski, Frecker, & Fagerström, 1991）

14. Hamilton Rating Scale for Depression（HRSD; Hamilton, 1960）

15. Health of the Nation Outcome Scale（HoNOS; Pirkins et al., 2005）

16. Hospital Anxiety and Depression Scale（HADS; Bjelland, Dahl, Haug, & Neckelmann, 2002）

17. Integrated Hope Scale（IHS; Schrank et al., 2012）

18. Kentucky Inventory of Mindfulness Skills（KIMS; Baer, Smith, & Allen, 2004）

19. Montgomery Asberg Depression Scale（MADS; Montgomery & Asberg, 1979）

20. Orientations to happiness（Peterson, Park, & Seligman, 2005）

21. Life Orientation Test–Revised（LOT-R; Scheier, Carver, & Bridges, 1994）

22. Outcome Questionnaire-45（OQ-45; Lambert et al., 2003）

23. Positive Psychotherapy Inventory（PPTI; Rashid & Ostermann, 2009）

24. Positive Psychotherapy Inventory–Children Version（PPTI-C; Rashid & Anjum, 2008）

25. Post-Stress Disorder Checklist—Civilian Version（Costa-Requena, & Gil, 2010）

26. Post-traumatic Growth Inventory（PTGI; Tedesshi & Calhoune, 1996）

27. Recovery Assessment Scale（RAS; Corrigan, Salzer, Ralph, Sangster & Keck, 2004）

28. Respiratory sinus arrhythmia（RSA; Berntson et al., 1997）; measures heart rate variability

29. Savoring Beliefs Inventory（SBI; Bryant, 2003）

30. Scales of Well-being（SWB; Ryff, 1989）

31. Short Depression-Happiness Scale（SDHS; Joseph & Linley, 2006）

32. Social Skills Rating System（SSRS; Gresham & Elliot, 1990）

33. Structured Clinical Interview for DSM-IV Axis I（SCID; First, Spitzer, Gibbon & Williams, 2007）

34. Students' Life Satisfaction Scale（SLSS; Huebner, 1991）

35. Social Functioning Scale（SFS; Birchwood, Smith, Cochrane & Wetton, 1990）

36. Values in Action–Youth（VIA-Youth; Park & Peterson, 2006）

37. Warwick-Edinburgh Mental Well-Being Scale,（WEMWBS; Tennant et al., 2007）

38. Zung Self-Rating Depression Scale（ZSRS; Zung, 1965）

第二部分

分环节实践

第6章 环节、实践和治疗过程

本书第二部分的目的是帮助来自不同专业背景的临床医生获得、适应和磨炼其治疗技能，以便在各种环境中提供积极心理治疗。表 6.1“积极心理治疗的一般环节结构”概述了一个典型的 PPT 环节内的步骤，用于个人和小组情境。作者尽力从证据和经验出发，创造出培养积极情绪、投入、满意关系、意义和目标的治疗条件，使患者趋向治愈并拥有心理韧性。第二部分的各环节为临床医生提供了技能和策略，它们是温和的、明确的，循序渐进而有适应性，富于同理心且有效。

表 6.1　积极心理治疗的一般环节结构

核心概念	以证据为基础的核心概念是用通俗易懂的语言描述的，临床医生可以很容易地阅读或解释
放松练习	每个环节从放松练习开始；通常引导患者进行一个 3~5 分钟的放松练习
感恩日志	• 在放松练习之后，患者可分享他们在过去一周的感恩日志中记录的一件好事或经历 • 临床医生会从患者那里引出关于其优势的故事 • 患者会分享或大或小的积极情绪，也会反思是因什么引起的 • 临床医生与患者分享最近媒体报道的积极事件
回顾	临床医生和患者回顾前一环节的核心概念和实践。临床医生鼓励患者分享他们的经验、反应和对上个环节所讨论和实践的概念的思考
环节内练习	每个环节至少有一个环节内实践，在环节之间也持续进行，希望患者在家里能继续实践
反思和讨论	向患者提出问题，鼓励他们对环节中的实践进行反思和讨论

（续表）

案例	至少列举一个手册作者的临床实践中的案例，对所有可识别患者的信息都做了修改以保护患者隐私
适应性与灵活性	PPT 练习可能无法满足每个临床需求，但它提供了灵活性
文化差异	每个环节都包括了文化方面的考虑
保持	提出了具体的策略，患者可以使用这些策略来保持每个实践的好处
放松	我们建议每个环节结束时都进行与开始时相同的简短放松练习

积极心理治疗的取向

给临床医生的建议

下面是一个脚本，你可以用来向患者介绍 PPT：

积极心理治疗（PPT）是一种治疗方法，它试图用你的品格优势抵消你的症状，用美德抵消你的弱点，用技巧抵消你的不足，帮助你以一种平衡的方式理解复杂的情况和经历。

人类大脑对消极信息比积极信息更关注，反应也更强烈，但 PPT 能帮助我们强化积极因素。若要应对生活中艰巨的挑战，我们就需要强有力的内部资源，而这些资源反过来又会增强我们的韧性，就像健康比疾病好、掌控比压力好、合作比冲突好、希望比绝望好、优势比劣势好一样。

PPT 中的积极因素主要是基于马丁·塞利格曼博士关于幸福的观点。塞利格曼博士将快乐和幸福分为 5 个科学上可测量和可教授的部分：积极情绪（Positive Emotions），投入（Engagement），关系（Relationships），意义（Meaning），成就（Accomplishment），即 PERMA（Seligman, 2012）。已有研究证明，这些因素的满足与较低的痛苦率和较高的生活满意度相关。

PPT实践将帮助你从多个角度评估自己的优势，随后的一系列实践将帮助你开发我们所说的“实践智慧”，包括如何在采取冒险的新举措和依靠尝试与测试之间做出决定，如何在公平和善良之间取得平衡，以及如何在保持客观的同时向朋友表达同理心。实践智慧的目标是帮助你更好地处理具有挑战性的情况，也就是说，当面临挑战时，选择明智的方法。

PPT讲的是优势，也要结合情境。事实上，在某些情况下，消极情绪（如悲伤和焦虑）可能比积极情绪更具适应性，尤其是在面对生死时。同样地，愤怒在表达为实现更大的利益而努力的抗议时，比服从更有适应性。我们将帮助你理解痛苦和创伤，你也能从痛苦中寻找到人生的意义。

按照这个脚本，与你的患者一起浏览表5.1“积极心理治疗：分环节描述”。展示此PPT概述将帮助你识别和处理患者在治疗期间出现的所有困惑或问题。例如，如果一个患者感到困惑或矛盾（如“我不确定PPT是否可以解决我长期的心理问题”或“这些主题看起来很好，但它们如何使我的具体症状得到解决”），他就可能处在不太好的精神状态下，或者不熟悉这种治疗方法，但清晰的说明将帮助患者从这种治疗方法中充分获益。

你可以使用下面的脚本来展示PPT的概述：

给临床医生的建议

PPT可以分为三个阶段：

- 第一阶段的重点是通过从多个角度探索你的优势，帮助你找到一个平衡的叙述。你将利用自己的显著优势创造有意义的目标。
- 第二阶段专注于建立积极的情绪，并在支持下处理负面记忆、负面经历和负面感受。这些消极因素可能会让你停滞不前，无法推进。

- 第三阶段专注于探索你的积极关系，并加强培养这些关系的过程。这最后一个阶段的 PPT 也可以让你探索生活的意义和目的。

治疗过程

在本章中，我们将在 PPT 背景下讨论心理治疗的更具体的方面。这些方面包括建立基本规则、促进治疗过程、治疗联盟、参与、动机、改变过程、内在动机、复发预防、反馈和结果、治疗师和患者效应以及改变过程。

建立基本规则

在 PPT 过程中，达成一些基本规则是很重要的。你和患者应该在治疗开始时就讨论这些基本规则，并不断更新。如果患者表示犹豫，较为被动，试图改变你所教授的技能，或避免获得所有的技能，那么你需要承认和同情患者，然后询问犹豫的原因。掌控治疗过程最终是你的专业责任，如果患者由于任何原因明显偏离治疗的预期目标，你应该谨慎地终止治疗或进行适当的转介。

保密性

讨论你和患者的角色和职责。根据你的业务权限向患者保证信息的保密性。向患者解释在小组情境中，可以相互了解对方的敏感信息，故事和经历的具体细节必须在小组内部保密，但患者可以在小组外分享治疗过程中学习的知识。

放松

以一个简短的（3~5 分钟）放松练习开始（参考附录 A：放松和正念练习）。在小组情境中，你可以在每个 PPT 环节之前播放轻松的器乐，这有助于为患者建立舒缓和安全的治疗环境，鼓励他们深入研究需要解决的问题。

治疗关系

与任何其他治疗方法一样，在 PPT 中建立并保持一种真正温暖、信任和协作的医患关系，对于保持患者的积极性和临床医生参与有利的治疗改变是至关重要的。医生需经常评估以确保正常的医患关系。医患关系破裂的迹象包括患者不同意治疗方案、缺乏对治疗任务的参与、对治疗进展缺乏了解、进展停滞、患者和临床医生之间的沟通中断。

内在动机

一些患者失去了动力，因为他们无法从自己的努力中看到即时收益，或其他人对自己成功完成实践的能力缺乏信心；还有一些人缺乏成功完成实践所需的社会支持（Ryan, Lynch, Vansteeekiste, & Deci, 2011），所有这些情况都会降低患者的积极性。瑞恩（Ryan）和他的同事认为，大多数人并不是天生就有心理咨询的动机。他们并不期望咨询是一种有趣的娱乐活动。如果患者认为治疗是通向其他有价值的结果的途径，如改善职业、更满意的人际关系或更健康的生活方式，他们就更有可能重视它。因此，评估每个患者最期望的具体结果是很重要的。将这些结果与更深层次的人生价值联系起来，将有助于患者保持改变的动力。

主动参与

PPT 是一种积极治疗，它并非建立在“拥有安全的治疗关系就足够”的假设之上，仅仅对患者问题进行详细的讨论不太可能鼓励患者去改变自己不希望改变的行为。PPT 是一种主动的治疗方法，患者需要在日常生活中练习和应用 PPT 技能，并且积极地与临床医生沟通，才可能产生最佳的效果。因此，患者在治疗环节内外参与 PPT 实践对有效治疗的结果至关重要。

激发希望

激发希望是人类变革过程中的一个重要方面。在各种理论取向中，“希望”是治疗的共同框架（Frank & Frank, 1991）。事实上，塞利格曼（2002b）认为，激发希望是一种主要且深刻的治疗策略，却通常被归为“非专业”的贬义误用。有证据表明，希望在促进心理治疗早期阶段（3~4 个环节内）的改变中起着关键作用（Hanna, 2002; Schrank, Stanghellini, & Slade, 2008）。在治疗的早期，希望可以强有力地让患者相信拥有更好的未来是可能的（Frank & Frank, 1991）。贝克（Beck）和他的同事将治疗师描述为“希望的提供者”（Newman, Leahy, Beck, Rely-Harrington, & Gyulai, 2002, p.86），并提倡采用治疗技术和技巧，专门为经常在绝望和无望状态下进入治疗的患者建立希望感。尽管强调了激发希望的重要性，但关于心理治疗师如何促进希望的实证研究却很少（Larsen, Edey, & LeMay, 2007）。拉森和斯戴格（Larse & Stege, 2010）在一个关注将希望转化为具体治疗实践的案例研究中，建议医生在心理治疗中含蓄地使用希望，而不是实际使用“希望”这个词。这些作者建议突出患者资源，如个人优势、最近的变化和社会支持的存在，也可以让患者思考关于自己的优势或变化的个人故事。从一开始，PPT 就鼓励患者分享他们的优势。起始练习“积极介绍”就是关于反思、写作和分享故事的，让患者发挥出最好的一面。类似地，对优势的评估需要患者回忆不同生活情境中体现自己优势的“高光时刻”。此外，像感恩日志和感谢信、REACH、宽恕信、表达性写作和积极遗产等实践也会引出关于患者优势和改变的叙述。因此，PPT 可以被理解为这样一种治疗方法：它从一开始就积极地向患者灌输希望，并在整个治疗过程中让患者保持希望的源泉。

同步治疗

与患者讨论他们是否参与了其他相关的过程，包括治疗元素和 / 或补充或替代药物，并讨论哪些是关于生活方式的具体指南或期望。讨论这些方法是否与 PPT 实践互相补充或互相冲突。

改变的过程

有些患者可能是出于外部原因（比如由重要他人转诊或强制治疗）去寻找一种快速简便的治疗方案。也有人可能因为急性压力而表现出迫切的兴趣，但在了解到 PPT 是一种需要患者积极参与的主动治疗后，这些患者可能会发现很难改变长期的不适应行为模式。认识到模式的长期性，重要的是要建立一个稳固的治疗关系，表现出同理心，并清楚地向患者传达，他们有能力改变，改变他们的长期行为也是值得的。要帮助患者以具体的、现实的和乐观的方式将治疗带来的改变概念化，尽管这需要时间。

灵活性

PPT 实践概述了有效实施治疗方案的具体方向，然而，如果患者的动机减弱，熟练的临床医生可以修改实践，以恢复患者的兴趣并满足其需要。确保仔细检查每个环节中嵌入的“适应性和灵活性”部分，这将使医生保持灵活性，以维持患者的动机。

增加易得性、包容性和有效性

并不是所有的PPT实践都能完全满足所有患者的需求，不了解患者的需求可能会破坏治疗。因此，拥有一种以上治疗方案的知识和经验可以帮助你提供补充选项。这些选项可以针对特定的临床条件引入必要的修改，从而使治疗更易得、更包容、更有效。

反馈

心理治疗不同于养育、指导、教学、管理或谈判，它本质上是一个亲密的人际过程，只有当患者积极参与时才有效。因此，临床医生让患者参与讨论并经常得到坦率的反馈，以确保患者理解PPT组成的基本原理，这一点非常重要。在治疗过程中，医生应积极地从患者那里获得关于PPT的反馈，与患者讨论哪些方式对他们有用，哪些没用；有用的是如何起作用的，以及发生了哪些治疗变化。当PPT在积极和消极之间寻求微妙的平衡时，医生要能洞察或明确地询问患者如何看待环节内的工作和技能实践，以及患者是否认为获得技能是可控的和有益的。由于心理压力，一些患者可能无法完全理解特定主题或实践的核心概念，因此在他们获得技能时，需要提供适当的支持和灵活性。积极地从患者那里获得持续的反馈可以帮助医生评估治疗是否有效，以及患者的症状是在改善还是在恶化，这种互动可以为医生提供对治疗做出必要改变的机会（Lambert, Hansen, & Finch, 2001）。

监测治疗结果

在进行 PPT 的整个过程中，重要的是要保持警惕，即在可靠的结果测量的帮助下，确认患者是否有正在恶化的可能性。正如本手册前面已经讨论过的，大约 30%~40% 的患者没有意识到心理治疗的好处，一小部分患者（5%~10%）在治疗过程中病情实际上恶化了（Lambert, 2007）。开始进行 PPT 的时候要有信心，但是要明白此方法不一定适用于所有人。定期使用可靠和有效的结果测量来补充你的临床判断，将帮助你监测进展，并及时改进临床决策。如果通过反馈，医生了解到患者没有投入、没有改善，或者症状正在恶化，那就要评估他的动机，并在治疗中处理与患者的脱离。从退出治疗的患者那里获得反馈，弄清实施的治疗中还有哪些细节可以改善，会为你提供极大的帮助。我们强烈建议你咨询同行，以衡量和调整你在整个治疗过程中的参与度。

复发的预防

在任何治疗中，患者都可能复发或恢复为之前的症状状态。患者可能会因为多种原因复发，包括动机减弱。复发是一个关键事件。讨论特定的线索和条件可能导致患者受到伤害（如周年纪念日、特定的地点或特定的人）。通常，负面情绪和经历会让患者变得脆弱，导致旧病复发。要在治疗中运用 PPT 实践（如感恩日志、缓慢和享受，或在创意活动中运用显著优势）来产生积极的情绪。研究表明（Fredrickson, 2009），积极的情绪可以开拓思维。当患者体验到积极情绪时，他们更有可能重新获得治疗的动力。快乐、有趣的行为、兴趣和好奇心比消极情绪（如无聊和愤世嫉俗）能产生更准确的信息（Fredrickson & Losada, 2005）。积极情绪对于保持患者的积极性也起着至关重要的作用，PPT 的练习就是为了让患者产生积极情绪。

当患者参与这些实践时，无论是在治疗环节中还是在治疗环节外，都要进行真实的讨论，讨论体验积极情绪如何能从本质上激励患者。

进步

正如第 5 章所讨论的，不要期望患者有线性的进步，因为改变其长期行为和情绪模式的动机在治疗过程中是波动的。此外，患者对改变的准备程度也在变化。因此，重要的是，当改变发生时要积极应对，保持开放的心态来调整治疗目标。确保目标是具体的、与压力源相关的，对治疗预期的调整将改善患者的治疗结果。

理论基础

患者的动机会随着环境的变化而变化。你可以和患者探讨这些变化的合理解释，也可以根据需要咨询同事。熟悉 PPT 的循证理论是很重要的。你将不可避免地面临独有的特殊情况，本手册中描述的结构化实践可能不适用于这种情况。扎实的 PPT 理论知识将帮助你将 PPT 实践应用于特殊的情况。不过，重要的是要与患者合作对 PPT 实践进行修改，为他们提供实现预期结果的多种途径。

本手册第二部分的其余章节将介绍 15 个环节，其中包括相应的核心概念、实践、反思、讨论、案例、灵活性和适应性建议、文化差异、维持技巧和资源，这些构成了 PPT 的核心。

第7章 环节1：积极介绍与感恩日志

环节1引导患者了解临床环境，明确患者和临床医生的角色和职责。这部分内容也告诉大家如何通过记录积极的经历和体会感恩对幸福的影响培养感恩的习惯。本环节所涉及的两种积极心理治疗实践是积极介绍和感恩日志。

核心概念（第1部分）

心理治疗是我们生命中以其他社会互动无法提供的方式分享自己的生活故事的机会（Adler & McAdams, 2007）。如果这种心理治疗的互动大部分都花在让患者回忆过去的伤害、过错和创伤上，那么由于僵化的思维、不稳定的情绪或不安全的关系，他们就会失去整合自我的机会。让患者通过充分回忆一段有意义的经历，把它组织成一个故事（包括开头、中间和结尾）并写下来，与他人分享，患者就有机会重新构建、评估和充实自我的重要部分，从中汲取其个人优势。在积极心理治疗开始时完成的“积极介绍”这个实践，可以成为构建或恢复一个更健康、更有弹性的自我概念的催化剂。这种做法可使患者和临床医生把这种经历看作患者整个人格的一部分。

积极介绍鼓励患者回忆一次重要的、有好结果的事件或经历。积极回忆在情绪调节中起着重要作用（Joormann, Siemer, & Gotlib, 2007）。反思、写作、分享以及重塑个人辉煌时刻，尤其是在治疗过程的早期阶段，都有可能产生积极的情绪。在治疗过程开始时培养积极的情绪，通过让患者考虑新的想法和观点，并建立长期资源，有力地预测了治疗的变化（Fitzpatrick & Stalikas, 2008）。

患者进入心理治疗时经常会问这样的问题："为什么我失败了？为什么别人对我不公平？我能实现我的目标吗？"写作（用钢笔写在纸上，或使用笔记本电脑或其他电子设备记录）使患者意识到他们过去的效能（过去做成功的事情），也能让他们将自己现在的状态与所写之事发生后经历的任何微小或重大的变化做一比较。快乐和成熟的人倾向于在他们的生活故事中突出个人成长和救赎的场景（McAdam, 2008）。积极介绍可以作为一个路标（人生的辉煌时刻），让患者由此出发，自行编辑他们对未来的叙述，创造更积极、更成功的体验。

环节开始：放松

每个环节开始时，先做一个简短的放松练习。参考附录 A"放松和正念练习"，可以在本手册的末尾找到。此附录的副本也出现在患者工作簿中。

环节练习：积极介绍

在这个起始练习中，患者通过一个真实的故事来介绍自己。为了鼓励患者，你可以先做个示范，以本书作者之一的真实经历为例。这类例子将帮助患者讲出他们自己的故事。首先，指导患者完成以下脚本：

给临床医生的建议

下面是一个脚本，你可以用来向你的患者阐述积极介绍的实践：

请坐好，背靠椅背，双脚平放在地板上，双手放在大腿上，深呼吸 3 次。回忆一个你以积极的方式克服困难的时刻或情境。你不需要想出一个巨大的、改变生活的事件，你可以想一件小事，让它唤起你最好的一面。现在睁开眼睛，用工作表 1.1 描述这个情境。把它写成一个故事，有一个清晰的开头、中间和积极的结尾。

给患者 3~4 分钟的时间回忆，然后让他们睁开眼睛，用工作表 1.1“积极介绍”写下事件或有关事件的任何内容。鼓励你的患者自由写作，不要有任何顾虑，并向他们说明，他们不必分享故事的所有细节。无论他们写的是什么，都是为了他们自己——写下经历和回忆的行为可以帮助我们理解自己，这些经历有时定义了我们。如果在个人情境中进行积极心理治疗，请患者分享故事或编写故事的过程。在个人情境中，患者几乎总是在分享他们的故事。如果在小组中做积极心理治疗，让患者向小组中他喜欢的人分享自己的故事或者编写故事的过程。让听者仔细倾听，因为他们可能会向更大的群体汇报，当然前提是故事作者允许分享。虽然分享是自愿的，但在一个群体中，第一个分享的人往往会激发群体中更多的分享。

工作表 1.1　积极介绍

思考一个你以积极的方式处理困难情况的例子。你不需要想出一个巨大的、改变生活的事件，也许你想到的是一件小事，但它唤起了你最好的一面。以故事的形式写出来，要有一个清晰的开头、中间和一个积极的结尾。如果需要更多的地方，写在另外一张纸上。

____

____

____

____

反思和讨论

要求患者思考并以书面形式回答以下问题：

- 有些故事成为我们认知自己的一部分。这个故事对你的自我概念有何影响？
- 是什么帮助你处理了这种情况？请具体描述，如：
  - 个人特质，包括坚持、乐观或信念。
  - 环境属性，例如来自亲密朋友、家庭成员或职业关系的支持。
- 你生活中的重要他人是否也以同样的情绪或方式意识到这个故事？

反思和写作完成后，促进讨论。

案例

这是一个真实的故事，它改变了本书作者对人类的定位，并使他在治疗中重新思考自己的问题。作者通常不会与他的患者分享这个故事，但作为一名临床医生，你可以通过重新定义自己的问题而从中受益。

> 几年前，在纽约布鲁克林，夕阳西下，秋叶飘零，我在上完瑜伽课后，愉快地朝我的车走去。突然间，我的下背部被一种冰冷的金属感轻轻地碰了一下，这使我停了下来。我转过身来，发现那是一把枪，被一个十几岁的少年拿着。另一个十几岁的孩子，大概是他的同伙，沉默地将我引向我的车并要走了我的钥匙。在他们的命令下，我坐在后座上，一个十几岁的孩子警惕地用枪顶着我的后背，而他的同伴正坐在方向盘后面急速地开车。不久，我们开车闯了两个红灯。从一种

禅宗般的平静中，我的身心突然进入了全面的恐慌状态，手心冒汗，心怦怦直跳。我对自己的命运只有一个灾难性的想法：我从巴基斯坦拉合尔尘土飞扬的、危险的街道上来，而此时我获得临床心理学博士学位的梦想将在布鲁克林街头的一场警车追逐中破灭。

他们要我的钱包，我便马上给了他们。当看到借记卡时，他们两眼放光。得到钱的兴奋使他们进一步加快了速度，导致我们又忽略了一个红灯。我从恐慌变成了极度恐慌。我感到完全无助，只好让自己深吸一口气，这是一种平缓情绪的瑜伽技巧。这种呼吸的影响可能到达我的心灵比我的身体更早，临床心理医生的本能鼓励我结结巴巴地说道："你们有我的新车、我的借记卡，我准备去为你们从自动取款机取钱，为什么还开这么快呢？如果继续闯红灯，警察很快就会拦住我们。"警察经常在布鲁克林的这一地区巡逻，尤其是在日落之后。其中一个少年立即回复道："闭上你的臭嘴，否则你就见不到明天的太阳了！"我意识到现在不是锻炼我临床医生技能的时候，毕竟治疗有时反而是有害的。然而，令人惊讶的是，不久之后，我注意到他们减速了，甚至在红灯前停了下来。他们现在正在积极地寻找自动取款机，但仍没有找到一个可以安全地带着我的地方。我又做了一次瑜伽式呼吸，这或许能让我平静下来，并再次激发我作为心理医生的本能。我做了大多数心理医生能做的事情，那就是提问。我开始和他们闲聊，主要是为了转移我对灾难性想法的注意力。

我恭恭敬敬地问道："除了这个（劫车），你们还做什么？"

"你为什么想知道？"司机反问。

"只是出于好奇。"我回答。

"克鲁克林（他指的是布鲁克林）的这块草地是我们的……任何想要欺骗我们的人，我们都会修理他……所以别跟我们捣乱，否则你就见不到明天的太阳了！"

我只是想和他们建立一种更融洽的关系，尽管在大多数研究生阶段的临床心理学课程中都没有教授如何在枪口下与他人建立融洽的关系。他的回答使我哑口无言，但心理医生会一直保持沉默吗？我不信。我不由自主地按医生的直觉行事，我问他们："你们擅长什么？"他们最初的几条回复不值得在这里写下来，留给你们自己去想象吧。然而，他们反应的粗鲁并没有打败我内心的倔强，我坚持了下来。我温和地试探着说："我肯定你们很擅长打理自己的地盘，但你们还有其他擅长的事情吗？"

现在他们既困惑又好笑，他们脸上的表情似乎在说："我们这是碰到了什么情况？"沉默了很长一段时间，我旁边的那个人带着羞怯的微笑，把枪往我肚子上顶得更紧了一点儿。我又做了几次深呼吸，重新提出了这个问题："你一定擅长些什么？"我本以为会有更多的套话，但司机从夹克口袋里拿出一张 CD，放进车里的播放机里，然后把音量调大。不久，我的车里就回荡着刺耳的嘈杂声——我想这就是如今的音乐。其中一个男孩大声喊道："我们擅长音乐！当我们开心的时候，我们会演奏音乐、跳舞，我的朋友有非常棒的歌曲！"

随着音乐响起，他们的上半身在跳舞，并坚持要我加入他们，因为我已经有点儿像他们了。跳舞，即使在安全的环境，都会让我紧张。在枪口的威胁下，我想象着第二天的新闻标题："死人跳舞"。我告诉他们我不会跳舞，他们则很有礼貌地教我"招式"：他们把一顶棒球帽反戴在我头上，让我跟着节奏走。很快，我的上半身开始以一种我以前不知道的节奏运动。我从小听宝莱坞（Bollywood）的音乐长大，从来没有想过我会在布鲁克林的大街上被枪指着学习说唱、跳雷鬼舞。

不知怎么，他们没有去自动取款机，而是绕道去了一家食品店吃点心。他们提出要买些东西给我，我婉言谢绝了。然后我们拜访了他们的一个朋友。又过了 45 分钟，他们把我留在布鲁克林一个黑暗的街角，把我的车开走了。第二天，警察发现我的车有轻微损坏，我的借记卡和信用卡都没有使用过，行李箱里的笔记本电脑也没动过。从那时起，我就一直在问自己："你擅长什么？"

案例

这是20岁的男性患者路易斯在一对一心理治疗中分享的积极介绍的一部分。他表现出社交焦虑的症状，缺乏动力和信心。在前三次治疗中，临床医生和他自己都专注于处理他目前的痛苦。在第三次治疗结束时，医生让路易斯根据脚本中的指示写一个关于他自己的故事。在接下来的治疗过程中，路易斯不情愿地读了他的故事，几乎没有和医生进行眼神交流。

这个故事讲的是路易斯最后一年的高中生活，当时他在篮球队。他很有运动天赋，总是想打球，但由于社交焦虑，他总是选择坐在板凳上。本赛季最后一场比赛，在对手学校的球场上，距离比赛结束还有3分钟，他的团队落后2分，而此时团队中的重要球员受伤，教练别无选择，只能让路易斯上场。他说，正是这个想法让他感到不舒服：

尽管赛前我很紧张，但很快我就意识到，在上场的几分钟里，我完全沉浸在那一刻的经历中。最终，我放下了对自己的表现以及他人评价的执着，我只是在履行我的职责。在那一刻，我完成了自己的职责，忘记了别人犀利的眼光。

路易斯结束了这个故事，他说整个赛季他只得到了3分，但这足以让他的球队参加季后赛。

适应性和灵活性

患者可以使用照片、工艺品、礼物或纪念品（如奖品、证书和感谢信）来代表他们的故事；可以通过数字图像剪辑、视频剪辑等方式讲述自己的故事；还可以当面或通过电子邮件提交故事。

患者可以选择将他们的积极介绍密封在一个信封里，在信封的正面写上他们的名字和日期，然后把信封交给医生保管。你可以告诉患者，他们的故事会在将来的实践中使用，但你不会分享其中的细节。你一定要向患者保证，这些信件将被妥善保存，只有你能接触到，不会有人去读他们的故事。

很难回忆起并写出积极介绍的患者可以让其亲密的家人或朋友写一篇关于他们的故事。

最后，如果患者无法从这里列出的选项中获益，他们可以写下任何他们认为鼓舞人心的关于克服挑战的故事或现实事件。这样，他们可以逐渐接纳自己真实的生活经历。或者，患者也可以创建一个理想的自我介绍。

文化差异

来自非西方文化的患者——他们的文化中更提倡谦虚——可能会发现积极介绍的做法颇具挑战性。他们可能认为这是自夸、虚荣和不谦虚的表现，这种做法与他们的文化背景不相容。有一位东亚文化背景的患者是一名国际留学生，就读于一所世界知名的商学院，她就很难完成这项练习。然而，她的朋友在她的允许下，发了一封电子邮件，讲述了一个关于这位患者的非常感人的故事。

如果患者不愿意口头或书面分享一个故事，你可以问问他们在文化上合适的自我表达方式。邀请他们以适合自己的方式分享他们的故事。

例如，我们的一位患者没有写故事，而是与临床医生分享了她的速写本。这些草图是在一段时间内绘制的，描绘了一个特定的文化主题，与患者密切相关。鼓励患者讨论这个主题与自己的联系，有助于患者说出自己的故事。你应该帮助患者理解，这种做法是关于自我了解的，而不是自我炫耀。

最后，患者也可以分享一个与他人合作的有关复原力的故事。

保持

与患者讨论以下建议，使他们保持已有的进展：

- 积极介绍可以帮助你回忆有关成长和成功的故事。我们也鼓励你分享其他类似的故事。有时候，最重要的事情会在你和你的医生更好地了解彼此之后发生，这样你会对治疗过程感到更舒服。
- 你所讲的关于自己的故事，是你自身的不同部分。为了扩大这种做法的好处，你可以反思一下给自己和别人讲的故事，有一个或多个主题吗？通过这些故事，你想传达关于自己的什么信息？你是脆弱还是坚韧？你是受害者还是幸存者？你的故事会随着观众的不同而改变吗？你的价值观是什么？这些问题将帮助你明确“你是谁”（Mclean, Pasupathi, & Pals, 2007）。
- 我们所讲述的故事是由故事发生的文化背景塑造的。若要深入了解自己的文化，可以探索自己的故事，与所爱的人分享。同样，可以邀请亲友来分享自己的故事——这个过程很可能会巩固与他人的关系，也会学到处理相同挑战的不同方法。

临床医生注意

心理治疗中的大多数对话都有可能形成一系列的故事和叙述，要密切关注每个患者的故事，要真实地找寻和放大其作用。你可以做笔记，记住每个故事的细节和主题。这些故事可以在随后的实践/治疗环节中作为开展的叙述使用。同样值得探讨的是，要关注故事情节与当前生活环境之间的差异。

日常压力会消耗我们的能量，让我们的情绪低落。研究表明，回忆积极的自传体记忆有助于摆脱消极情绪（Joorman & Siemer, 2004）。鼓励患者写感恩日志（如本章稍后讨论的），并定期回顾，可发现其思维上的变化。作为应对压力的一种方式，患者也可以回忆类似的高峰时刻或经历。在积极介绍的练习之后，一位患者选择了 6 张类似经历的照片，并把它们放在手机上作为提醒，以帮助她从压力中恢复过来。

核心概念（第 2 部分）

感恩是一种感谢的体验，它需要关注和欣赏生活中积极的事情。感恩可以使我们发现人生积极的价值和意义。感恩可以让我们拓宽视野，激发其他积极情绪和积极归因（Emmons, 2007）。

临床抑郁症患者的感激之情明显低于非抑郁症对照组（少了近 50%）（Watkins, Grimm, & Kolts, 2004）。事实上，感恩可以保护患者，避免抑郁症的发作（Wood et al., 2008; Tsang, 2006）。

感激之情促使患者在适当和现实的情况下，将消极的经历重新定义为积极的经历。这种重构反过来又与较少的心理症状相关（Lambert, Fincham, & Stillman, 2012）。通过持续的实践（比如写感恩日志）学会更加感恩，可以帮助患者学习和使用更积极的应对策略，从而降低压力（Wood, Joseph, & Linley, 2007）。

环节练习：感恩日志

我们如何从感恩中获益

感恩拓宽了我们的视野，在我们的内心建立了其他积极的情绪和属性。按照感恩研究领域的领军人物罗伯特·埃蒙斯的观点（Robert Emmons & Mishra, 2012），实践感恩可以带来 8 种不同的好处，包括：

- **最佳收益：** 感恩能让我们从积极的经历中获得最佳收益。
- **自我价值和自尊：** 感恩能提升我们的自我价值和自尊。它帮助我们认识到自己和其他人已经取得了多大的成就，这反过来又使我们更加自信和高效。因此，感恩可以帮助我们忘记消极的习惯，如自怜，这是一种倾向于停留或感觉受害的状态。
- **应对压力：** 感恩可以帮助我们应对压力和逆境。在最初的震惊之后，感恩可以帮助我们评估什么是生活中最重要的。
- **帮助他人：** 感恩的人更有可能帮助他人。他们变得更能意识到善良和关心的行为，并感到有必要回报。他们不太可能是拜金者，而更可能珍惜他们所拥有的。
- **更好的人际关系：** 感恩可以加强我们的人际关系。当我们真正意识到朋友和家人的价值时，我们可能会更好地对待他们。当我们善待他们，他们也善待我们。
- **更少的负面比较：** 表达感激会降低我们与他人比较的可能性。我们变得感恩，满足于我们所拥有的（朋友、家人、家庭、健康），并且不太可能为我们没有的东西感到难过。

- **更少的负面情绪：** 当我们表达感激之情时，我们的负面情绪可能会更少。例如，当我们心存感激时，我们就不太可能感到内疚、贪婪或愤怒。
- **慢适应：** 拥有新东西的快乐能持续多久？最初，我们感到快乐，但这种快乐不会持续很长时间。通过欣赏事物和经历的意义和价值，我们可以放慢这种适应的速度，让快乐的体验持续更长的时间。

陷入困境的患者往往会将自己与他人进行负面比较。证据表明，这样的比较削弱了他们的自我价值，让他们感到受害和怨恨（Nolen-Hoeksema & Davis, 1999）。另一方面，感恩帮助我们意识到我们是善良的接受者。没有思想，就不会有感激之情。通过这种实践，我们学会了思考他人的善良，把我们的视角从自我专注转向社会扩张。简而言之，感恩可以建立我们的心理资本，在困难时期可以起到缓冲作用。

在控制了人格特质的影响后，感恩与总体睡眠质量、主观睡眠质量、睡眠潜伏期、睡眠时间和日间功能障碍之间有着独特的关系。似乎睡眠前的认知调节了感恩和睡眠质量之间的关系。睡觉时，心怀感恩的人不太可能去想消极和令人担忧的事情，他更有可能去想积极的事情。看来，消极的睡前认知会损害睡眠，而感恩则会降低产生这种想法的可能性，从而保证睡眠质量。同样，正面的睡前认知似乎对睡眠有积极的影响，而感恩促进了这些想法，带来更好的睡眠质量（Wood, Joseph, Lloyd, & Atkins, 2009）。

给临床医生的建议

下面是一个脚本，你可以用来向你的患者介绍感恩日志的做法：

> 人类进化使我们更容易记住失败而不是成功。我们的大脑天生就倾向于关注负面事件和经历，而不是积极的事情，这就是所谓的“消

极偏见”。大多数人花在思考如何解决问题（或即将出现的问题）上的时间，远远超过了他们对已经解决的问题感到满意的时间。我们分析不好的事情比分析好的事情更彻底，我们倾向于更多地关注消极的方面而不是积极的方面。这种倾向使生活满意度降到最低，使心理压力达到最大。

我们不需要太多的训练来专注于消极的经历，但是欣赏积极的经历需要我们特别的关注和努力。抱怨、吹毛求疵和愤世嫉俗对我们来说很容易，但学会感恩却很难。我们更容易忘记积极的经历，记住消极的经历。因此，重要的是我们习得技能和习惯，使我们珍惜所拥有的。

不要以为所有好事的发生都是理所应当的，这会导致一种理所当然的权利感以及将积极的事情想当然。避免将事情视为理所当然的一个方法是建立一个感恩的日常习惯。

感恩日志

给临床医生的建议脚本

每晚睡觉前，请写下三件幸事（今天发生的好事）。在你列出的每一件幸事的旁边，至少写一句话：

- 为什么今天会发生这样的好事，这对你来说意味着什么？
- 你从花时间命名这件幸事或好事中学到了什么？
- 你或其他人在哪些方面对这件幸事或好事做出了贡献？

感恩日志是一种持续的实践，要鼓励患者坚持每天完成这个任务，并把它带到每一个环节中。开始每个环节时，应鼓励患者共享其日志条目。你会发现有些患者无法跟上他们的日志条目。为了解决这个问题，在每个环节多带几本感恩日志。鼓励这些患者回顾一周的生活，思考未来可能发生的积极的事，并要求他们在环节间记录这些积极的事情。患者可以使用纸质或电子版的感恩日志。每隔两周，利用“反思和讨论”中的问题让患者讨论他们所写的幸事。这个讨论会帮助患者将关注和记录生活中美好事物的好处具体化。

反思和讨论

实践结束后，请患者进行反思和讨论：

- 你很难回忆起具体的好事情吗？如果是，请说明。
- 你注意到你的好事或幸事中有什么规律吗？是关于家庭、朋友、工作还是自然的？
- 你的生活中是否有哪些方面没有在幸事中得到明确体现，比如工作或朋友？
- 在好事或祝福的发生中，你是否扮演了积极的角色，还是它们大多只是碰巧发生在你身上？
- 这次练习之后，你是否发现自己对好的事情反思得更多了？
- 你觉得这是一种看待事物和人的新方法吗？
- 你是否与他人分享过这些好事或幸事？
- 你觉得把它们写下来很难吗？如果是，为什么？

案例

23 岁的娜比拉是一位南亚裔女性，由于抑郁症状，包括忧郁、空虚、过度担忧和缺乏动力，她寻求心理治疗。她说，这些症状是慢性的。她之前曾寻求心理治疗和抗抑郁药物治疗。她绝望地叹了口气说："每一轮治疗的效果都是有限的，都没有带来持久的恢复。"当临床医生问她现在寻求心理治疗的动机是什么时，娜比拉说，根据她的经验，每次治疗的开始阶段，无论是心理治疗还是药物治疗，都有一定的效果。此外，积极的心理治疗引起了她的兴趣。

"长期以来，抑郁症一直是我生活的一部分。"娜比拉回忆说。她第一次经历这种情况是在青春期开始的时候。娜比拉说，她来自一个保守的宗教家庭，这个家庭充满了负面情绪，她称之为"戏剧化"。"我母亲很可能患有慢性抑郁症。在我专横独裁的父亲手下，她遭受了精神和身体上的双重虐待。"娜比拉说。

娜比拉形容她的母亲是一个"被动的人"，"我不想成为她那样的人"。她继续说："在高中时，我坚持自己的观点，但是母亲反对我。她对我很严厉，现在依然如此。我认为她把痛苦和挫折都发泄在了我身上，因为我在很多方面都像她。当我开始更多地认同我的加拿大身份时，她并不喜欢，她希望我遵守印度严格的文化风俗。她不接受我和她不完全一样这一事实。我是南亚血统的加拿大人，而非像她那样是生活在加拿大的南亚人。"

娜比拉说，虽然她深爱她的母亲，但她以消极攻击的方式表达她的愤怒。她解释说："我母亲不会主动阻止我出门，不会不让我穿西式服装，不会不让我和男人交朋友，但她会间接地让我感到内疚，好像我做了什么不道德的事情。"

娜比拉继续说："有时我母亲会向我父亲告状，于是他认为我很叛逆，是全家的耻辱，对我的两个弟弟妹妹也有不好的影响。"

娜比拉悲伤地说，她经常被这种消极情绪包围，一句话就会勾起过去的画面和记忆。然后她就开始焦虑，这让她感到更加沮丧和绝望。

娜比拉表现出一种典型的抑郁症状，通常会让患者陷入一个消极的螺旋。在其他治疗方法中，医生要求娜比拉开始写感恩日志。她得到了一份文件，其中有连续一周每天写下三件好事的空白位置，并附上了具体说明。这帮助她集中注意力，而不是被练习的细节分心，比如在哪里写好的经验或在哪里写反思。娜比拉以有些怀疑的态度开始写感恩日志。她的第一项是收到一封她的密友的感谢信，她的朋友正与丈夫经历困境，娜比拉在那一周与她一起喝咖啡。医生对她进行了问询：

临床医生：你认为这封电子邮件里有什么是好的事情？

患者：我和她最近在一起过了一段时间。她和丈夫一直在吵架。

临床医生：她为什么给你发邮件？

患者：我知道她人很好，但这是出乎意料的……我也不太清楚我所做的对她是否有帮助。有时候你只需要倾听。

随着娜比拉写感恩日志的进展，她的条目变得更加详细，涉及积极经历的细节。讨论这些条目也给临床医生提供了一个难得的机会来观察她生活的方方面面，并将其用于治疗。娜比拉说她经常和姐姐去散步，临床医生和娜比拉讨论了这些例子如何证明娜比拉的积极行为，以及这与她的健康有什么关系。这些讨论帮助娜比拉把注意力转向她生活中已经存在的美好事物。虽然她透露，最初怀疑只是写发生的相对较小的好事情，是否真的会对她的慢性抑郁症有效，但她最终发现这个简单的练习帮助她欣赏自己在这个积极变化中扮演的微小但是有意义的角色。最令人惊讶的是，娜比拉开始写关于她母亲的正面文章——她从未想过自己能迈出这么一大步。

适应性和灵活性

有些患者适应了去写开心的事情。我们都会适应生活中积极的和消极的事情（Lucas, 2007; Kahneman et al., 2006）。因此，重要的是保持感恩策略的新鲜感，经常调整并避免过度使用。以下是调整感恩表达的策略：

- 交替练习，一周写日志，下周做口头练习，比如和所爱的人交谈。
- 通过艺术表达感激之情，比如摄影、每周一次的智能手机拼贴画，或者用绘画代替写作。
- 与他人进行互动练习，比如与家人在晚餐前后分享，或与同事在工作时、工作结束时或通过电子邮件分享积极的事件。
- 每周或每两周有意识地改变领域，关注家庭、工作、休闲、自然或媒体中的积极事件。

有些患者可能需要更具体的指导。要解决在完成感恩日志实践中的适应性问题，请向此类患者提供以下提示：

- 今天我注意到了一些美丽的东西。那是____________________
- 今天我做了一些很好的事情。那是____________________
- 今天我对别人很好，或者别人对我很好。那是____________________
- 今天我听到了好消息。那是____________________
- 今天我看到了一些鼓舞人心的事情。那是____________________

有些患者可能会忘记完成这项任务。建议使用以下策略，以帮助他们使这项任务更常规化：

- 为练习准备一个新的笔记本或日志本，这样患者更有可能注意到它，或者觉得它很特别。
- 每天晚上在同一时间完成练习，把感恩日志放在同一个地方。
- 用智能手机的闹钟设置每日提醒。

这种做法的关键是有意识地关注积极事件，系统地记录它们，并对它们进行反思。我们强调在晚上进行感恩日志的练习，这样能以积极的态度结束每一天。然而，一些患者更喜欢在清晨记录下他们的感激之情，这也是可以的。他们的理由可能是，这种做法为一天定下了积极的基调。另一种变化可能是，在一天的开始，患者写下三件可能发生的好事，在一天结束时，他们写下三件实际发生的好事。

一些患者可能正在经历非常艰难的情况（如亲人去世、严重的疾病、亲密关系的破裂或失业），这对他们专注于回忆积极事件的认知能力产生了负面影响。这些患者可能无法真实地进行这种实践。在这些情况下，使用灵活的方法，比如写下消极的和积极的想法，讨论任何他们生活中的积极消息，谈论这周内发生在公共领域的积极事件。也可以分享负面事件的积极一面，帮助患者以一种适合自己的方式来发现积极。

文化差异

临床医生应该注意，不同的文化背景下，表达感恩的方式也不同。有些文化更喜欢表达感激的姿势，而不是文字，这可能很难用文字表达出来。可提供多种方式来表达感激之情。

对于来自可能经历过极端情况（如种族灭绝、饥荒、流行病、内战、政治压迫或重大自然灾害）的文化的患者来说，感激之情可能来自远离这些情况，而不是观察和承认某种积极的经历。同样，对负面事件的积极评价也可以被认为是一种感激的表达。

有些患者可能正经历着这样的生活环境：他们很难在日常生活中找到值得感恩的事件。对于这些患者，要温柔地鼓励他们回想过去他们感激的成就；鼓励他们记住那些帮助过他们的人。如果他们不能在治疗环节外真正地做这件事，那么就不要强迫他们去做，找机会把这些患者的注意力吸引到他们可能会心存感激的经历上。

一些来自不同文化背景的患者可能不会接受西方表达感激的方式，比如口头或书面表达。在这种情况下，探索文化上特有的、能够被理解的表达感激的方式。

保持

每天表达感激之情可以保持和提高幸福感。这个表达可以很简单，有意识地真诚地对为你开门的人说“谢谢”，或者从你的朋友那里收到一封积极的邮件。鼓励患者养成一种习惯，将感恩融入他们的日常日程。

与患者讨论以下建议，让他们保持进步：

- 心存感激的人不容易嫉妒他人，也不太可能用物质上的收获来衡量自己的成功。当我们由衷地感谢和感激我们所拥有的一切时，我们就不太可能密切关注别人拥有什么（Finlay & Lyons, 2000; Froh et al., 2011）。经常感恩的人也更有可能帮助别人。当我们意识到他人的善良和关心行为时，我们自然会想要回报（Watkins, 2010）。这样，感恩就会巩固其他有益的结果，增加并强化它。当你开始练习感恩时，还会发生什么其他有利的变化呢?
- 无处不在的感恩之心有助于让我们对生活中发生的所有事件做出积极的解释。也就是说,感恩的人倾向于以更积极的方式看待生活中的事情。在练习感恩之后（坚持写感恩日志），每当你回忆过去的伤痛和痛苦的记忆时，我们鼓励你和你的临床医生讨论，在练习感恩之后你对这些事情的理解是否发生了变化。
- 观察一件幸事或好事是否与你的优点、品质或才能有关；也就是说，感恩也帮助你欣赏你的其他特质，比如善良、亲和力和智慧，以及对生活之美的欣赏。

- 你可以通过艺术创作（如绘画、摄影、拼贴画或剪贴簿）来表达你的感激之情。
- 你可以与伴侣分享你的祝福，鼓励对方与你分享，而不是写作。
- 有时你可能会被消极或悲伤的情绪所困扰，要是不想写感恩日志，那就回顾一下以前的记录。

环节结束后的放松

我们建议每一环节结束后都进行与开始时相同的简短放松练习。

第 8 章 环节 2：品格优势与显著优势

环节 2 是三个关注品格优势和显著优势的阶段中的第一个。品格优势和显著优势都是积极的特征，可以通过实践发展，促进个人成长和健康。总的来说，环节 2 到环节 4 包括评估优势、理解它们的语境、在具体情境中的用法，以及如何利用特定的优势来创造一个理想的或更好的自我。

核心概念

为了评估病人的心理压力，传统疗法有有效和可靠的方法来评估压力源、症状、功能障碍、缺陷和失调。积极心理治疗提供了有效和可靠的工具来评估患者的品格优势，使他们可以了解和发现许多不同的使自己变得更好、更健全、更积极的方式。

PPT 关注的是品格优势。尽管患者的症状及其严重程度有助于我们理解他的压力、悲伤、愤怒和焦虑，但诸如感激、希望、爱、善良和好奇心等品格优势也有助于让我们理解患者是如何变得善良、理智和高功能的。正如心理学指出的，个体体验消极情绪如愤怒、敌意、报复或自恋特质更容易引发一系列心理问题，个体体验感恩、宽容、谦逊、爱和仁慈更可能报告更幸福和更满意的生活（Trompetter et al., 2017）。因此，评估症状的同时也评估优势，对于具有平衡性和整体性的临床实践是至关重要的，也有助于让患者理解心理治疗不仅是为了减轻痛苦，也是为了培养其积极乐观的人生态度。

本手册第一部分详细讨论了临床角度的优势评估。以下核心要点将帮助患者明确关注优势：

- 纠正缺点是一种补救措施，而培养优点能带来成长和更多的幸福感。虽然倾听并帮助患者解释他们的问题很有价值，但仅仅是解释和洞察未必会让患者在情感上更强大。与症状和压力相关的优势讨论和阐述，可以提高患者的自我效能感，因为发掘品格优势为他们提供了多种方式，让他们变得优秀、善良、有趣、勤奋、好奇、有创造力和感恩。
- 品格优势本质上来自一个人好的状态和好的行为，而不仅仅来自自我感觉良好。当一个人做好事时，他常常会感觉很好。但是，做好事并不局限于陈词滥调、自我感觉良好的语句，比如"只要你足够努力，你可以做任何事情"等。相反，做好事来自具体的、实际的行动。
- 有证据表明，品格优势可以作为心理疾病的缓冲器。PPT假设精神病理学的发生是由于缺乏一定的优势。例如，有证据表明，希望、乐观、感恩、热情、爱和好奇心等指数较低的人最有可能患上抑郁症（Trompetter et al., 2017），而希望和感恩得分高的人会拥有积极的心理状态和更高的生活满意度（Macaskill & Denovan, 2014）。
- 最近的一项研究发现，个人优势能帮助医生拓宽患者的视角，给他们以希望并增加人生动力，通过重构和隐喻创造积极的人生意义，并且改善治疗过程（Scheel, Davis, & Henderson, 2012）。另一项研究表明，当临床医生从患者对治疗的投入中引导出积极情绪时，可以提高患者的智慧（Vandenberghe & Silvestre, 2013）。
- 使用品格优势可以提高患者的自我效能感和自信，超越了自尊（Linley et al., 2010）。优点能让你变得优秀、善良、幽默、勤奋、好奇、有创造力和感恩。研究显示，使用优势可以显著减少压力，出现更积极的情绪和活力（Wood et al., 2011）。

环节开始：放松

每个环节开始时，先做一个简短的放松练习。从复习患者的感恩日志，复习上个环节中教授的核心概念开始。

环节练习：品格优势评估

在讨论了品格优势的概念后，患者完成了一些练习来探索自己的品格优势。PPT 采用的是综合优势评估方法，而不是简单地识别和使用他们的五大优势，患者可以从多个角度收集关于他们的五大或六大优势的信息。最近的数据和临床经验表明，这种综合优势评估形式是有价值的，患者发现它很有帮助（Uliaszek, Rashid, Williams, & Gulamani, 2016）。这种评估形式能够看到不同优势评估模式的结果之间的差异，为患者提供了一个极好的机会，让他们批判性地思考自己的优势，并使临床医生让患者参与讨论，让他们以动态和具体的方式感受自己的优势。

给临床医生的建议脚本

下面是一个脚本，你可以使用它来帮助患者了解他们的显著优势。该脚本涉及工作表 2.1 到 2.6。请注意，这些和所有工作表：（a）出现在本手册相应的章节中，（b）在随附的患者工作簿中为患者重新附录，（c）可以从网站 www.oup.com/ppt 下载。以下一些步骤可以在环节中完成，而其他步骤将在环节之间完成。

> **临床医生注意**
>
> 为了完成环节中的第四步，患者需要两个信封。

帮助患者确定自己显著的品格优势，这是积极心理治疗的核心。我们从多个角度来做这件事，所以让我们开始吧。

第一步：结合工作表2.1，你将确定和记录5个最能代表你的优势。请遵循具体的填表说明，以确保这一步是正确的。当你完成工作表2.1时，将识别出的品格优势填到工作表2.6的第2列。

第二步：请阅读工作表2.2中对24种优势的描述，并选择最能代表你的5种（不多于或少于5种）。慢慢做这个练习。当你完成工作表2.2时，将确定的优势填到工作表2.6的第3列。

第三步：请使用工作表2.3绘制出第一步和第二步所示的优势。工作表2.1的优势大致对应于你的情感或心灵，因为反应是基于对优势的快速视听表现。工作表2.2的优势是基于你的思维或头脑，因为你有足够的时间来思考和选择5个优势。尽管没有证据表明心灵和头脑的匹配是可取的，但整个过程都是为了从两个不同的角度来激发你的自我意识——这是我们很少做的事情。不必将这些优势填到工作表2.6中。工作表2.3的目的是让你看看你的心灵和头脑的优势是否有重叠。

第四步：使用工作表2.4和2.5，询问两个来源，即亲密的朋友和家庭成员，找出他们认为最能代表你个性的5种品格优势。请让他们仅通过打钩来确定你的优势，并对他们的答案保密。我们将为你提供完成工作表的信封。当它们准备好了的时候，请把它们带到你的下一环节。当完成工作表2.4时，你将已识别出的优势填到工作表2.6的第4列，当完成工作表2.5时，将已识别出的优势填到工作表2.6的第5列。

第五步：在家完成一份免费的在线显著优势问卷，该问卷根据你的5~6个最高分来确定你的5~6个最突出的优势。将这些优势填到工作表2.6的第6列。

第六步：在完成工作表2.1到2.5之后，你已经完成了第五步，你可以继续填工作表2.6：显著优势档案。通过计算每一行中的分数来完成第7列。

第七步：看工作表 2.6 的第 8 列，找出你没有充分利用（U）和过度利用（O）的优势。你可以将你的选择扩展到其他优势，即使这些不是你的显著优势。

第八步：牢记你来治疗的原因，填写工作表 2.6 的第 9 列（渴望的），从你的优势或他人优势中找出，哪些优势可以帮助你解决问题，或者成为你一直想成为的那种人。

工作表 2.1 你的“心灵”优势是什么？

准备好你的笔，用最少的思考时间圈出代表个性的优势，或者在右边的栏里划一个“×”。试着把你的选择限制在五个最能描述你的优势上。如果你最终选择了 5 个以上，你将有机会在填入表 2.6 之前划掉任何多余的。

	品格优势	代表你
1	创造力	
2	好奇心	
3	开放性	
4	好学	
5	洞察力	
6	勇敢	
7	毅力	
8	正直	
9	活力和热情	
10	爱	
11	善良	
12	社交能力	
13	公民意识和团队合作	

（续表）

	品格优势	代表你
14	公平	
15	领导力	
16	宽恕	
17	谦卑平实	
18	谨慎	
19	自我调节	
20	对美与卓越的欣赏	
21	感激	
22	希望和乐观	
23	幽默风趣	
24	灵性	

当你完成工作表 2.1 时，将确定的优势填到工作表 2.6 的第 2 列。

工作表 2.2　你的“头脑”优势是什么？

阅读以下 24 种积极品格优势的描述。通过在“显著优势”一列中画一个复选标记，选择最经常描述你的 5 个特征。

	描述	显著优势
1	我善于想出新的更好的做事方法	
2	我喜欢探索事物、问问题，并乐于接受不同的经历和活动	
3	本人性格开朗灵活，在做决定之前，我仔细考虑了所有的方面	
4	我喜欢在学校或自己学习新的想法、概念和事实	

（续表）

描述		显著优势
5	朋友们和我讨论重要的事情，因为他们认为我的智慧超越了我的年龄	
6	即使我害怕，我也不会放弃面对困难或挑战	
7	即使分心我也能完成大部分事情，我能够重新集中精力完成任务	
8	我认为自己是一个真诚、诚实的人，值得信赖。我的行为符合我的价值观	
9	我精力充沛，性格开朗，充满活力	
10	表达和接受真诚的爱和感情对我来说很自然	
11	我喜欢为别人做一些善意的举动，通常不需要别人要求	
12	我在社交场合能很好地管理自己，并以良好的人际交往能力而闻名	
13	我是一个积极的社区或团队成员，我为我的团队的成功做出了贡献	
14	当别人受到不公平对待、欺负或嘲笑时，我为他们挺身而出	
15	其他人经常选择我作为一个领导者，因为知道我领导得很好	
16	我不怀恨在心，我很容易宽恕冒犯我的人	
17	我不喜欢成为众人瞩目的焦点，更喜欢别人大放异彩	
18	我小心谨慎，我可以预测我的行为的风险和问题，并做出相应的反应	
19	即使在富有挑战性的情况下，我也能控制自己的情绪和行为；我通常遵循规则和惯例	

（续表）

描述		显著优势
20	自然之美、艺术之美（如绘画、音乐、戏剧）和 / 或生活的许多领域之美都深深地打动了我	
21	我用言语和行动来表达对美好事物的感激之情	
22	我希望并相信好事会比坏事发生得更多	
23	我很有趣，我用幽默来和别人交流	
24	我信仰更高的力量并自愿参加宗教或精神实践（如祈祷、冥想）	

当你完成工作表 2.2 时，将确定的优势填到工作表 2.6 的第 3 列。

工作表 2.3　你的品格优势：心灵与头脑

品格优势		心灵	头脑
1	创造力		
2	好奇心		
3	开放性		
4	好学		
5	洞察力		
6	勇敢		
7	毅力		
8	正直		
9	活力和热情		
10	爱		
11	善良		
12	社交能力		

（续表）

品格优势		心灵	头脑
13	公民意识和团队合作		
14	公平		
15	领导力		
16	宽恕		
17	谦卑平实		
18	谨慎		
19	自我调节		
20	对美与卓越的欣赏		
21	感激		
22	希望和乐观		
23	幽默风趣		
24	灵性		

在“心灵”栏中，标记工作表 2.1 中记录的优势；在“头脑”这栏中，标记工作表 2.2 中记录的优势。不必将这些优势转填到工作表 2.6。工作表 2.3 的目的是让你看看你的心灵和头脑的优势是否有重叠。

工作表 2.4 你的品格优势——由家庭成员观察

由家庭成员填写。

请阅读以下 24 种积极性格特征的描述。然后用复选标记精确地选择 5 项（不少于或多于）最常见的特征________________

描述		显著优势
1	善于想出新的更好的做事方法	
2	喜欢探索，喜欢提出问题，乐于接受不同的经历和活动	

（续表）

	描述	显著优势
3	灵活、开朗；在做决定之前，要考虑并检查所有方面	
4	喜欢在学校或自己学习新的想法、概念和事实	
5	重要的事情朋友会询问她 / 他；被认为具有超越年龄的智慧	
6	面对困难或挑战，即使害怕，也不放弃	
7	完成很多事情；能在分心时重新集中注意力完成任务	
8	是一个真诚、诚实的人，是值得信赖的人；行为与她 / 他的价值观一致	
9	精力充沛，性格开朗，充满活力	
10	爱和被爱都是他 / 她的天性；重视与他人的亲密关系	
11	喜欢为他人做一些善意的举动，通常是在没有被要求的情况下	
12	在社交场合能很好地管理自己，并具有良好的人际交往能力	
13	是一个活跃的社区或团队成员，并为团队的成功做出贡献	
14	当别人受到不公平对待、欺负或嘲笑时，要为他们挺身而出	
15	经常被别人选为领导；领导能力强	
16	容易宽恕冒犯他 / 她的人；不记仇	
17	不喜欢成为众人瞩目的焦点，喜欢别人光芒四射	
18	细心谨慎，能够预见到他 / 她行为的风险和问题并做出相应的反应	
19	在具有挑战性的情况下，能管理好自己的情绪和行为；通常遵循规则和惯例	
20	被自然、艺术（如绘画、音乐、戏剧）和 / 或生活中许多领域的美深深打动	
21	通过言语和行动表达对美好事物的感激之情	
22	希望并相信好事会比坏事发生得更多	
23	是好玩的和有趣的，并用幽默与他人联系	
24	信仰更高的力量并自愿参加宗教或精神实践（如祈祷、冥想）	

当你完成工作表 2.4 时，将确定的优势填到工作表 2.6 的第 4 列。

工作表 2.5 你的品格优势——朋友观察

由朋友填写。

请阅读以下 24 种积极性格特征的描述。然后用一个复选标记精确地选择 5 项（不少于或多于）最常见的特征＿＿＿＿＿＿＿＿＿＿＿＿＿＿＿＿＿＿＿＿＿＿＿＿＿＿＿＿＿＿＿＿＿

	描述	显著优势
1	善于想出新的更好的做事方法	
2	喜欢探索，喜欢提出问题，乐于接受不同的经历和活动	
3	灵活、开朗；在做决定之前，要考虑并检查所有方面	
4	喜欢在学校或自己学习新的想法、概念和事实	
5	重要的事情朋友会询问她 / 他；被认为具有超越年龄的智慧	
6	面对困难或挑战，即使害怕，也不放弃	
7	完成很多事情；能够在分心时重新集中注意力完成任务	
8	是一个真诚、诚实的人，是值得信赖的人；行为与她 / 他的价值观一致	
9	精力充沛，性格开朗，充满活力	
10	爱和被爱都是他 / 她的天性；重视与他人的亲密关系	
11	喜欢为他人做一些善意的举动，通常是在没有被要求的情况下	
12	在社交场合能很好地管理自己，并具有良好的人际交往能力	
13	是一个活跃的社区或团队成员，并为团队的成功做出贡献	
14	当别人受到不公平对待、欺负或嘲笑时，要为他们挺身而出	
15	经常被别人选为领导；领导能力强	
16	容易宽恕冒犯他 / 她的人；不记仇	
17	不喜欢成为众人瞩目的焦点，喜欢别人光芒四射	

（续表）

	描述	显著优势
18	细心谨慎，能够预见到他 / 她行为的风险和问题并做出相应的反应	
19	在具有挑战性的情况下，能管理好自己的情绪和行为；通常遵循规则和惯例	
20	被自然、艺术（如绘画、音乐、戏剧）和 / 或生活中许多领域的美深深打动	
21	通过言语和行动表达对美好事物的感激之情	
22	希望并相信好事会比坏事发生得更多	
23	是好玩的和有趣的，并用幽默与他人联系	
24	信仰更高的力量并自愿参加宗教或精神实践（如祈祷、冥想）	

当你完成工作表 2.5 时，将确定的优势填到工作表 2.6 的第 5 列。

工作表 2.6　汇总你的显著优势

这份表有几栏需要你填写。每一列都独立于其他列。

第 2 列和第 3 列：记录你从工作表 2.1 和工作表 2.2 中自定义的 5 个优势。

第 4 列和第 5 列：记录工作表 2.4 中你的家庭成员确定的 5 个优势，以及工作表 2.5 中你的朋友确定的 5 个优势。

第 6 列：记录你从显著优势问卷中发现的 5 到 6 个优势：www.tayya-brashid.com。

第 7 列：将每一行的分数相加。

第 8 列：找出你可能缺乏（未充分利用）或过度（过度使用）的 5 个优势。

第 9 列：找出你想要拥有的五个优势。

显著优势档案

列 1		列 2	列 3	列 4	列 5	列 6	列 7	列 8	列 9
优势		表 2.1 心灵	表 2.2 头脑	表 2.4 家庭成员	表 2.5 朋友	SSQ-72	总分	U/O	期望的
1	创造性和原创性								
2	好奇心，对世界的兴趣								
3	开放性，批判性思维								
4	好学								
5	洞察力和智慧								
6	勇敢和勇气								
7	坚持、勤奋和谨慎								
8	正直、真实和诚实								
9	活力、热情、激情和能量								
10	爱：爱与被爱的能力								
11	善良慷慨								
12	社交能力								
13	公民意识、团队和忠诚								
14	公平、公正和正义								

（续表）

	列1	列2	列3	列4	列5	列6	列7	列8	列9
	优势	表2.1 心灵	表2.2 头脑	表2.4 家庭成员	表2.5 朋友	SSQ-72	总分	U/O	期望的
15	领导力								
16	宽恕								
17	谦卑平实								
18	谨慎、小心和权衡								
19	自律和自我控制								
20	审美								
21	感激								
22	希望和乐观								
23	幽默风趣								
24	灵性和信仰								

临床医生注意

在积极心理治疗中，显著优势是我们最本质的部分。虽然大多数积极心理学干预措施都将流行的品格优势调查中得分最高的 5 项优势作为参考，但正如之前所说，积极心理治疗鼓励患者完成对显著优势的全面评估。患者可能会注意到，不同的人评估他们的优势，结果可能会不同，也就是说，他们自己报告的优势（通过图片 / 心灵或文字 / 头脑）与他人评价的优势或客观问卷反映的优势存在差异。这是积极心理治疗中很重要的一点，大家可以抓住这个机会从各个角度进行讨论（参见反思和讨论部分）。

与患者讨论显著优势的概念。塞利格曼（Seligman, 2002a）认为每个患者都有几个显著优势，它们是患者自己能意识到的品格优势，患者通常会对这些特质有一种归属感和真实感（“这就是真正的我”），而且在展示时总是感到兴奋。当这种显著优势得到练习时，患者学东西很快，而且能持续学习，在使用它时感到精力充沛而不是疲惫，并围绕它开展项目。在积极心理治疗中，投入度是利用患者的显著优势来构建的。

反思和讨论

实践结束后，请患者进行反思和讨论：

- 在考虑了不同的方面之后，你的显著优势在多大程度上反映了你的性格？你的显著优势是否足以向一个对你一无所知的人描述你的性格？

- 你的观点与你的家人、朋友和问卷（SSQ-72）的观点有显著差异吗？是否有很多人发现了相同的优势？解释一下。
- 整理个人资料后，你是否发现自己对特定的人或特定的情况展现了特定的优势？解释一下。
- 当你想到迄今为止的生活,你的哪些优势一直存在？哪些优势是新的？你能从中学到什么？
- 你的优势是如何协同工作的？

在对这些问题进行反思和讨论之后，患者应该完成工作表 2.7 “标记你的显著优势”。向患者解释，这份表的目的是帮助他们探索其显著优势的真实性。患者的显著优势档案（工作表 2.6）所识别出的优势确实是他真正的优势吗？当我们了解自己真正的优势时，我们就能解决日常生活中的复杂情况。

工作表 2.7 你的显著优势的标志

首先在表格相应的空白处列出从显著优势档案中提取的显著优势。接下来，根据表格中的问题，简要地写一些具体的经历，包括关于你的一个或多个显著优势的故事。请注意，这些问题将有助于突出你显著优势的关键标志（真实性）。

根据我的个人资料，我的显著优势是：
1.
2.
3.
4.
5.
6.

（续表）

确定显著优势的关键标志的问题
1. 真实性：这种优势是我的核心部分吗？
2. 兴奋：当我使用我的显著优势时，我感到兴奋吗？
3. 学习：对我来说，使用这种优势是自然和不费力的吗？
4. 寻找新的方法来使用：我渴望找到新的方法来使用我的优势吗？
5. 坚持：我是否发现很难停止一项充分利用这种优势的活动？
6. 精力充沛：使用这种优势会让我感到精力充沛而不是疲惫吗？
7. 使用优势的项目：我是否创建了个人项目来利用这个优势？
8. 热情：当我使用这种优势时，我感到快乐、生机勃勃和热情吗？

反思和讨论

完成工作表 2.7 后，请患者进行反思和讨论：

- 在特定的标志（如真实性、学习或活力）方面，你最突出的显著优势是什么？请解释原因。
- 完成这份表后，你对自己的显著优势有多自信？
- 请回顾所有 24 项优势。在工作表 2.7 中列出的标志方面，是否有一些你认为应该存在的优势却没有通过你的优势档案确定？为什么这些优势没有出现在你最突出的 5~6 个优势中？

既然患者已经知道了他们的显著优势，下一步就是培养自我意识，认识到他们的优势被低估或过度使用的情况，以及他们缺乏哪些优势。要求患者完成工作表 2.8“优势使用的不足和过度”。

工作表 2.8　优势使用的不足和过度

阅读下面关于优势的描述。在 3 个你可能没有充分利用（或完全缺乏）的优势旁边画减号，在你过度使用的 3 个优势（注意，这些优势不一定是你的显著优势）旁边画加号。

然后，如果可以，对于你的每一个显著优势，指定相应的缺乏 / 不足或超量 / 过度使用的情况。

品格优势		描述	不足或缺乏	过度使用或超量
1	创造性和原创性	思考新的、更好的做事方式，不满足于用传统的方式做事		
2	好奇心，对经历的开放性	被驱使去探索事物；提出问题，很难容忍模棱两可；接受不同的经历和活动		
3	开放性和批判性思维	在做出决定前，全面考虑和研究各方面；与值得信赖的人协商；在必要时灵活地改变主意		
4	好学	喜欢在学校或自己学习很多东西、概念、想法和事实		
5	洞察力（智慧）	把事物进行整合以理解潜在的意义，调解朋友间的纠纷，从错误中学习		
6	勇敢和勇气	克服恐惧去做需要做的事，在困难或挑战面前不放弃		
7	坚持、勤奋和谨慎	完成很多事情；能够在分心时重新集中注意力，毫无怨言地完成任务；克服挑战完成任务		
8	正直、真实和诚实	不伪装自己，给人以真诚、诚实的印象		

（续表）

品格优势		描述	不足或缺乏	过度使用或超量
9	活力、热情、激情和能量	精力充沛，性格开朗，充满活力；被别人选中一起出去玩		
10	爱：爱与被爱的能力	与家人和朋友保持温暖和关心的关系，定期地通过行动表达真诚的爱和感情		
11	善良慷慨	为他人做好事，常常不求回报；经常帮助别人；被认为是一个善良的人		
12	社交能力	容易理解他人的感受，在社交场合能很好地管理自己，良好的人际交往能力		
13	公民意识、团队和忠诚	与队友或团队成员保持良好的关系，为团体的成功做出贡献		
14	公平、公正和正义	当别人受到不公平对待、欺负或嘲笑时，要为他们挺身而出；日常行为表现出一种公平感		
15	领导力	组织包括他人在内的活动，成为别人喜欢追随的人，经常被同辈推选为领导		
16	宽恕	容易宽恕冒犯者，不记仇		
17	谦卑和平实	不喜欢成为关注的焦点；不会特立独行；容易承认缺点；知道自己能做什么，不能做什么；让别人发光		
18	谨慎，小心和权衡	小心谨慎，避免承担不必要的风险，不易屈服于外部压力		
19	自律和自我控制	管理好情绪和行为，乐于遵守规则和惯例		
20	对美和卓越的欣赏	被自然之美、艺术（绘画、音乐、戏剧等）之美或生活中任何领域的美好或卓越深深打动		
21	感激	通过言语和行动表达对美好事物的感谢，不把事情视为理所当然		

（续表）

品格优势		描述	不足或缺乏	过度使用或超量
22	希望、乐观和着眼于未来的意识	希望并相信好事会比坏事发生得更多；迅速从挫折中恢复过来，并采取具体行动克服它们		
23	幽默风趣	幽默风趣，善于与人沟通		
24	灵性和信仰	相信上帝或更高的力量；喜欢参加宗教或精神活动，如祈祷、冥想		

反思和讨论

完成工作表 2.8 后，要求患者进行反思和讨论：

1. 有时候，我们认为的消极行为对他人可能是对优势的低估或滥用。反思这些常见的场景，并讨论哪些可能是优势使用不足或过度的表现①：

a. 感到悲伤和迟钝

b. 为小事或无关紧要的细节担心过多

c. 总是保持有趣和幽默

d. 没有因为朋友的不当行为而当面质问他

e. 可能承担了过多的项目或任务

2. 通常，很难明确或直接地区分一种优势的平衡使用与过度使用或使用不足。以好奇心为例。好奇心需要积极地寻求知识，以打开自己的新经验。它的使用不足（无兴趣、冷漠或无聊）可能很容易识别，但过度使用可能很难发现。一个人可以为了很多目的积极地寻找信息，包括在社交媒体上跟踪他人。后一种行为很可能是爱管闲事。同样地，热情可以包括对

① a. 没有充分利用热情和积极的情绪，因为没有其他的情有可原的情况来解释悲伤；b. 缺乏长远眼光或过分谨慎；c. 过度使用幽默风趣；d. 缺乏勇气或公平；e. 缺乏自我调节。

狂躁、歇斯底里或疯狂的行为表现出活力和激情。考虑一下你的显著优势，并思考哪些具体的行为和行动会让你知道你现在是否正在对你的优势使用不足或过度。

3. 有没有什么特殊的情况或条件会强化你的显著优势的不足或过度使用?

4. 是否有一些文化因素支持对特定优势的使用不足或过度？例如，有些文化更强调谦逊，而有些文化则强调团队合作或社交能力。

5. 如果你过度使用了某个显著优势，比如创造力，你能想到其他的优势（比如自我调节、谦虚或者谨慎）吗？它们可能不是你的显著优势，但仍然可以帮助你平衡地使用创造力。

案例

34 岁的女性梅丽莎来参加了一个积极心理治疗小组，她因重度抑郁和焦虑症被转到该小组。在完成了她的显著优势档案后，梅丽莎和大家分享了她的以下想法：

> 我和我的未婚夫、同事以及高中时就认识的一个朋友分享了我的显著优势表。我的未婚夫和我在 4/5 的优势选择上是匹配的，这很令人惊讶，因为我们在很多问题上有着截然不同的观点。而且，我意识到他其实很了解我，也很看重我的优势。
>
> 我的同事强调了我的领导力，这有点儿让人意外，因为我从来没有刻意扮演过任何领导角色。然而，在她把领导力视为一种优势之后，我开始想，也许有一天我可能会喜欢主动做一次领导，尽管在我目前的工作中可能不是这样。我的老朋友认同我的正直和坚毅，对此我并不感到惊讶。在完成我的本职工作前，我通常不做额外的工作。我被认为是一个诚实的人，在这一点上从不妥协，即使我不得不牺牲一些

重要的东西……事实上，有时别人认为我“太诚实”，主要是我的母亲总这么说。我喜欢整合他人的观点……否则我就会变得过于自信，无视不同意见。

案例

21 岁的男大学生莫里兹曾因严重的抑郁症状和孤独感寻求个人心理治疗。他报告了从高中早期开始的抑郁症状史。最初，莫里兹没有足够的动力去接受心理治疗，他的学习能力也很低。由于性格内向、安静，他的情感范围受到了限制。在治疗期间，他很少微笑。

随着治疗关系的发展，他不得不探索自己的显著优势。他花了大约 3 个环节收集关于自己品格优势的所有信息。他选择向两个朋友（而不是家庭成员）了解自己的优势，因为他太害羞了，不敢向家人征求意见。然而，每走一步都增加了他的兴趣。从不同的角度来看，谦逊、谨慎、善良、社交能力和团队合作是他的显著优势。他的临床医生对此很感兴趣，并请莫里兹分享他对社交能力、团队合作和洞察力的见解。他说，在他的朋友中，大家都知道他善于倾听。莫里兹说：“每个人需要有人倾听他们的问题，而我总是在那里。”他补充说，他不仅善于倾听，而且每当有朋友吵架，或者有朋友与别人发生冲突时，“我是第一个他们寻求建议的人。我以理性的声音而闻名”。在解释他标志性的团队合作能力时，莫里兹表示自己是一名优秀的团队成员，在小组作业中，他经常被大家邀请加入。

莫里兹对自己的显著优势并不感到惊讶，因为他已经凭直觉知道这些优势是什么。他说，虽然别人需要他的时候，他会在那里，但是当他有需要时却没有人来安慰他。他说他并没有很好地表达自己的需求，而且他的大多数朋友也没有问他或者问得不够深入。

在同情地倾听后，临床医生充分承认了莫里兹的挣扎和孤立感，并强调了在治疗中分享这些感受所需要的勇气。这位临床医生温和而试探性地评论说，莫里兹倾听他人意见的能力，以及他能够充分考虑到情况的方方面面、提供合理建议的能力，使他具有社交能力。这些优势，加上适应能力，从长远来看对他很有帮助。在被临床医生询问后，莫里兹分享了许多使用这些优势的例子。医生强调了他的洞察力，让他注意到自己的善良和社交技巧如何在许多方面帮助他人。莫里兹发现这种对他的显著优势的解释非常有帮助，他说他总是认为自己这些性格特质是弱点。然而，把它们看作优势让他感觉更好。当他能够将自己所认为的“负债”重新定义为“资产”时，他的情绪得到了改善。他的孤独感并没有完全消失，但他开始觉得自己更有效能感了，他开始相信自己的优势可以让自己与他人建立联系。

在本手册的后面，我们将解释这个患者如何能够更细致、更灵活地使用他的优势。然而，发现自己的优势的过程本身就能让他走出抑郁。

适应性和灵活性

作为一名积极心理治疗临床医生，从基于优势的角度看问题，你可能会遇到很多挑战。有些患者会对治疗中的优势持怀疑态度，因为他们会有根深蒂固的观念，认为治疗是一个讨论缺陷的地方，因此专注于优势是不相干的，是浪费时间。其他人可能会从自己的受害者角色中得到安慰。多年来，我们一直专注于治疗关系和治疗过程，以优势为基础，与数百名患者合作，并找到了使用这些策略的方法：

- 当患者称自己不知所措或陷入危机时，他们需要医生的同理心和善于建立关系的优势，以及医生接纳他们痛苦的能力。临床医生首先要关注这些情况。

- 询问患者通常是如何应对危机的，记下他们的品格优势，并在患者准备好参与时讨论这些优势。
- 承认并感谢患者愿意分享他们的困境。在适当的时候，可称之为“有勇气和信任临床医生的能力”。
- 让患者保持希望并激发患者对改变自我的追求，然后引入其品格优势作为促成改变的基本要素。
- 在适当的时候，从优势的角度重新审视问题。例如，在解决问题时，鼓励患者学会与他人协商（社会互动），尝试不同的事物（主动性、创造性、毅力），权衡选择（谨慎性），探索什么是可解决的和现实的（洞察力）；还可以学习一门课程，并试图坚持下去（自我调节）。
- 指出优势时要尽量具体。当临床医生举出能够体现患者优势的具体行动、习惯、经历、技能、故事和成就时，正式评估就会变得更加生动直观。
- 一些患者忽视了自己的品格优势，因为他们可能患有弗洛伊德恐惧症（Wilson, 2009），也就是说，患者认为他们问题的真正原因是不可接受的性冲动和攻击性冲动。这种观念在流行文化中普遍存在，是一种缺乏主见的想法，让患者对自己的显著优势感到恐惧和怀疑。医生应与患者讨论，告诉他们这些想法不仅不可能通过实证得到验证，而且它们会深深陷入回忆偏差（Wilson & Gilbert, 2003）。
- 许多患者可能会专注于自己得分较低的品格优势（少数患者会过度专注）。问问他们在某些优势上得分较低的原因，此时要避免把他们的注意力引向自己的最佳优势。接下来的叙述将为你提供对患者自我概念（现在的和期望的）的宝贵洞察。关于患者的底端优势的信息通常会揭露他们未经处理的创伤、痛苦、伤害和侮辱等经历。这是你丰富患者在积极介绍中的自我叙述的绝佳机会。此外，对底端优势的解释可以帮助患者和临床医生明确治疗目标，以及如何结合患者的显著优势来实现这些目标。

临床医生注意

我们要意识到，对一些患者来说，标记和评估自己的优势会强化他们在他人和环境中寻找问题根源的倾向。这使他们能够逃避为了恢复而必须承担的个人责任。例如，对于在相互依赖的文化环境中长大的患者，成功和失败的责任都和集体有关，因此更多归因于基于人际关系的优势，如爱、社交能力或团队合作。除了文化因素，性格特征也可能起作用。例如，一个自我膨胀和自恋倾向的患者可能会利用优势来进一步支持她的自我观点。重要的是，要花足够的时间对这样的患者解释优势的情境和适应性的使用。

大多数寻求治疗的患者都是在父母、兄弟姐妹、同事和老板的批评下长大的。批评是一种受文化影响的结构，常常起着双刃剑的作用。例如，根据文化规范和家庭文化规范，批评加上赞美、真诚的爱和关心是可以适应的，就像在紧密联系的家庭中所看到的那样。然而，当大量的批评与消极偏见相结合时，可能会加强患者的反刍性思维，而当这些患者全神贯注于反刍性思维时，他们可能会接受表面上的优势，但继续对自己的弱点耿耿于怀。即使在另外两个重要他人肯定了患者的优点之后，这些患者可能仍然认为自己是不称职的、有严重缺陷的和业绩不佳的。探索批评的文化根源，并对其他治疗方法持开放态度，如认知行为疗法、情感聚焦疗法或接受承诺疗法，以治疗消极思维。与此同时，让患者参与适度复杂的练习，让他们思考自己积极的经历，可以自动减少他们思考失败和挫折的时间。几乎所有的积极心理治疗实践都包含了对积极因素的全面思考。

文化因素

在一定程度上，由于文化背景的原因，一些患者可能无法自信地看待自己的显著优势，或者认为它们不那么重要。例如，有些患者可能会低估创造力等优势，因为他们的文化需要一致性。当患者的文化背景过分重视谦逊时，他们可能会低估热情。或者，当患者的文化背景更重视团队合作时，他们可能会低估领导力。

探索这些优势的文化特异性表达。一位来自保守家庭的穆斯林女性患者，在经历了一段短暂的婚姻后离婚，进行了心理治疗。她说，专横的姻亲和性别歧视是她和丈夫分居的主要原因。一位在北美出生和长大的女患者相信离婚是一个正确的决定，这完全是她的选择。洞察力、勇气和公平成为她的显著优势，公平尤其得到了家庭成员和亲密朋友的认可。一项关于文化上恰当表达公平的讨论显示，公平包括自己会在他人受到不公平待遇时挺身而出。这让她感到自信，她的决定是她的主要优势之一的体现，这在她和她的家庭认同的文化中很有价值。在面对文化压力的时候，她坚持自己对公平的追求。

对患者的故事保持敏感和反应能力，当这种能力的使用因文化因素而带来沉重的社会、经济和 / 或情感成本时，要表现出心理韧性，并使用某些特定优势。例如，一位患者告诉我们，在经历了父亲多年的精神和身体虐待之后，他终于鼓起勇气反抗父亲，最终这位患者离开了家。另一位患者和她的同居伴侣感情很好，他们在一起的 8 年充满了欢乐、热情和感激。有一天，她发现她的男友和她最好的闺蜜一直有染。临床医生在讨论优势时应对治疗速度保持敏感和谨慎，因为过早地讨论优势可能会进一步削弱患者对优势的信心。慢慢开始，先建立一个坚实的治疗关系，然后介绍 PPT 的元素或一种基于优势的方法，重点是为患者提供实用的智慧。这将在下个环节中讨论。

保持

与患者讨论以下建议，让他们保持进步：

作为人类，我们产生消极情绪的能力比产生积极情绪的能力更敏锐、更深刻、更顽固。每当我们经历负面事件时，这种倾向就会增长。

如果你对这种消极偏见什么都不做，你就会一直陷在消极情绪中；反过来，消极情绪会一直跟着你，经常表现为长期的焦虑、悲伤、愤怒、矛盾和孤立。你可能会认为心理治疗是讨论这些负面因素的地方，事实的确如此。然而，心理治疗也可以让你探索是什么让你变得坚韧，而且无需忽略你的弱点；通过心理治疗，你可以找到你的希望和梦想，而不必摒弃你的绝望和幻想；通过心理治疗，你可以获得技能来建立你的优势，而不必忽略你的弱点。持续地投入这样的努力可以重置你的消极心态。通过学习发现和利用品格优势的系统方法，可以让你将其应用到生活的其他领域，比如工作和家庭，从而扩展你对生活的总体看法。下面是一个例子：

凯伦是一位年轻的女性患者，她发现很难用自己的品格优势来衡量自己。她认为自己是一个“不受欢迎的负担”，并且有长期的自杀意念、精神病发作和对过去负面记忆的关注（包括情感虐待和失去亲密的家庭成员）。之后，凯伦开始探索她的优势。她热爱学习，具有好奇心、创造力、勇气和领导能力，这些都是她的优势。当被要求分享与每一种优势相关的具体经验时，凯伦说，她以全省顶尖学生的身份进入大学，并获得了全额奖学金。尽管有很多挑战，仍能够保持自己的学业成绩。她向其他高中女生讲述了自己如何克服寻求帮助的羞耻感。仅仅是分享这些具体的经历就改变了她的心态，她说：“我这才意识到，我的生活并没有那么糟糕，我可以做很多事情。”

你在某些方面认同凯伦吗？问问自己，你会给自己讲什么样的故事？你的故事主题是什么？在积极介绍练习中，你可以回忆一项能表现你最好一面的事件，在感恩日志练习中记录每天发生的 3 件好事，承认优势练习可以帮助你调整心态，让你朝着积极的方向发展。我们大都善于归因于消极因素（如“他的不诚实导致了挪用公款”），而对优点的了解将有助于你在日常生活中做出积极的归因（如“她的善良帮助她的朋友在不得不结束一段受虐待的关系后找到了栖身之所”）。

PPT 实践将帮助患者深入了解自己的优势。从简单的标签中，患者将学会内化自己的优势。以下是一些患者在治疗开始时和在探索了优势之后的自我描述，这些陈述说明了患者如何将优势视角内化到他们的个性中。

患者 1

治疗开始：

“我没有希望了，我想我永远找不到一个能理解我的人。第一次约会后不久，我就看到对方真实和消极的一面……也许我只是擅长吸引错误的人。”

探索优势后：

“有人发现了我的优点，我感觉好多了。尽管仍未找到合适的人，但大家都认为我是一个善良、聪明、谨慎、谦逊的人，这很有帮助。当我去约会的时候，我知道我不需要太担心，也不需要过快地判断一个人，我会用我的善良和社交能力去理解别人。”

患者 2

治疗开始：

“我不断地问自己，就是这样吗？”

探索优势后：

“我从未意识到我被大自然的奇迹深深打动了。这一次当我接近大自然的时候，我充满敬畏之心；我的思想、身体和精神都放松下来。也许生活远比我想象的更加丰富。”

患者 3

治疗开始：

“众所周知，我是一个充满活力的人，我从不逃避挑战，我会拥抱它们。但最近，我充满挫败感……往往我在错误的时间做正确的事情，或与错误的人做正确的事情……”

探索优势后：

“我能正确地看待事物，我知道热情是我的显著优势之一，其他人也能理解这一点。我很容易受到启发，充满激情，充分投入我所从事的活动。也许谨慎一点对我更有好处。”

患者 4

治疗开始：

“我故意不向伴侣表达我的爱意，也许我害怕自己会给他留下软弱、依赖、没有安全感的印象。”

探索优势后：

“我没有意识到自己过于谨慎。现在，我需要敞开心扉去给予和接受爱……我没有意识到这是一种优势……我曾经认为太多的爱的表达会使我脆弱。”

患者 5

治疗开始：

“我只有改掉自己所有的缺点才能成长。”

探索优势后：

“我花了数百小时请治疗师、励志演讲者纠正我的缺点，但没有什么用……我的缺点让我觉得我永远也达不到父亲的期望……发现我的品格优势对我的思维产生了重要影响：我也许会更好地发挥我的优势而非试图摆脱我的缺点。”

环节结束的放松

我们建议每一环节结束时都进行与开始时相同的简短放松练习。

第9章 环节3：实践智慧

环节3介绍实践智慧的具体技巧。这些技巧教会我们如何适应性地以一种平衡的方式运用我们的显著优势来解决问题。本环节所涵盖的积极心理治疗的核心实践是知道如何使用优势。

核心概念

这部分PPT的核心特点是教患者运用亚里士多德的实践智慧理念，也就是运用自己的优势去适应生活，拥有有意义、有道德的美好生活。结合说明性案例的帮助，在本节后面的“学习实践智慧—如何使用优势”一节中，将呈现适应性使用优势的核心概念。通过这些技能，患者可以学会运用他们的优势来克服压力，调节负面情绪和经历。这些技能可以帮助患者追求趋向个人成长的深层次个人目标。

环节的开始：放松

每个环节开始时，先做一个简短的放松练习。从复习患者的感恩日志和上个环节教授的核心概念开始。

环节练习：知道如何使用优势

培养实践智慧

寻找具体性

首先，必须将显著优势的抽象概念转换为具体的操作，以便患者更好地理解显著优势在日常生活中对他们的意义。复杂的现实情况和挑战并没有明确指示出哪些行动最能代表某种具体的优势，一种校准具体性的方法是用结果判断。例如，如果使用好学这个显著优势的结果是增加知识，那么你可以将结果翻译为“具体的词汇”（如“通过阅读特定数量的书籍或文章来增加知识”）。

代表显著优势的行为的具体性也取决于情境。例如，创造力可以表现为在有挑战的环境下创造性地解决问题，也可以是一种新颖的行事方式。请注意，优势并不是相互排斥的，事实上，优势更有可能重叠而不是单独存在。

为了帮助你掌握显著优势的细微差别，并将它们转化为具体的行动，请参见附录 D，通过具体行动构建优势。

寻找相关性

第二个（也是更困难的）技能，是了解你的显著优势是否与当前的情况相关。例如，在本环节的后面，我们将讨论女性患者米歇尔，她具有宽恕的显著优势。应用这种显著优势的相关性取决于情境和人际因素。像宽恕这样的优势可能在特定的情况下或在特定的个人身上才能得到最好的运用，但它并非适用于所有情境。考虑到宽恕对自己和他人的影响，米歇尔将从磨炼自己的相关技能中受益，过去的经验可以帮助她决定在特定的情境下宽恕是否相关。

另一位患者桑德罗是一位中年男性，他对结婚 20 多年的前妻怀有强烈的怨恨。在他们的婚姻中，前妻一直与另一个女人有婚外情。他说，前妻一直等到他们最小的孩子年满 18 岁，离家上大学后才离开他。桑德罗无法宽恕她。医生问为什么，桑德罗说："我想让她意识到她做错了。即使我宽恕了她，她也不会意识到她做了什么。"医生回答说："然而，我看到你沉浸在自己的痛苦中……宽恕不是为了她，是为了你。你甚至不需要和她沟通。"然而，桑德罗并不准备宽恕，所以临床医生并没有强迫他这么做。在当时的治疗中，使用宽恕是不合适的。

现实生活中的挑战并不是电视新闻频道屏幕上的滚动条，所以特定的优势与特定的情况相关。因此，在决定相关性时，帮助患者考虑哪些优势或一组优势将产生适应性和健康的结果。

让我们考虑一下公平的问题，这是一个优秀的领导者所需要的特质。一位名叫蕾切尔的患者是一位高级人力资源经理，她认为自己是一位高效的领导者，因此当"领导力"并非她的优势之一时，她感到很惊讶。对领导素质的详细讨论让她意识到，她仍缺乏与和自己观点不同的人有效合作的能力。蕾切尔从不信任与她共事的人；尽管她付出了很多努力，但她仍无法让每个员工都表现出最好的一面。与她的临床医生讨论如何利用其他优势（如社交能力、公平和团队合作），帮助了蕾切尔加强她的领导力。

此外，在决定相关性时，我们需要正确看待事物，这能让我们决定在哪里、与谁合作，以及显著优势对我们和其他人的最有效的利用方式。例如，梅，一位已婚的女性患者，报告说她强烈地感觉到伴侣的幸福是她的首要责任，她常说取悦他远比倾听自己的需求重要。帮助梅发现自己的显著优势对她的幸福并不是最有效的，这是治疗面临的挑战，但对患者来说则是一个全新的认知。

解决冲突

培养实践智慧的第三个技能是理解并可能解决两种优势（或显著优势）相互冲突的情况。例如，患者贾，经常经历其创造力和谨慎之间的冲突。她想成为一名艺术家，但她的父母都是医生，他们常常巧妙且强烈地鼓励她追求"健康而安全的医学职业"。贾的谨慎让她放弃了绘画（她的爱好），她目前就读于医学院。我们的治疗工作不是很有效，因为她越来越敏锐地意识到她的两个显著优势之间的冲突。

然而，冲突可以通过确定哪个显著优势与核心价值更接近，或者哪个显著优势将产生最佳结果来解决。例如，贾的核心价值观是自我表达，当她意识到自己的创造性或最佳潜力时，她就会活过来，并感到真实可信。那么，如果她能在任何努力中找到一个创造性的合适职业或出路，她可能会更快乐。另一方面，如果她的核心价值观是保证就业，同时保持与父母的稳定关系（在她这个案例中，这是一种文化期望），那么她可能更适合从事一份能提供就业保障的职业。从期望的结果开始，然后评估哪种优势会导致这个结果，这不仅有助于解决冲突，而且有助于更深入地了解哪些优势可能帮助患者实现他们的目标。

反思

实践智慧要求我们反思自己的独特优势会对他人产生什么样的影响。在更大的范围内行使显著优势有什么道德意义？思考一下我们在临床实践中遇到的以下案例：玛利亚，一个年轻的女学生，她的特点是谨慎、公平和社交能力。她误解了朋友在她的社交媒体页面上发布的关于她的信息，认为有人在密谋反对她，而且可能是反对和她有共同文化背景的所有女性。出于关心和谨慎，她在几个社交媒体网站上发布了一条信息，警告其他女性，她们的安全可能受到威胁。之后，校方警惕起来，开始实施一系列的安全措施，给大量学生带来了不便。尘埃落定之后，玛利亚和她的临床医生在单独的治疗中处理了这一事件。玛利亚意识到，她没有经过太多思考，就滥用了自己的显著优势。

另一位患者是一名男性研究生，他把实验室资源持续投入一个导师要求他更改的项目中。这花费了他和实验室伙伴们不必要的时间和精力，体现出对坚持的过度使用。这两个例子显示了优势如何在被过度使用时导致消极的结果。

此外，实践智慧的一个重要部分是培养对我们动机的意识。我们应该意识到自己的失败，并承认它们。然而，承认自己的失败并不容易，这需要勇气和谦逊（两种优势）。磨炼这一技能的一个方法是退后一步，公正地评判自己的角色和责任，思考如何从错误和过失中学习，尤其是那些对他人有影响的错误和过失。

调整

为了培养实践智慧的技能，我们还需要经常适应形势、感知变化，调整和重新校准我们的优势，以适应形势的需要。许多人无法解决他们的问题，因为他们在不断尝试无效的解决方案，不去改变现有的方法。例如，设想一个医疗保健专业人员，医生需要平衡他们对病人的时间承诺和自己的专业需求（比如看足够多的病人以支付办公费用、准时看下一个病人等）。癌症专家应该如何调整和校准向晚期癌症儿童的父母说实话的期望（Schwartz & Sharpe, 2010）？生活的多样性和复杂性常常会产生许多灰色地带，并非所有的规则、指导方针、政策和规章都能捕捉到灰色地带。不管意图有多好，僵化和狭隘地运用规则会耗尽那些陷入这些规则的人的动机。

请记住，患者的显著优势档案和随后的 PPT 实践帮助患者提高技能，以便在面临挑战时恰当地使用优势。花时间帮助患者尽可能多地完成显著优势档案，因为这是患者更好地了解自己和他人的基础。

给临床医生的建议脚本

下面是一个脚本，你可以用它来帮助你的患者开始了解，利用实践智慧技能在日常生活中有效运用显著优势的重要性（Kaitlin et al., 2017; Ronningstam, 2016）。

正如心理症状（如悲伤、愤怒或焦虑）表明压力，优势（如感激、希望、爱、善良和好奇心）表明健康、满足、兴趣、投入、目标和生活的意义。

研究和临床经验证明，经常体验消极情绪（如愤怒、敌意、报复）或显示有自恋特质的人，更容易有心理问题；而经常体验感恩、宽容、善良和爱的人有可能拥有更高的生活满意度。你知道自己的显著优势。现在，我们将重点关注如何利用你的显著优势让自己变得更快乐，以及培养利用你的优势管理你的缺点的技能。首先，让我们看看如何利用你的优势来管理你的压力源。让我们从探索你如何看待自己的显著优势开始吧。

品格优势使用的过度或不足

使用工作表 3.1“列出你对优势使用的不足或过度”，请患者继续探索他们使用优势的过度或不足的具体方式。

工作表 3.1　列出你对优势使用的不足或过度

通过将你的优势转化为行为（当你展示你的优势时所做的行动、活动和习惯），使用下面的图画来描绘你的优势。较大的圆圈表示你过度使用的优点，较小的圆圈表示你使用不足的优点，相交的圆圈表示彼此重叠的优势。

学习实践智慧——如何使用优势

给临床医生的建议脚本

既然你已经确定了自己的显著优势，那么看看你是否对优势使用过度或不足。在这一步中，我们将通过研究优势使用不足和过度的问题，加深理解，学习实践智慧，知道如何使用优势。让我们来看看真实积极心理治疗环节中的三个场景。

与患者讨论以下每个场景，并从优势使用过度和/或不足的角度得到他们的回应。

- 中年男子萨利姆是一名零售经理，具有典型的公平优势，他会从这个角度权衡每一种情况。他甚至把下属和同事的善意举动也理解为“不公平的”，因此受到大家的孤立。
- 米歇尔是一位年轻的女性患者，具有宽恕、善良和谦逊的典型优势，但她滥用了自己的优势，还让别人占了便宜。最后，她说自己成了别人的“出气筒”。
- 阿基拉是一名女性患者，她的特点是好奇心强、热爱学习，她发现自己越来越难以在学校和工作中完成任务，因为她花了大量时间去“研究”每件事。

这些场景显示了良好的意图。然而，仅仅有良好的意愿和对显著优势的了解是不够的，我们还需要技能，并且愿意使用这些技能来解决自己的问题。在积极心理治疗中，这套技能被称为“知道如何使用优势”，更正式的说法是“实践智慧”。接下来，我们将详细讨论什么是实践智慧，以及如何培养实践智慧。

在利用优势方面，无论是显著优势还是非显著优势，积极心理治疗都能让你拥有实践智慧，利用自己的品格优势使生活变得更好。从实践智慧的角度看，我们不能孤立地看待优势，而且只培养一种优势而排斥其他优势会产生不良后果。

从刚刚介绍的三位患者的情况来看，公平性可能是自适应的，缺乏公平性会导致他人受到不公平的对待，但如果米歇尔能够坚持自己的立场，这将会有所帮助。好奇心可能不利于阿基拉完成学校作业或工作任务，她可能会从自我调节和坚持中获益。萨利姆将受益于建立视角，了解如何解读社交环境，并超越非黑即白的规则，认识到有时与他人打交道的最佳方式在于灰色地带。此外，米歇尔可以从调整情绪的优势中受益，并逐渐变得自信。最后，这将帮助阿基拉了解时效性。当她有足够的时间去探索时，利用她的好奇心可能会更有帮助；但当她面临提交作业或项目的最后期限时，也许就不是这样了。

接下来我们进入工作表 3.2“培养实践智慧的技能”。我们将描述这些技能，并探讨如何应用这些技能。

工作表 3.2 培养实践智慧的技能

以下是建立实践智慧（或者叫“如何使用优势”）的 5 个策略：

1. 寻找具体性：复杂的现实情况和挑战并没有明确告诉我们哪些行为最能代表某种特定的优势，寻找具体性的一个方法是依据结果判断。例如，如果好学的结果是增加知识，那你可以把结果翻译成具体的词汇，如阅读特定数量的书籍或文章来增加知识。

为了帮助你掌握显著优势的细微差别，并将它们转化为具体的行动，请参考书末的附录 D 建立你的优势，该附录提供了多种使用优势的行为方式。

2. 寻找相关性：探究你的显著优势是否与当前的情况相关。例如，在需要用公平或勇气等优势来处理问题时，善良和宽恕可能并不相关。在某些情况下，你的谦逊或幽默的优势可能非常重要，但在需要你维护自己权利时，谦逊可能不起作用；在需要安慰刚刚经历过重大创伤的人时，幽默可能是不合适的。

3. 解决冲突：第三项技能是知道如何解决两种显著优势的使用出现冲突的情况。例如，你正在做一个项目，想要做到最好，你想利用你的创造力和毅力的显著优势；同时，你最亲密的朋友需要你的陪伴（显著优势：爱）；或者热情和自我调节的显著优势可能会把你引向不同的方向。你可以通过确定哪个显著优势更接近你的核心价值，或者哪个显著优势将产生最佳结果，以此解决这些冲突。

4. 反思：实践智慧要求你反思自己的显著优势会对他人产生什么样的影响。在更大的范围内，运用你的显著优势有什么道德含义？例如，在公共领域中，来自特定传统的运动精神，可能会疏远那些不认同该传统的人；或者，好学可能会对那些因为固有障碍而学习困难的人的自信产生负面影响。

5. 调整：为了培养实践智慧技能，你还需要定期通过环境适应、感知变化、调整和重新校准（如微调）等方式，利用自己的优势来适应形势的需要。许多人无法解决他们的问题，是因为他们不断尝试无效的解决方案，或者没有随着情况的变化去改变他们的方法。

阅读以下三个场景，写下你给每个人的具体建议：

适应和体贴：在简和吉米的恋爱关系中，简知道吉米一看到她和其他男人说话，尤其是吉米觉得对方是比他“更优秀”的人时，就会变得没有安全感，非常嫉妒。而且，她发现自己很难和吉米分手，因为大家都知道她非常“随和”，非常“善解人意”。

你的建议：

____

____

____

我只想要快乐：25岁左右的李经常在治疗中重复讲述一长串积极的事情，比如“我工作非常努力。我在本科毕业前就被录用了。他们说我长得帅气，风趣、活泼、乐于助人。我从来没有伤害过任何人，（在我的成年生活中）我从来没有和任何人争吵过……”之后，李会总结说：“但是我很不开心。”

你的建议：

____

____

____

仅仅谈话就有帮助：从所有指标（客观的和临床的）来看，21岁的女性希娜在治疗方面没有取得任何进展。希娜仍有自杀的想法，她抗拒任何改变，只想继续目前的治疗。她说：“只是和别人交谈就能对我有所帮助。”

你的建议：

____

____

____

要继续学习实践智慧技能，请患者转到工作表3.3“挑战”。

工作表3.3 挑战

写下你目前面临的挑战，以及你一直在努力解决的问题。用具体的词汇描述它：它是什么？它是什么时候开始的，持续了多久？它在哪些方面具有挑战性？

挑战	你的反思
描述当前需要解决的挑战。	
什么时候开始的？持续了多久？	
它的影响是什么？	
是因为你过度使用了自己的优势吗？是哪些优势？如何使用？	
你想改变这个挑战的哪些方面？	
你能用哪种具体的实践智慧策略来做出适应性的改变？	

反思和讨论

以下问题是工作表3.3所述的挑战的后续问题：

- 假设你能够有效地使用某种实践智慧策略来解决工作表3.3中提出的问题。如果这个问题解决了会是什么样子？你会做哪些具体的行为？哪些行为会停止？尽可能具体地回答。

- 把你想要的行为牢记在心，哪些小的、可管理的、具体的、实在的步骤可以帮助你保持对这些行为的投入和动力？
- 实践智慧策略或你所确定的策略很可能需要他人的支持，谁会支持你？如果你无法获得此支持，你能想到什么替代支持？

培养实践智慧技能的额外练习

鼓励患者选择下列练习之一，以培养他们的实践智慧：

- 与亲密、信任、明智的朋友讨论如何重新分配精神、情感和身体资源（如应该花多少精力）来解决工作表 3.3 所述的挑战。也要考虑你的优势是否可以在其他地方更有适应性地使用，而不是在无法改变的挑战方面进行工作。
- 找到新的现实生活机会，帮助你调整自己的品格优势。
- 培养一种能够包容明显矛盾的宽容和接受的态度，比如接受所爱之人既能展现出优势，也会表现出自私、麻木或冷漠。
- 当两个显著优势可以一起用来解决问题或应对挑战时，平衡它们之间的竞争的欲望和需求。例如，宽恕和公平能否创造性地结合起来，既鼓励我们宽恕，又确保公平不受损害？

案例

马克今年 36 岁，是一名成功的专业人士，全职工作，业余时间攻读工商管理硕士。他寻求减轻工作压力方面的治疗。下面这段与他的临床医生的对话显示了马克对自己显著优势的理解，以及他如何发展自己的实践智慧技能，以求用最佳方式使用其显著优势：

临床医生：马克，在完成你的个人优势档案后，你对自己有什么了解？

马克：嗯，有很多……我对自己的看法与我所爱的人略有不同……在“心灵”“头脑”和在线问卷调查中，我选择了“好学”“公平”和“真实”——这三项都出现在以上三种调查方式中，而“对美的欣赏”则出现在其中两种中。

临床医生：你认为这些是你性格的核心部分吗？

马克：是的，确实如此。我在公平方面从不妥协，我就是你所看到的——我没有隐藏的一面。

临床医生：其他人发现了你的哪些不同的优点？

马克：他们选择了“洞察力”。令我惊讶的是，他们还选择了我从不知道自己拥有的两项优势。

临床医生：是什么？

马克：我交往了十多年的男性伴侣选择了“社交能力”和“勇气”，而我高中时的老朋友则选择了“勇气”和“幽默”。

临床医生：这些优点为什么令你惊讶？

马克：我是一个非常实际、思维清晰、果断的人，我不认为自己在社交方面特别聪明或幽默……我不擅长交际，我宁愿自己一个人待着。

临床医生：有时候他人能看到我们自己看不到的东西。你的高中朋友还发现了你的哪些优点？

马克：“公平”和“真实”。

临床医生：嗯，看起来你选择的“公平”和“真实”得到了了解你的人的认可，它一定是你的核心优势，是吗？

马克：是的，正如我所解释的……然而，我也担心我的工作团队并没有把我表现的“公平”看成是真正的公平，相反，他们会认为这是固执和冷漠。这就是他们和我保持距离的原因。

临床医生：你能举个最近的例子吗？

马克：两周前，在一次员工会议上，有人发表了一些恐同言论，但不是很明确，于是我立刻叫这个人出去。

临床医生：后来呢？

马克：嗯……我想我做得有点过火了……我后来听说这个人感到很尴尬，说那番话并不是他的本意……

临床医生：你认为他真的不是那个意思吗？

马克：现在回想起来，我是这么认为的，他以前从未说过或做过那样的事。事实上，他确实是一个绅士……我本可以换个方式处理的。

临床医生：你能从实践智慧中得出什么策略？

马克：我不确定……这难道不是一种利用公平的情况吗？

（临床医生提醒马克注意工作表 2.6“汇总你的显著优势”）

马克：（停顿了一下）相关性和具体性在这里都是适用的。

临床医生：怎么说？

马克：嗯，我应该考虑一下人际关系和背景特征。这是第一次有人发表恐同言论，至少就我所知……我本可以说得更委婉一些，或者可以在会后请他解释这番言论。

临床医生：嗯，现在，你正在使用另一种实践智慧策略——反思。你关注的是你的显著优势对他人的影响。

马克：是的。我没意识到……

临床医生：在这种情况下，你还能使用哪个或哪些其他优势？

马克：我不确定是哪一个……

临床医生：你的伴侣在你身上发现了什么？

马克：（停顿）社交能力……我明白了……这就是圆熟老练和微妙之处。在企业界，人们的口头禅是“情商”。

临床医生：是的，但除了那些陈词滥调，让我们再深入一步。社交能力还包括了解他人和自己情感的微妙之处，比如，是什么让你以某种方式做出反应？据我所知，你是个相当冷静的人。

马克：你说得对。当涉及性取向的问题时，我变得稍微敏感一些。我的公平天线非常容易激活，我不能忍受有人受到不公平的待遇……我在高中时因为我的性取向经历了很多欺凌。

临床医生：我很清楚你必须忍受什么，我赞扬你对平等的坚持。实践智慧的艺术是当我们的优势不能带来最佳结果时，我们总是可以尝试其他优势。在公平可能不起作用的地方，尝试你的社交能力，或者将它们结合起来。我相信你有能力把这两者结合起来，找到一个最优解。

马克：是的，我一定会努力的。

适应性和灵活性

在为患者提供关于他们的优势的知识时，请确保你不会无意中向他们传递这样的信息，即他们的显著优势档案是最终的和完整的。对于一些患者来说，这可能是这些优势的终结。他们可能会停止积极地努力去增强这些优势，而专注于他们较弱的优势或弱点。由于固有的消极偏见，较少或较弱的优势可能被视为弱点。因此，帮助患者理解“优势是动态的”是至关重要的，总有成长的空间。患者在青春期或成年早期使用某种优势可能与其在中年或老年时使用不同。定期与患者沟通，了解他们对自己显著优势的看法。在传授实践智慧策略时，尤其是那些具有具体性、相关性和可调整的策略时，要确保患者将其视为一种优势的发展，而不仅仅是对一种成熟优势的使用（Biswas-Diener et al., 2011）。

实践智慧是协调地（而不是孤立地）使用优势，事实上，只培养一种优势可能会产生不良的结果。面对一个具有挑战性的情境，如与欺凌者打交道或面对情绪虐待，患者可以通过勇气、毅力、公平、谨慎和希望等多种优势来解决。同样，具有具体性或相关性的实践智慧策略，可以将优势转化为具体和负责任的行动（洞察力）。此外，当在小型团队中工作时，如运动队、医疗队或特定项目团队，要尝试利用个人成员的显著优势（整理所有的结果，并确定哪些优势在小组中最常见），这可能会在团队进程中加强信任。

一些临床医生可能会鼓励患者使用他们的实践智慧策略，而不是过早地假设患者完全了解他们的优势。其实，从积极介绍到汇总个人显著优势，患者有很多机会更深入地了解自己的优势。但是，作为医生，你要确保患者确实理解了自己的优势，并且能够证明在哪些条件下他们的显著优势最有帮助，在哪些条件下最没有帮助。为了强调这一点，你可以快速地提出使用另一种关联优势的想法（例如，用好奇心代替创造力，用智慧代替好学，用勇气代替真实性）。同样，患者和临床医生讨论具体行动是非常重要的，这将证明预期的优势通过这些行动最大限度地得以表达。

文化差异

就像表达其他情感一样，不同的文化在表达自己的优势时也存在差异。实践智慧要求我们从更深层次去探索，避免停留在表层的表达。比如，有时被我们视为消极的行为，在不同文化背景或不同能力的人看来，可能完全在他们的文化规范或可接受的范围内。例如，我们可能认为某个人很傲慢，实际上，这可能是他受到了自信的文化熏陶。又如，一个过分担心小事的人可能并不是一个完美主义者，她可能是受到家庭或其文化背景的熏陶，她认为自己的价值就在于一丝不苟。同样，一些文化也以宿命论或幽默的方式处理严肃的情况，虽然这可能被一些人认为不严肃或太冷漠，但这可能是这种文化背景下合适的处理方式。

另一个例子是，本书作者之一做了多年的校内心理专家，他的学生，

6 岁的帕维尔，被怀疑患有潜在的自闭症谱系障碍。除了接受传统的评估，帕维尔的品格优势也得到评估，包括来自他的老师和课外看护人的报告。事实上，评估结果证实帕维尔患有自闭症。然而，帕维尔的老师也表示，他很有创造力——当他发现一些有趣的事情时，他可以在不分心的情况下完成任务。在反馈环节，当孩子的母亲听说老师认为帕维尔的创造力是一种优势时，她哭着说："我本已接受了帕维尔现在的样子，但我想我错了，我应该可以帮助他进一步恢复。"她以深刻的观察结束："是我的眼光没有超越我儿子的症状。"

有些患者可能不确定自己应使用哪种显著优势，以及如何在他们自己的文化情境中使用特定的显著优势。与其探索使用显著优势的基本方法，不如鼓励这些患者（如果他们愿意接受这种讨论）首先依靠他们的内心来倾听和感受外在环境的要求。一旦他们能够发现自己在文化熏陶下的本能反应，就鼓励他们将情感与常识结合起来。例如，在家里忍受持续的虐待让某位女性患者生气，但由于要维护家庭的面子，她可能无法表达自己的愤怒。帮助这位患者感受她的愤怒，并找到一种合理的方式来表达这种愤怒，这可能是一种以文化为基础的使用实践智慧的方法。例如，与值得信赖的社区长者讨论这个问题，或者，寻求宗教或精神领袖的支持也可能是有益的。

并非所有与文化背景有关的情况或挑战都可以通过这里讨论的实践智慧策略来解决。鼓励患者勇于尝试其他文化背景下合适的方法，增强患者对具体性、相关性、反思和校准的理解，为他们提供足够的信息，以找到恰当的文化契合度。

保持

布莱恩 · 福沃斯（Blaine Fowers, 2005）提出了具体的策略，可以帮助我们加强实践智慧。与你的患者讨论这些技巧，让他们保持进步：

- 有时你的显著优势可能会相互冲突。例如，你的勇气可能想让你冒险，探索一条新的未知的道路；而你的谨慎可能会警告你不要冒险。你可能想要善待你的朋友，而你的公平要求你应该就他人违反道德的行为与他当面对质。你同情你的下属，也想让她知道她可能会被裁员。或者你想做真实的自己，而社会和文化规范迫使你无法做到。通过使用表 3.2 中列出的实践智慧策略来解决这些冲突。此外，使用你的显著（和其他）优势来建立你的观点——一个你可能不会从简单地遵循规章制度中看到的观点。
- 当不确定在特定的情境中使用哪种显著优势时，首先要依靠内心去倾听和感受情境的要求。在行动之前，让情绪成为理性的伙伴，通过其他优势来培养情绪。
- 确保你用自己的优势做正确的事情。与明智的人商量在这种情况下应该做什么。
- 理解并非所有的情况都可以通过使用显著优势来解决，不要害怕尝试你的其他优势、技能、能力和天赋。

环节结束的放松

我们建议每一环节结束时都进行与开始时相同的简短放松练习。

第10章 环节4：更好的我

环节4是最后一个关注品格优势的环节，这一环节着眼于阐明和实施一个积极、务实和持续的自我发展的书面计划。本环节所涉及的积极心理治疗的核心实践是“更好的我”。

核心概念

我们中的许多人都有动力去改善自己，克服挑战，提高幸福感。然而，由于忙碌的生活中充斥着越来越多的信息和外部压力，我们越来越没时间自我反思并将意图转变为行动。然而，从自助产品（如书籍、视频、研讨会、静修会和应用程序）数十亿美元的销售额来判断，我们对自我完善的欲望并没有减弱。创造一个更好或最好的未来自我的概念，无论是在健康、工作、人际关系，还是创造性的努力方面，都可以帮助我们重新定位我们的优势、技能和能力，以实现我们的目标。

“最好的自己”是通过想象并努力实现个人目标而创造的。当这些目标与自身需求相一致，且当环境对实现目标在某种程度上有利时，人们更有可能朝着目标努力。不要等待患者去确定目标，相反，迈克拉克和霍尔特福斯（Michalak & Holtforth, 2006）建议临床医生积极努力评估患者目标的内容和结构，并尽快审查其目标、症状和治疗动机之间的关系。此外，还要定期与患者一起回顾目标进展，并在必要时帮助他们改进过程。

确定并写下目标（写在纸上或电子产品上）是很重要的。写作的治疗效果是有据可查的。詹姆斯·彭尼贝克（James Pennebaker, 1997）的开创性工作表明，写下创伤、负面或困难的经历，不仅能帮助个人进行安全地披露，还能帮助他们发展更好的应对机制。另一位叙事心理学研究人员劳拉·金（Laura King）发现，写下积极的经历也能改善健康状况，因为这能让我们更好地理解自己的情绪，从而让我们有更强的控制感（King & Milner, 2000）。

最好的自我是通过追求我们真正想要的目标而创造的。研究表明，写下自己的目标，与朋友分享这些信息，每周向朋友发送目标进展情况的人，成功实现目标的可能性要高出 33%（Hortop, Wrosch, & Gagne, 2013; Sheldon, Ryan, Deci, & Kasser, 2004）。

环节的开始：放松

每个环节开始时，先做一个简短的放松练习。参考附录 A“放松和正念练习”，可以在本手册的末尾找到。此附录的副本也出现在患者工作簿中。从复习患者的感恩日志和上个环节教授的核心概念开始。

环节练习：更好的我

给临床医生的建议脚本

下面是一个脚本，你可以用来让患者参与讨论心理治疗的目的：

你可能无法说清楚，但是，难道你不想要更多的快乐、希望、乐观、勇气和爱，少一些悲伤、恐惧、愤怒和无聊吗？

你想要探索、表达和增强你的优势，而不仅仅是弥补和防范你的弱点吗？你希望你的生活充满目标和意义吗？人们对促进增长和繁荣的方式有着极大的兴趣。自我发展的方法太常见了，从积极思考到芳香疗法，应有尽有。但是，很少有心理疗法同时关注你的症状和你的品格优势。积极心理治疗就是这样一种方法，同时观察品格优势和症状是这种治疗方法的核心。

在之前的环节中，你已经探索了你的显著优势，在这个环节中，你将学习清晰地表达和执行一个积极、务实和持续的自我发展的书面计划。在我描述即将展开的实践之前，我希望你记住几个重要的考虑事项：你为什么以及如何执行这样的计划？努力做一个更好的自己需要考虑哪些因素？我们所做的练习基于积极心理治疗的核心假设：每个人都有内在的能力去成长、幸福和发展。

作为人类，我们不断追求目标：变得更富有、更苗条、更出名或更有影响力。积极心理治疗不一定反对这些目标，但重点是帮助你制订目标，使其以最佳方式利用你的显著优势、兴趣、天赋、需求，更重要的是，你的核心价值观。

研究个人成长的学者一致认为，预测幸福的个人目标被称为“自我和谐目标”。这些都是你自己选择的目标，而不是被要求去做一些事情，不管它可能是出于怎样好的意图。关于你想要什么，你自己才是最好的裁决者。

然而，有时抑郁或焦虑的症状会抑制你表达自己想要什么的能力。我希望通过之前的实践，你探索了最深层的财富（你的显著优势），以及你在当前面对的挑战（工作表 3.3），你会对自己想要什么和想成为什么样的人有一个公正的想法。

如果你还不清楚你想成为什么样的人，下面的可视化形象——来自对内在动机（你真正想要的东西）的研究——将帮助你清晰地描绘出你想成为什么样的人。以“更好的你”为基础，我将要求你写下你的个人成长计划——基于你是谁、你想成为谁，体现为多个具体的、可实现的目标。有证据表明，如果你把目标写下来，并定期与朋友分享，你更有可能实现目标。

要求患者：

- 翻到工作表 4.1 “更好的我”，手边放一支钢笔或铅笔。
- 清理患者周围的空间。如果他们围坐在一张大桌子旁，将额外的物品放在一个袋子里或放在一边，关闭移动设备。
- 让患者背靠椅背，头部、颈部和躯干放松并位于同一条直线上，双脚平放在地板上，双手放在大腿上或靠近大腿。
- 让患者安静地坐下来，深呼吸 3 次。当他呼吸时，可以慢慢地轻轻地闭上眼睛（最好，但不是必需的）。

然后逐字阅读下面的脚本：

想象一个更好的自己。更好的你会是什么样子的？选择一个具体的主题：更放松，更脚踏实地，更热情，更有活力，更投入，更有创造力，与他人更有联系，更深思熟虑，更快乐，更健康。

记住，只有当你做到如下几条，这个“更好的自己”才会有利于你：

- 相信它会让你更快乐或更满足
- 相信这个“更好的自己”对你有好处
- 相信你想成为这样的人
- 相信你必须成为这样的人

现在，用更具体的词汇想象细节。你如何才能向这个更好的版本迈进？把它当作一次旅行，你需要走哪条路才能成为更好的版本？要走这条路，你到底需要做什么？

想想你的显著优势。在思考你的显著优势时，关注你的兴趣、天赋、技能和与这些显著优势相关的能力。

设想能体现你的显著优势的行动、行为、惯例和习惯。是某种善举，对爱的特定表达方式，对生活中特定的事物心怀感激，还是创造性的努力？

如果可以的话，将一些行为与你刚才想象的“更好的我”联系起来。你的显著优势以及体现它们的行动，如何能帮助你成为“更好的我”？

如果你有一个某种程度上比较清晰的行动、活动、惯例或习惯清单，可以帮助你成为“更好的我”，你能承诺做一些吗？

选择那些你愿意在接下来的3个月里致力于做的事情。

想象可能阻碍你进步的潜在障碍——你内心的障碍或外部的障碍。

想想你能做些什么来克服这些障碍，谁能支持你克服这些障碍？

现在，想象一下如果你成为了“更好的我”会发生什么。你的日常生活会有哪些改变？要具体。

给患者足够的时间回答这些问题，然后继续：

当你准备好了，把你的注意力带回房间。

现在请完成工作表4.1“更好的我”。不要考虑太多，请把你的回答记录下来，就像你想象的那样。

工作表 4.1 更好的我

计划

设定现实目标

在 ___年___月___日，一个更好的我将会是什么样？

设定目标：	指定一些你想看到的变化：
• 通过行为、行动和习惯使其具体且可观察到	• 更放松？更脚踏实地？
• 与你目前的生活状况很好地结合	• 更热情？更精力充沛？
• 不与你的价值观冲突	• 更投入？更有创造力？
• 获得你的社交网络的支持	• 更多的连接？更多的反思？
	• 更社会化？更放松？
	• 更快乐？更健康？

完成下列句子

这个“更好的我”将使我更快乐或更满足，因为________________

这对我来说是好事，因为________________

这是我一直想成为的人，因为________________

我必须成为这样的人，因为________________

创建时间表

制订计划的日期：________________

预计完成的日期：________________

日期中点（近似即可）：________________

与他人合作

愿意支持我的朋友的名字：________________

他多长时间会来检查我的进度？

我们如何沟通？　　电话□　邮件□　当面□

（续表）

“更好的我”目标示例

情绪韧性	社会韧性
更放松 / 脚踏实地 • 我将开始一项放松计划（例如，每天深呼吸几次，每周参加瑜伽 / 冥想班） • 我会有意留出空闲时间，什么都不做（每天至少 15 分钟） • 下次我不开心的时候，我会在做出反应之前休息一下，深呼吸，和能给我建议的人商量一下，或试着问更多的问题来理解情境 • 我将至少消除一件让我无法集中注意力和提高效率的事情 • 我会花时间做 / 玩一些我真正喜欢的事情	与朋友的联系更加紧密 • 我会发现别人的优点、能力和技能，并加以赞扬 • 我会向一个我关心但在情感上还没有理解的朋友，询问我能更好地与他或她联系的具体方式 • 我会和我的朋友进行一项有意义且有趣的活动，对我们彼此都有吸引力，如滑雪、攀岩、棋盘游戏，看体育比赛 / 表演 • 我会和我亲密的朋友进行一对一的午餐或晚餐约会，在这期间，我会关掉电子设备 • 我会自愿为我的朋友做一件善意的事（无论大小）
身体韧性	**工作场所韧性**
更多的能量 / 更健康 • 我将创建一个我可以保持的定期锻炼计划（每周三次） • 我会在我的日常饮食计划中增加至少一种健康零食 • 我发誓不会坐 × 个小时，并将每隔 × 个小时的身体活动纳入我的日常生活 • 我将通过持续做至少一件事来改善我的睡眠（例如，至少睡前两小时停止进食，至少睡前一小时停止看屏幕，对持续影响我睡眠的事件或活动说不） • 我至少会养成一个习惯来改善我的身体健康（如洗手或定期检查身体）	更多投入 • 我会通过回顾任务要求、截止日期等来熟悉我的工作 / 职务要求 • 我会给每个项目应有的时间和精力，让它达到最佳状态 • 如果拖延是一个问题，我会用以下这些中的至少两条来改变自己的内心对话： “我不得不”改为： 我选择 “我必须完成”改为： 我什么时间什么地点可以开始？ “这个项目太大了”改为： 我可以把任务分成几个小步骤 “我的计划必须是完美的”改为： 不是所有的项目都能完美，我会做力所能及的事，而不是完美

反思和讨论

实践结束后，请患者进行反思和讨论：

- 这是一个很长的可视化过程。你会如何描述想象一个“更好的我”的整体体验？你能跟上进度吗？或者你经历过一些挑战吗？请分享。
- 把你想象的东西写下来是一种怎样的经历？你能捕捉到你想象的东西吗？你有过挣扎吗？
- 这个练习是否帮助你形成了“更好的我”的具体想法？
- 你产生的想法有多具体？当你能够构想出现实的、能合理管理的具体想法时，这种做法会更有效。
- 即使你很难产生具体的想法，对“更好的我”有一个清晰的认识仍然是有作用的。在我们的经验中，对自己想成为什么样的人有一个清晰的形象或感知——即使他或她很难想出具体的想法来实现目标——允许这个人专注于过程和最终目标。对你来说，是什么起了作用？是“更好的我”的清晰图像，还是通向这个更好版本的具体路径，或者两者兼而有之？

案例

38岁的约翰接受了针对广泛性焦虑症状的个体化治疗。下面是他对“更好的我”的描述。

更好的我：高中的时候，我是一名越野运动员，赢得了很多比赛。在大学里，我参加了校队，但后来情况变糟了。五年前我失业了，一年后，我的婚姻破裂了。我开始感到焦虑。当我想象一个“更好的我”时，我只看到一件可行的事——一个更平静、更放松的自己。为了做到这一点，我选择了利用自律和坚持不懈的优势，因为我不知道热情、社交能力和好奇心如何能让我感到更平静，它们实际上可能产生相反的效果。我的目标是重新开始跑步，在明年夏天参加半程马拉松。

我的计划：我计划每周跑步3次，从第一个月的30分钟开始，然后逐渐提高到40分钟。我很幸运又有了一份工作，但这需要我长时间坐着做文书工作，几乎不间断地盯着电脑屏幕。早上跑步能让我在接下来的一天里精力充沛，是件好事。

谁会支持我？我有个朋友住在附近。我们以前一起打棒球，他也经常跑步。上次我们在超市见面时，他问我是想骑自行车还是跑步，我会打电话给他，看他是否愿意和我一起去。我们的时间表不太可能每次都匹配，但只要可能，我会在前一天晚上给他发短信，看看他第二天早上是否有空。

如果我实现了这个目标，会有什么不同呢？我不认为它会戏剧性地改变我的生活，但这是我一直想做的事情。当我跑步的时候，这是一种比其他任何事情都能让我平静下来的体验。即使跑了很长时间，我也不觉得累，它能让我停止焦虑。我希望，如果我能重新开始跑步，它会让我回到更平静、不焦虑的一面。

结果：在制订完计划后不久，约翰就和他的朋友联系上了，两人一起跑步的机会比约翰预想的要频繁得多。他说：“我的跑步伙伴现在已经成为我的密友之一，因为他正在经历一段艰难的分手。”两个人通常在跑步之后，都能分享他们的努力。就在最后一次治疗之前，约翰和他的朋友成功地跑了一次10公里，他们正在为年内的半程马拉松而训练。

案例

46 岁的萨莉是一名人力资源经理，曾因复发性抑郁症接受个体化治疗。下面是她对“更好的我”的描述。

我必须说，我曾相当怀疑优势治疗的事情，以及“更好的我”——它听起来很俗气。我认为心理治疗就像一个充满自助餐的房间，而且非常昂贵。毕竟，我已经习惯了这么多年来专注于我的自尊和缺乏自信问题的治疗。

我的行动计划的目标是利用自己的优势，成为一个更有爱心（尽管这一点后来被证明是我最大的显著优势）、更有亲和力、更脚踏实地的人。这些优点对我来说并不奇怪，因为我了解自己。按照最初的计划，我尝试了冥想，在一家妇女收容所做志愿者，以及参加一个读书俱乐部，但我觉得自己没有活力，也没有与他人建立深厚的联结。一天晚上，我去接我一个参加唱诗班的朋友。我花了不到 10 分钟的时间来听他们的练习，我很喜欢。我的朋友力劝我加入，他们认为我足以加入这个团体。在练习的当天晚上，我丈夫同意做饭并且做家务。作为回报，我接管了后院的清洁和园艺工作。让我惊讶的是，我发现拔杂草、种植和培育花木对平稳身心是非常有益的。

我的丈夫和孩子们还注意到，在我参加完唱诗班回家后，我看起来更高兴了，我的情绪开始逐渐好转。到了圣诞节，我觉得自己更投入、更有活力，也更喜欢与他人一起表演，在表演时，时间仿佛为我停止，我感受到了一种强大的内在力量。在工作中，我的员工也注意到了这种差异，他们说我变得不那么紧张了，不再是一个“过度紧张、过度工作的老板”。

我从来没有想过我能戒掉药物，但我正在做到。6 个月过去了，

> 我不知道自己是否变得更好了，我无法判断，但我确实感到更轻松，更有活力——就像我小时候在乡下玩耍，在山谷里对着鸟和树唱歌时的感觉一样。

适应性和灵活性

“更好的我”的实践可能是一个巨大的任务，并且可能无法在治疗的时间框架内完成。个人的改变往往需要摒弃旧的和无效的习惯，并学习和实践一套新的技能。一个人需要将自己能得到的支持和资源罗列出来，以便结合其他现有的技能进行强化、细化和调整。例如，我们的一个患者在一次严重的自杀未遂后成功地创造出全新的自己。这段旅程开始于大约 4 年前，当时患者开始寻求住院药物治疗，并参加了两年的个人和团体 PPT。今天，在我们写这篇手稿的时候，他刚刚在一本著名的杂志上发表了他的第一篇科学论文。花了四年时间，他经历了许多起起落落，更重要的是，他经历了重大的社会和身体变化（如他的生活安排和就业），以及思维方式的转变。虽然我们有一些非常成功的病例，也有许多中度有效的病例，但在我们的临床图表中也有许多没有取得多大进展的尝试。因此，临床医生应该有耐心，能够容忍开始和停止、进步和倒退。

文化差异

为了促进这一实践，临床医生需要意识到文化偏见的问题。例如，“更好的我”的核心是基于自我发展的概念，这一概念因文化而异。西方的自我发展概念包括个人成长，采取有新意的、很大程度上以个人为主导的积极行动，对生活有新的欣赏。前面描述的案例突出了这些主题。在东方（以及大多数非欧洲）文化中，自我发展强调对人际关系的投资，改善社会互动，为保护家庭、团体和族群传统做出贡献。尽管文化越来越多元，但研究表明，这些差异依然存在。这些差异的一个重要含义是，具有东方文化背景的患者选定目标并为之努力的“更好的我”，通常包含了更好的人际关系。在一个相互依存的文化中，恢复或改善人际关系需要更多的努力，需要更长的时间来进行更复杂的互动，而专注于提高个人能力或采取新的主动行为，可能需要相对较短的时间。因此，要独立考虑每一种情况，即使这种干预是在小组情境中进行的。

同时，追求个性化和相对自主的自我意识可能是一个保守文化的患者的理想目标。我们的一个患者参加了小组 PPT，这位患者来自较为保守的、有宗教背景的南亚文化，她希望通过学习，重新调整自己的社交能力、谦虚和谨慎（过度使用的优势）来发展更好的自己。

最后，重要的是你要为你的患者提供一个治疗环境，让他们能够选择对个人有意义和有吸引力的、与文化和社会相关的目标。

保持

与患者讨论以下建议，让他们保持进步：

- 每个人都有很多自我，包括一些我们喜欢并希望进一步发展的自我，以及一些我们不喜欢并希望改变的自我（Markus & Nuruis, 2008）。“更好的我”的实践为你提供了一种结构化的方式来发展你想要发展的自我。你可以重复或修改这个练习，只要你清楚你想要的具体自我是什么。
- 在塑造“更好的我”的过程中，选择一些你认为现实的、相关的、你能坚持一段时间的活动（例如，请参阅工作表 4.1 末尾的建议）。保持并不意味着不允许偏离，有些情况可能需要你改变你的安排，比如为了帮助朋友而改变健身计划。如果一个项目需要在特定的时间和预算内完成，那么你的创造力就会降低；如果勇敢的行动带来的是更多的混乱而不是平静，那就限制它。

- 尽管“更好的我”需要具体的细节（具体的行动要在什么时候、怎样、在哪里和频率），但你也可以在没有相关细节的情况下开始这个过程（成为一个更好的人）。有时候，仅仅致力于成为一个更好的人就足够了，你可以在前进的过程中添加相关的细节。换句话说，只要你坚持对结果负责，那么享受这个过程就是好的。
- 有时根深蒂固的消极偏见会阻碍你的进步，而且可能是你无法改变的。你可以推迟这个练习，然后转向其他PPT练习，这些练习可以帮助你消除消极偏见，希望能激励你接受挑战，创造一个更好的自己。
- 你也应该记住，“更好的我”的实践鼓励你创造一个更好的自己——但未必是最好的自己。同时，你可以创建多个“更好的我”。这些版本的累积效果可能最终帮助你创建并维持最理想的自我。
- 在进行这种练习时，一次挫折或一次严峻的挑战可能会阻碍你的进步。提醒自己，最终的评判者是你自己。只要你全力以赴，一个“更好的我”就会成形。

环节结束的放松

我们建议每一环节结束时都进行与开始时相同的简短放松练习。

第11章

环节5：开放记忆与闭合记忆

在环节5，也就是积极心理治疗第二阶段的开始，患者需要回忆、书写和处理他们的开放和闭合记忆。他们通过积极评价的PPT练习来学习处理开放或消极记忆的技巧。

核心概念

在PPT中，我们将尚未完全理解的记忆和引发负面情绪反应的记忆称为“开放记忆”。那些在某种程度上以积极的结果结束的记忆，即使涉及过去的挑战或困难，也被称为“闭合记忆”。

进入心理治疗领域的患者经常说：“我背负着很多过去的包袱，无法摆脱”或者“我的过去不让我前进”。大多数传统疗法，尤其是那些受心理动力学观点影响的疗法，都把治疗重点放在发泄对过去伤害的愤怒和沮丧上。因此，大部分治疗策略都是为了释放压抑的愤怒，这些策略有一个未经验证的假设，即一旦愤怒被释放，患者将自动获得治疗的洞察力。这种假设对心理治疗产生了重大影响，在流行文化中也很普遍，可以用“出气”“发泄”和“把心事说出来”等短语来表达。

发泄开放的或消极的记忆不太可能给抑郁症患者带来治疗上的改变。在某些情况下，它还可能是有害的（Bushman, Baumeister, & Phillips, 2001）。证据还表明，当受试者通过击打沙袋发泄愤怒时，他们实际上会感到更愤怒，更有可能采取攻击性的行动。此外，发泄愤怒会导致更多的心脏病和怨恨（Anderson & Bushman, 2002; Chida & Steptoe, 2009），对过去消极记忆的反复关注会维持甚至加剧抑郁（Nolen-Hoeksema, Wisco, & Lybomirsky, 2008）。

回忆开放和消极的记忆会促进悲观和宿命论思维，增加压力。如果我们没有在适当的时间以适当的方式表达这些感受，这些感受就会稳定下来，并发展成对他人的怨恨。然后，由于消极偏见，我们可能会给别人贴上完全不好的标签，我们可能无法专注于最初产生消极情绪的细节。我们开始对别人产生痛苦的感觉，这对我们自己是有害的。患者可能会用黑白分明的方式看待其他人，他们可能会毫无必要地、无休止地思考为什么其他人冒犯了他们。这样的患者经常会问："为什么有人要这样对我？"他们可能会痴迷于和朋友们谈论这些，这是一种反刍。患者认为反刍能提供洞察力，但实际上，反刍对他们的伤害比那些冒犯他们的人更大。这种对开放和消极记忆的反复思考也会耗尽我们的社会支持，因为我们周围的人可能不想听到我们不断地重提过去（Calmes & Roberts, 2008）。

有证据表明，在成年人和青少年中，仇恨等负面记忆与高血压有关。记仇的人更容易患有心血管疾病、高血压、慢性疼痛等疾病（Andreassen, 2001; Messias, Saini, Sinato, & Welch, 2010）。负面记忆和记仇通常由消极、怨恨和循环（重复）思维组成。随着时间的推移，这种思维方式会消耗认知资源，从而限制我们解决问题的能力。

临床医生注意

在向患者介绍本环节之前，先回顾一下整个环节的内容。重要的是要确保患者在情绪上和心理上都足够稳定来处理这个话题。在治疗的后期，你总是可以回到这个主题。此外，鉴于患者当前的关注点不同，积极评价不一定适用于每一位患者。

环节的开始：放松

每个环节开始时，先做一个简短的放松练习。参考附录 A“放松和正念练习”。从复习患者的感恩日志和上个环节教授的核心概念开始。

环节练习：开放记忆

给临床医生的建议脚本

下面的脚本可以用来介绍开放（消极）记忆的概念及其心理、社会和生理影响：

> 当普通人听到“心理疗法”这个词时，他们会把它和什么联系起来？答案可能包括：一个发泄过去愤怒和沮丧的方法；或者是一个有很多问题的人去的地方，他们想要摆脱，却无法摆脱。事实上，新患者经常说：“我的过去无法让我前进。”许多传统心理疗法都是建立在释放被压抑的愤怒的过程之上的，其中有一个未经检验的假设，即“一旦愤怒平息，患者将自动获得治疗的洞察力”。这一假设对心理治疗产生了重大影响，在流行文化中也得到了广泛传播，比如“出气”“发泄”和“把心事说出来”。
>
> 然而，有证据表明，发泄负面记忆不太可能给抑郁症患者带来治疗上的改变（Anderson et al., 2006），在某些情况下甚至是有害的。有证据表明，当受试者通过击打沙袋发泄自己的愤怒时，实际上他们会感到更加愤怒，更有可能采取攻击性的行动。此外，发泄愤怒会导致心脏疾病和怨恨。不可否认的是，对过去消极记忆的重复关注会导致抑郁，并可能使情况变得更糟。
>
> 回忆负面记忆会促进悲观和宿命论思维，增加压力。如果我们不

能在适当的时候以适当的方式表达这些感受，它们就会在我们心中扎根。如果我们开始对某人产生痛苦的感情，这对我们自己是有害的。我们可能会给那个人贴上“坏”的标签，而不是关注那些让我们有这种感觉的细节。

我们不仅评判一个人，我们还会经常不必要地、无休止地试图理解为什么那个人冒犯了我们。我们可能会问：“为什么那个人要这样对我？”如果我们无休止地和朋友谈论这件事，那就叫作反刍。我们以为这个过程给我们提供了洞察力，但实际上它最终会伤害我们。

沉湎于消极记忆可能会伤害我们的友谊和社会支持，因为如果我们被消极记忆所束缚，或者被消极的过去所占据，别人可能就不想和我们交往了。

研究表明，在成年人和青少年中，仇恨等负面记忆与高血压有关。容易记仇的人更容易患心脏病、高血压和慢性疼痛。

负面记忆和怨恨通常由消极情绪、怨气和循环（重复）思维组成。随着时间的推移，这种负面思维会耗尽我们的认知资源，限制我们解决问题的能力。

现在我们将对这些概念进行一个简短的实践。

练习：详细步骤

为了传达对患者的关怀，并提供足够的支持，使他们能够勇敢地面对挫败和痛苦的记忆，我们鼓励临床医生使用以下步骤来进行这一实践。

- **第一步：**在完成放松练习后，患者回忆一段开放的记忆——这是一段不好的经历，每当回忆起它，就会引发负面的体验和感受。当患者回忆起这段令人不安的记忆时，他们会觉得有些东西仍然是“开放的”，比如“未完成的工作”。

- **第二步：**患者回忆一段闭合的记忆——一段艰难的经历，它在当时很难完成，但回想起来，患者觉得它提供了成长的机会。对这段经历的回忆带来了一种结束感和满足感。
- **第三步：**通过反思和讨论，患者比较这两种体验。
- **第四步：**患者学习积极的认知评估技巧，并尝试使用一种或多种方法来处理开放记忆。

给临床医生的建议脚本

以下脚本可用于提示患者选择一个开放记忆：

坐在一个舒服的位置，手放在大腿上，头部、颈部和胸部放松成一条直线，双脚平放在地板上。

注意你的呼吸，吸气和呼气时，注意胸部的扩张和收缩。轻轻地使呼吸到达腹部。重复这个循环。吸气和呼气 10 次，安静地默数。

继续重复这个呼吸循环。试着让每次吸气和呼气持续 10 秒钟。每次计数后重新开始。

如果你的注意力不集中了，不要担心，重新开始计数。

给患者至少 1~2 分钟的时间，然后逐字阅读以下脚本：

在你的脑海中回想一段你还没有完全理解的记忆。每当你想起这段记忆，这种经历都是不愉快的，你会觉得你有一些未完成的事情与之相关。这就是所谓的开放记忆。试着挑选一个与羞愧和内疚无关的记忆，或者那些与深刻的悲伤、失落、拒绝、愤怒、焦虑或挫折有关的记忆。

让患者睁开眼睛，然后使用以下问题促进讨论。

反思和讨论

实践结束后，请患者进行反思和讨论：

- 如果一个开放的或消极的记忆带来了他人对你的伤害，你是否发现自己在思考他的行为的原因和后果？你会把这个过程描述为"反省、深思、沉浸、做结论"吗？这个过程的优点和缺点是什么？
- 你和别人讨论过这种负面记忆吗？如果有，结果如何？你有没有从别人的角度看问题或者发泄你的情绪？
- 隐藏这种负面记忆对你的情绪健康有什么长期影响？你能做些什么来减少这些影响？

环节练习：闭合记忆

讨论完这些问题后，尽快完成下一个练习。我们建议在同一个环节中完成开放和闭合记忆的实践。逐字阅读下面的脚本：

> 设想一个你不得不忍受的困难处境。有时候，即使坏事已经发生了，最终也会有积极的结果——我们应该对此感恩。试着把注意力集中在困难经历的积极方面。你现在会对哪些事情感恩？这叫作闭合记忆。

让患者睁开眼睛，然后使用以下问题促进讨论。

反思和讨论

实践结束后，请患者进行反思和讨论：

- 这段经历对你有什么好处?
- 这段经历是否培养了你的品格优势?
- 这件事如何让你的生活变得更有意义?
- 这个活动如何帮助你欣赏生活中真正重要的人和事? 总而言之，你如何才能对这次事件所带来的有益后果心存感激?

积极评价

开放和闭合的记忆练习能帮助患者了解，受开放记忆影响的人是患者本人，而不是冒犯、损害或伤害他的人。患者的开放记忆最初产生了强烈的负面情绪，持续不被处理，最终会演变成复杂的症状（Harvey et al., 2004）。持续保有这些记忆，会对患者的情绪健康产生负面影响，因为这些记忆往往会让他们失去行动力，尤其是当患者想做一些重要的事情的时候。PPT 使用积极评价，一种基于意义的应对方法，以积极的方式重新解释事件或境遇（Cooney et al., 2007; Folkman & Moskowtiz, 2000; Van Dillen et al., 2007）。

下面是一些患者发现的长期困扰患者的消极记忆的例子：

- 每当我想做点儿好事时，我的配偶总会做一些让我想起过去痛苦经历的事情。
- 每当我完成一件事的时候，我都会感觉良好。但过去的失败提醒我，为了达到目标，我还有很多事情要做。
- 我想做好事，但对过去的怨恨阻碍了我，我的好行为总是被认为是理所当然的。

- 我宽恕了配偶对我的伤害，但我很难再信任他了。
- 让我感到愤怒的是，我最亲密的朋友没有在真正重要的时候站出来支持我。

回忆负面记忆会带来一系列负面情绪，如愤怒、痛苦、困惑或悲伤。如果身边的人伤害了我们，这种感觉可能会更强烈。我们可能心怀怨恨，希望对方受到惩罚、羞辱或被剥夺权力。PPT 充分承认并谨慎地确认了这些感受。PPT 假设当开放记忆没有被积极地处理时，它们会更容易演变成怨恨和敌意。不幸的是，第一个也是最主要的受害者不是让患者怀恨在心的那个人，而是当事人自己。PPT 通过以下四项技能，帮助患者以积极的态度去处理开放的、痛苦的、消极的记忆。

练习：积极评价

PPT 中列出了围绕积极评价实践的 4 个策略。首先与患者讨论这些策略，然后鼓励他们完成工作表，以便正面处理开放和消极的记忆。

工作表 5.1　积极评价

1. 创造心理空间：你可以在挥之不去的消极记忆和你自己之间创造心理空间。一种方法是用第三人称的视角来描述痛苦的记忆，也就是说，不要用“我”。这将让你在自己和开放记忆之间创造一些距离，给你一个机会来修正你的感觉和记忆的意义，而不是简单回想它。

练习：想象你是一名记者、摄影师或纪录片导演，在下面的空白处，从第三人称的角度描述你开放的记忆或怨恨。试着让第三人称的表达少一些个性化，多一些中性的成分。

____

____

（续表）

2. 重新巩固：当你沉浸在负面记忆中时，你不太可能注意到情境的方方面面，因为你的思维变得狭隘。当你处于平静的状态，没有被当前的压力所压倒时，做下面的练习。 **练习：**深呼吸。回忆你开放而痛苦的记忆中所有细微而美好的方面。试着在下面的空白处重新阐述它，有意识地回忆你可能错过的任何积极的方面。尽可能远离消极的方面，因为练习的重点是承认并写下开放记忆的积极方面，而这些方面可能是你最初错过的。这样做的时候，想想你生命中最重要的价值观，并把它们注入你的修正记忆中（Folkman & Moskowitze, 2000; Van Dillen et al., 2007; Vázquez, 2015）。 ____________________ ____________________
3. 专注于自己：这种练习鼓励你在面对突然出现的开放记忆的时候，保持一种不带偏见的持续的精神状态。把你的注意力转移到由消极记忆引起的内部和外部事件和经历上。随着开放和消极记忆的展开，试着去观察它，而不是对它做出反应。 **练习：**退后一步，让开放和消极的记忆展现在你眼前，就像在看电影一样。做一个观察者，而不是被记忆的情感所迷惑，让不愉快的记忆过去。重复这个练习几次，如果你的观察能帮助你习惯开放的记忆，并感到不那么沮丧，请在下面的空白处记下来。 ____________________ ____________________
4. 转移注意力：敏锐地迅速识别那些能激活你对开放和痛苦记忆回忆的线索。一旦回忆开始，便立即把注意力转移到你感兴趣的身体或认知任务上。你越早把注意力转移到另一项任务上，就越容易停止对开放记忆的回忆。你转移注意力的频率越高，你就越能更好地识别触发痛苦记忆的外部线索。这样，你就能很快地抓住它们，把你的注意力转移到更健康、更适应环境的行为上。 **练习：**一旦触动开放记忆，试着把你的注意力转移到你感兴趣的身体或认知任务上。在下面的空白处，写下三种体验式的、吸引人的、动手的和复杂的活动，它们可以转移你对负面记忆的注意力。 ____________________ ____________________

反思和讨论

实践结束后，请患者进行反思和讨论：

- 在四种积极评价策略中，你认为哪一种或几种与你的开放记忆最契合？
- 在回顾了这四种策略之后，你是否觉得可以用一种不同于以往的、对你有用的方式修改或重新组织开放记忆？
- 反思你的开放记忆。你觉得哪些不适合进行积极评价？记住，你不必强迫自己通过积极评价来处理开放记忆。
- 在运用一种或多种积极评价策略时，你需要什么样的社会支持？如果没有这样的支持，你能想到另一种方法吗？
- 当你在未来遇到复杂、矛盾或冲突的情况时，这些策略能在哪些方面帮助你？

案例

安娜今年 53 岁，单身，有两个已成年的孩子。她经历了抑郁症的慢性症状，对过去的回忆也让她感到痛苦——这些记忆大多是关于她在 12 年的婚姻生活中受到的前夫道格的精神虐待，这段婚姻充满了争吵、打架和许多不快。离婚近十年后，安娜在接受心理治疗时仍在与这些记忆做斗争。安娜报告说，这些记忆是意外触发的，让她感到愤怒、悲伤和孤独。安娜之前接受过心理治疗，但她觉得自己对这些记忆还有一些“未完成的事情”，这成为她治疗的主要关注点。

我们大多数人都会反思自己的挫折和挣扎。这种反思可能会让我们感到悲伤，但我们大多没有因此变得麻木。我们能够正确看待过去，重新关注现在，继续我们的日常生活。然而，安娜的情况并非如此。她不断地思考过去的负面经历，还试图从中获得新的见解。但是，安娜只是围绕着情感虐待的原因和结果打转——这个过程通常被称为反刍。在最初的几次治疗中，当安娜沉浸在过去的回忆中时，临床医生同情地倾听她痛苦的回忆，温柔地鼓励她成为自己思想的观察者。对安娜来说，成为自己思想的观察者并非易事。为了让这个过程更简单、更具体，在医生的建议下，安娜记录下了她花在这些负面记忆上的时间，以及她的感受。她说，每当她回想过去的负面记忆时，她的情绪就会变得低落，压力重重，无法集中注意力，直接影响了工作和家庭生活的质量。

临床医生没有详细讨论安娜负面记忆的内容，而是让她积极地观察和反思她对负面记忆的沉溺——这是导致抑郁的主要原因之一。安娜同意了，这让她意识到，沉溺于过去虽然诱人和安慰，但对她没有帮助。她对过去的苦难没有新的认识，这些痛苦的回忆让她又气又恨。此外，她意识到，她对前夫仍怀有怨恨，有时她强烈地想要报复，尽管她不会这么做。然而，这种报复的欲望导致了她对他人的不信任，包括她的孩子。她不信任她的同事，无法把别人能做的工作委派给别人。此外，有人告诉她，她现在变得过于敏感，常常用一种负面的方式解读别人善意的话。

在意识到沉湎于负面记忆的后果后，安娜专注于培养放手的技巧。安娜觉得自己是一个受害者、一个出气筒、一个受气包——确实是这样。她一生的大部分时间都生活在两种性格的影响下，一个是强势专断的母亲，另一个是专横跋扈的前夫。安娜认为，长期的情感虐待给她留下了无法治愈的伤疤。医生将安娜的注意力转移到现在，因为安娜已经离婚近 10 年了，正处于从受害者到幸存者的过程中，虐待已经停止了。

医生和安娜讨论说，过去虽然痛苦，但我们无法改变，过去不应左右我们的现在和未来。如果安娜允许过去继续支配或指导她的现在和未来，那么她很可能会继续经历悲伤，感到空虚、孤独、不快乐。这种受害者的角色使她无法成长并探索新的生存模式。经过多次讨论，安娜开始将自己视为一个有潜力成长的幸存者。

适应性和灵活性

一些负面的记忆是如此强大（如性虐待或身体虐待、失去所爱的人、意外事故、自然灾害，或危害人类的罪行），每当回忆起这些记忆时，它们会继续引发当事人强烈的情绪。虽然积极评价可以帮助人们处理强大的记忆，但患者最好是从相对不那么强烈的记忆开始，逐渐转向更严重、更情绪化的记忆。

由权威人士或机构（如教师、学校、教会）引起的负面记忆可能不容易处理，特别是当这种记忆涉及侵犯个人权利时。因此，我们建议患者不要用它们来进行积极评价，因为这样的记忆可能会唤起其他相关的记忆，从而引发危机或难以控制的情绪连锁反应。

对于最近经历过创伤或可能再次经历创伤相关症状的人，也不建议使用积极评价。不是每个创伤都需要评估，在某些情况下，匆忙处理创伤可能适得其反。在开始这个练习之前，要让患者知道这可能是一个具有挑战性的过程，因此你会慢慢进行。

对与这个练习有关的人格因素进行探索，并赋予它们适当的权重。例如，我们的一位患者非常敏感，经常专注于较小的社交怠慢（比如没有得到他人的回应、别人非言语的反对、没有被邀请参加派对等）。她缺乏足够的资源来正确看待这些小问题：对明智这一品格优势的事先讨论和使用，使她能够正确看待事情，并进行积极评价。

负面记忆可以有多个版本。例如，如果负面记忆导致患者无法坚持自己的立场（通常是抑郁症患者的情况），那么医生可以帮助患者选择最具性格特征的版本，并使用前面描述的策略适应性地处理记忆。当患者能够通过记忆工作后，帮助他将该策略应用到类似的过去事件中。

可以对那些在回忆或评估过程中变得焦虑的患者使用放松技巧，如深呼吸、渐进式肌肉放松和积极的想象。一旦患者放松下来，就更容易把消极和真正的积极成分分开。

有些患者可能认为分心是一种逃避或压抑，他们可能会匆忙地抑制或避免与记忆相关的负面情绪，然后声称自己已经完全处理好了（而不是进行更深入的工作来适应性地处理）负面记忆。为了防止匆忙的做法，对负面记忆带来的不利影响的缓解情况，要定期询问患者。例如，一个脾气暴躁的患者可能会使用转移注意力的策略，通过玩一个身体运动的游戏或在智能手机上玩游戏来应对自己对愤怒的关注；或者患者可能会将注意力转移到一件待完成的家务活上。

有些患者可能不愿意适应性地处理负面记忆，这类患者可能更喜欢发泄，因为他们已经对这段记忆念念不忘太久了，一想到它就觉得自己还活着。或者，他们可能会把放弃负面记忆、愤怒、怨恨或报复视为软弱的表现。另一些人则喜欢轻易获得这些记忆，以便继续扮演自怜或受害者的角色。与这样的患者进行更详细的讨论，若用温暖、真诚和同理心来传达，就可以帮助他们评估保留负面记忆的负面影响，并强调改变的重要性。在适当的时候，让这些患者以一种安全的方式发泄他们的愤怒，可以让他们更好地投入治疗工作中去。

此外，确保患者不会感到被迫或被强制进行积极评估。这样做可能会损害患者的自主性和控制力。另一方面，治疗的温暖、真诚和同理心可以鼓励患者面对他们可能一直在回避的困难和长期问题。

如果相似事件或与同一个人的不利遭遇唤起了相关的负面记忆，特别是侵犯行为很严重时（如虐待、侵略、故意违反道德），那么负面记忆的处理可能就只是暂时的，因为放下这样的怨恨可能会有淡化侵犯危害的风险。短期内忘记，甚至部分否认或避免痛苦的情绪，鼓励患者选择一个不涉及严重侵犯的开放记忆，尤其是在学习发展和保持技能的时候。

对于更严重的侵犯行为，仅仅释放开放和消极的记忆可能是不够的。宽恕可能需要一个积极的、坚定而困难的过程。然而，有些患者可能需要更多了解怨恨，并且会对宽恕感兴趣。讨论宽恕的内容和过程需要相当长的时间，它可能会打开患者的更多记忆，也许可以通过更宽容的做法来更好地处理。有时，积极评价的治疗效果将无法维持，因为患者的病症可能会复发或恶化。

文化差异

文化对负面经历、创伤和挑战的表现方式有影响，要注意患者所在的文化是如何将有关压力的习语概念化的。我们应意识到，文化的差异很大程度上是由家庭和经济因素造成的。有些患者可能无法清晰地表达开放记忆，因为这可能会反映他们无法处理的文化压力。此外，文化期望的角色和职责可能会阻碍一些患者的开放，或者创伤本身可能受到文化特有因素的影响。例如，我们的一位患者拉蒂法，她来自相互依赖的文化背景，常被一位亲密的家庭成员性虐待。多年以后，当她告诉母亲关于虐待的事情时，她的母亲（尽管她完全同情她的女儿）却建议拉蒂法保持沉默，不要与任何人分享这些信息，即使拉蒂法之后仍会在社交聚会上遇到那个虐待她的人。拉蒂法发现，母亲的反应比虐待本身或在社交场合遇到施虐者更令人痛苦。要知道，文化规范有时会塑造创伤经历的内容。

一些患者在回忆和表达负面记忆时可能会面临文化障碍，尤其是当记忆涉及他们亲近的人的时候。在西方文化中，分享困难的情绪被认为是能力和勇气的象征。然而，在非西方文化中，情况可能并非如此，所以应该考虑文化情境，因为患者可能对负面记忆的表达有类似的情况。

保持

与患者讨论以下建议，让他们保持进步：

- 当一个开放的记忆不断地出现时，尤其是当它在你最不希望它出现的情况下意外地出现时，使用这段时间学到的技能。如果积极评价的实践经验对你有所帮助，那可以继续考虑处理不同的开放记忆，最好是一些仍然困扰你但不太痛苦的记忆。找一个舒适安静的地方，从你选择的正念练习开始。回忆开放记忆，做几次深呼吸，监控你的情绪状态。如果你没有感到不知所措或情绪麻木，那就继续。记住，我们的目标是专注于负面情绪，而不是被它们压倒。如果你没有感到不适，就可以通过反思，添加来自过去的情境（任何与这种负面经历相关的历史原因）、来自现在的情境（自事件发生以来情况是否发生了变化）和来自未来的情境（事件再次发生的概率有多大）。写下你能从与你个人幸福相关的经历中获得的任何意义。问问你自己，你是否能以一种不同的方式来对待这些消极的经历。

- 如果开放的记忆一直困扰着你，使用这里描述的过程，试着回忆任何你在事件发生时可能由于压力环境而忽略的积极方面。由于消极偏见，积极或适应性的方面的情况往往逃避我们的注意。回想一下细节，如果你忽略了任何积极的方面，就去探索一下。你也可以回忆类似的情况，这可能会帮助你发现被忽视的积极因素。
- 向前看，在紧张或消极的情况下，试着分散注意力，就像积极评价的实践中讨论的那样。虽然分散注意力并不总是容易做到，但你可以试着把注意力转移到一个适度复杂的认知任务上（比如阅读或烘焙你喜欢的巧克力蛋糕）。

环节结束的放松

我们建议每一环节结束时都进行与开始时相同的简短放松练习。

第 12 章　环节 6：宽恕

环节 6 告诉我们：宽恕是一个改变的过程，而不是一个事件。这一环节解释什么是宽恕，什么不是。本环节所涵盖的积极心理治疗的核心实践是 REACH（这是一种宽恕的方法，详见下文）以及写一封宽恕信。

核心概念

宽恕是一个改变的过程，它是一个减少基于怨恨的负面情绪、动机和认知的过程（Worthington, 2005）。患者决定不寻求报复，而是向侵犯者还以善意和同情。

相对于陷入仇恨的循环、深藏怨恨，沉湎于开放、负面的记忆中，宽恕为患者提供了报复之外的另一种选择。积累怨恨是一个持续且复杂的情感过程，以敌意、余怒、恐惧和抑郁为特征（Worthington & Wade, 1999）。宽恕要求患者在知情的情况下做出选择，将患者与过往的关系从破坏性转变为建设性（McCullough et al., 2014）。

宽恕通过积极情绪的变化帮助患者进行心理愈合，改善身心健康，恢复患者的个人权力感，帮助实现被侵犯者和侵犯者之间的和解，提升解决现实世界群体冲突的希望（Cornish & Wade, 2015; Fehr, Gelfand, & Nag, 2010; Toussaint & Webb, 2005; Van Tongeren et al., 2014）。

重要的是，患者要明白宽恕并不意味着以下几方面的意思（Enright &

Fitzgibbons, 2015; Worthington, Witvliet, Pietrini, & Miller, 2007）：

- 赦免侵犯者；
- 通过社会可接受的方式放松对正义的要求；
- 忘记错误；
- 纵容和开脱（容忍侵犯或对侵犯释怀）；
- 辩护，也就是说，开始相信犯罪者的行为是正确的；
- 假设时间会治愈一切伤痛；
- 忽视侵犯的自然后果，用中性或积极的想法或情绪取代消极的想法或情绪；
- 以牙还牙，也就是说，通过做其他事情来报复侵犯者。

与这里描述的概念相比较，在 PPT 的情境中，除了积极评价外，宽恕也是一种心理技能，患者可以使用它来处理负面记忆、情感创伤和伤害。

环节的开始：放松

每个环节开始时，先做一个简短的放松练习。参考附录 A“放松和正念练习”。从复习患者的感恩日志和上一环节教授的核心概念开始。

环节练习：REACH

如何宽恕

沃辛顿（Worthington，2006）提出了一个他称之为“REACH”的五步法（尽管它其实不是一个简单或快速的过程）。

给临床医生的建议脚本

以下是一个脚本，你可以用来向你的患者介绍 REACH 步骤：

我们要开始进行宽恕练习。这个练习叫作 REACH，我想让你们依次完成每一步，这将需要大量的时间和精力。但是考虑到完成这些步骤可能带来的巨大好处，我建议你们认真尝试一下这种做法。

R（Recall）= 回忆一件事：闭上眼睛，回想一个伤害过你的人，你会持续感受到伤害的不良影响。不要沉溺于自怜。当你回忆这件事的时候，深呼吸，慢慢地、平静地呼吸。（给患者 2~3 分钟的时间。）

请睁开眼睛。在工作表 6.1 的空白处描述事件。你不需要使用真实的名字，你可以使用名字的首字母或你能记住的假名。

E（Empathize）= 从侵犯者的角度去同情：当生存受到威胁时，侵犯者可能会伤害无辜的人。记住，同理心是宽恕的一个关键因素。同理心包括在情感上和经验上认同他人，而不进行评估。为了帮助你做到这一点，请记住以下几点：

- 当侵犯者感到他的生存受到威胁时，他可能会伤及无辜。
- 侵犯者通常处于恐惧、担心和被伤害的状态之中。
- 侵犯者所处的环境（不一定是他潜在的性格）可能会导致他伤害别人。
- 侵犯者伤害他人的时候，他通常不会思考，只会猛烈攻击。

这一步不容易做到，但要设法编一个可信的故事。请在表 6.1 的空白处写下你认为侵犯者在想什么。

A（Altruistic）= 宽恕的利他礼物：这是又一个困难的步骤。首先，回忆一件你犯了错，感到内疚，然后得到了宽恕的事情。这是别人给你的礼物，因为你需要它，你很感激这份礼物。请在工作表 6.1 的空白处写下对事件的描述。

C（Commit）= 公开承诺宽恕：公开宽恕的方法包括写一份“宽恕证书”，写一封宽恕信，写在日记里，写一首诗或一首歌，或者告诉朋友你做了什么。这些都是宽恕的契约，通向 REACH 过程的最后一步。在这些契约中，你愿意选择哪些来表达你对宽恕的承诺？在工作表 6.1 的空白处，写下你希望如何公开表达你对宽恕的承诺。

H（Hold）= 坚持宽恕：这是另一个困难的步骤，因为对往事的记忆肯定会再次出现。宽恕不是抹去，而是记忆所携带的标记线的更改。重要的是要意识到这些记忆并不意味着你没有宽恕那个人。不要对过去的记忆耿耿于怀，也不要让自己沉溺其中。提醒自己你已经宽恕了，并阅读你在第四步（C）中写的内容。然后在工作表 6.1 提供的行中列出可能帮助你坚持宽恕的事情，以及可能妨碍或削弱你坚持宽恕的决心的事情。

工作表 6.1 REACH

R = 回忆一件事：闭上眼睛，回想一个伤害你的人，你会持续感受到伤害的不良影响。不要沉溺于自怜。当你回想这件事的时候，深呼吸，慢慢地、平静地呼吸。当你准备好了，睁开眼睛，在下列空格中描述事件。你不需要使用真实的名字，可以使用名字的首字母或你能记住的假名。

____

____

E = 从侵犯者的角度去同情：当生存受到威胁时，侵犯者可能会伤害无辜的人。记住，同理心是宽恕的一个关键因素。同理心包括在情感上和经验上认同他人，而不进行评估。为了帮助你做到这一点，请记住以下几点：

- 当侵犯者感到他的生存受到威胁时，他可能会伤害无辜的人。
- 侵犯者通常处于恐惧、担心和被伤害的状态。
- 侵犯者所处的环境（不一定是他潜在的性格）可能会导致伤害。
- 侵犯者伤害别人的时候，他通常不会思考，只会猛烈攻击。

这一步不容易做到，但要设法编一个可信的故事。请在下列空格中，写下你认为侵犯者在想什么。

____

____

（续表）

A = 宽恕的利他礼物：这是又一个困难的步骤。首先，回忆一件你犯了错，感到内疚，然后得到了宽恕的事情。这是别人给你的礼物，因为你需要它，你很感激得到这份礼物。请在下列空格中写出对事件的描述。 ____________________ ____________________
C= 公开承诺宽恕：公开宽恕的方法包括写一份“宽恕证书”，写一封宽恕信，写日记，写一首诗或一首歌，或者告诉朋友你做了什么。这些都是宽恕的契约，通向 REACH 过程的最后一步。在这些契约中，你愿意选择哪些来表达你对宽恕的承诺？在下列空格中，写下你希望如何公开表达你对宽恕的承诺。 ____________________ ____________________
H = 坚持宽恕：这是另一个困难的步骤，因为对这件事的记忆肯定会再次出现。宽恕不是抹去，而是记忆的标记线的更改。重要的是要意识到这些记忆并不意味着你没有宽恕那个人。不要对过去的记忆耿耿于怀，也不要让自己沉溺其中。提醒自己你已经宽恕了，并阅读你在第四步（C）中写的内容。然后在下面的空格里，列出可能帮助你坚持宽恕的事情，以及可能会妨碍或削弱你坚持宽恕的决心的事情。 ____________________ ____________________
可能帮助你坚持宽恕的事情： 1.____________________ 2.____________________ 3.____________________ 可能会妨碍或削弱你坚持宽恕的决心的事情： 1.____________________ 2.____________________ 3.____________________

鼓励患者阐明关于实现 REACH 可能存在的任何问题。

反思和讨论

如果患者能够尝试或完成 REACH 实践，鼓励他们通过以下问题学习宽恕的过程：

- 你是如何做到诚实而彻底地进行 REACH 练习的？
- 在概述的步骤中，是否出现了愤怒、失望和/或敌意？如果你感觉到了这些情绪中的任何一种，是练习的哪一步帮助你继续前进？
- 你觉得练习的哪一步最难？
- 如果你能预料到任何可能会动摇你宽恕决心的经历，它可能是什么？
- 有些人会宽恕别人，但不会以宽恕的方式行事。你如何描述你的宽恕模式？
- 你如何区分表面的宽恕和真正的宽恕？
- 如果你觉得自己不能完全宽恕，那么怎样能帮助你达到更大程度的宽恕？

第二项练习：宽恕信

REACH 可能需要一些时间来实现，PPT 还提供了第二项宽恕实践，如工作表 6.2 所述。

工作表 6.2　写一封宽恕信

你在这样做的时候，想想那些曾经伤害过你以及你从来没有宽恕过的人。哪些经历会持续留在你的记忆中，并产生消极情绪，是你想从中解脱出来的？选择一个你愿意宽恕的人，给他写一封宽恕信。不要寄信—这个练习是为你做的，而不是为他。你甚至可以写给一个已经去世的人。

在信中详细描述你是如何被这个人伤害的，你是如何被最初的过失影响的，你是如何继续被这件事的记忆伤害的。请记住，最后一定要明确表示宽恕。

（续表）

为了巩固这一做法，考虑两个进一步的选择： 1. 你可以设计一个仪式，在这个仪式上，你象征性地宽恕侵犯，摆脱你的愤怒或痛苦。例如，你可以（对自己）大声读这封信，然后把它埋在后院，或者把它放在一个特殊的信封里封好。 2. 如果你想继续你的宽恕任务，写一篇宽恕日志。在这篇日志中，记录那些过去错误行为的痛苦记忆侵入现在的例子。反思一下，如果你没有这些记忆带来的愤怒和怨恨，你的生活将有什么不同。根据需要，写宽恕信或简短的宽恕声明。

反思和讨论

实践结束后，请患者进行反思和讨论：

- 写下困难的记忆和困难的境遇，尽管具有挑战性，但最终是有治疗作用的。这个过程对你有什么治疗作用？
- 写这封信最困难的部分是什么？
- 写作在哪些方面不同于仅仅在脑海中回忆？

案例

如前所述，除了 REACH 的实践，患者还可以写一封宽恕信。患者可以在治疗环节中完成一封宽恕信的草稿，然后在同一周晚些时候重写这封信。下面是我们的一位 25 岁的女患者莉娅写的宽恕信（请注意，莉娅给她已故的父亲写了一封宽恕信）。

我最亲爱的爸爸：

愿上帝让你的灵魂安息，愿他在彼岸赐给你无尽的慈爱。爸爸，我给你写了一封信，希望它能给我们带来和平，让我在心里腾出一些空间，让我对你有更多的爱。

爸爸，你可能不知道，因为我从来没有对你说出过这些想法，但我想让你知道，我宽恕你没有把妈妈、我的两个姐妹和我固定地、优先地放在你的责任清单上。我知道你心中只有对我们的爱和骄傲，但有时行动并不一定能转化为意图。正因为我知道这一点，所以我今天才能微笑着说，我宽恕你。

从我记事起，我就一直在想，为什么你总喜欢将钱和时间都花在别人身上，而我们——你的家人，却总是挨饿，得不到关注。当我还是个小女孩的时候，我记得我每学年都很尴尬，因为我们没钱交学费，有一次，我们被赶出了教室。作为一个十几岁的孩子，每当我看到妈妈把我们的东西装进黑色的垃圾袋扔掉——因为我们又一次被赶出家门，这种尴尬就变成了愤怒。很多时候我很生气，然后又变得很安静。我把所有的情绪和挫折都内化了，我的内心十分消极，这种状态持续了很多年。

我记得十几岁的时候，我认为当时的生活很不健康。我知道你以前进过几次监狱，但从来没人清楚地告诉过我这件事。我很清楚，我们买不起食物，也负担不起自来水费和电费，因为你无法有效地规划我们的生活。我也知道，你的姐妹和她们的家人生活得比我们好得多，因为你全力支持她们。我知道。

我多年前开始在心中饲养的“消极怪兽”，已经变成了一只10米高、吃得很饱的大怪物，随时准备在它前进的道路上吃掉所有东西。这么长时间以来，我只知道如何对你做最坏的打算。我知道账单永远没有人付，我知道母亲永远得不到尊重，最悲哀的是，我知道你的暴行和愤怒会转向我和姐妹们。

尽管如此，我还是宽恕了你——就像我被那些我在生活中冤枉或误会的人所宽恕一样。我能够反思和重温某些场景，在这些场景中，我是侵犯者，而对方能够看穿我的过错，并且宽恕我。正是这些关系使我成为了一个更好的人，一个更加脚踏实地的贡献者。被别人宽恕是我收到的一份珍贵的礼物，今天我想把这份宽恕的礼物送给你。

我之前忘记告诉你的是，在这个大怪物的旁边，还有一个光与爱的生灵住在我的心里，每当我听到你的声音或看到你的脸，它就会变得更大。我很感激那道光，它让我看到，你就像其他人一样，或许从不知道如何珍惜妻子和孩子，却知道如何照顾和你一起长大的兄弟姐妹。你就是那个我所知道的最慷慨的人。重点不是你给出的东西，而是你无条件给予的能力。

对我那理性的、善于分析的大脑来说，接受真实的你是一段充满挑战的旅程。直到现在，我想，在未来，我仍想知道你为什么总是优先考虑别人。我仍会不解，但我再也不会批判你了。

你去世5年了，我没有一天不感激你成为我的父亲，以及灌输给我的一切：你的爱的教育、你对现状的反抗、你隐藏在坚硬外壳中的一颗敏感的心……最重要的是，你的骄傲。我将选择活出最好的一面，而你永远是我的好父亲，我永远爱你。

好好休息，我亲爱的爸爸。

你的女儿和知己，莉娅

临床医生注意

PPT建议患者写一封宽恕信，但不一定要寄出。患者需要评估是否在适当的时间投递信件，是否适合收件人。患者应该意识到，宽恕信的对象可能会做出愤怒或其他情绪化的反应。

案例

米恩是一名 27 岁的男性，因持续的抑郁和社交焦虑症状寻求治疗。在治疗过程中，他报告说，他对他的叔叔有怨恨，他的叔叔在米恩很小的时候，通过按压他的胸部对他进行身体虐待。从那以后，患者就一直怀恨在心。米恩试图用 REACH 来宽恕他的叔叔，但是没有用。这位临床医生建议米恩听一个播客，学习如何用不同的方式处理愤怒和怨恨。听了播客后，米恩说他不必宽恕叔叔。他说："我可以同情他，我可以给他我的同情心，但这并不意味着我要宽恕他。"

适应性和灵活性

患者可能会因为许多原因而生气，包括恶劣的生活条件、贫困的社区和种族歧视。然而，REACH 实践和宽恕信并不是针对社会条件的。患者可能想要处理某个人所造成的伤害，但这些伤害可能根植于更广泛的社会背景（如基于人种、性取向、能力或种族的歧视）。PPT 并不适用于那些可能有历史积怨的群体（历史上曾受到不公正对待的少数群体，如黑人或美国原住民）中有代表性的人。但是，在不涉及他人的情况下，PPT 可以帮助患者体验到单方面的宽恕过程。也就是说，患者可以从宽恕中获益，而无需期待侵犯者的道歉或承认。

有时，宽恕的过程是无效的，因为患者试图宽恕一些不应该被宽恕的事情，如虐待、暴力和反复被侵犯。

保持宽恕取决于病人的个性和症状的严重程度。例如，对有急性或复发创伤症状或严重抑郁症状的病人，保持宽恕可能是困难的。以下是我们的两个例子：（a）利恩宽恕了一名家庭成员多年来对她施加的精神虐待，这种虐待给她留下了长期的抑郁和焦虑症状。在一次家庭聚会上，一场小小的冲突重新点燃了利恩被虐待的痛苦回忆，她所有的宽恕都消失了。她现在比以前更恨她的家人。（b）弗兰西斯卡开始在网上指责侵犯者，不再宽恕他们。侵犯者的强烈报复使得现在的情况更糟了。

有未解决创伤的患者可能会求助于宽恕，以此作为继续前行的一种方式。帮助这些患者理解，宽恕是一个特殊的过程。只要患者愿意以开放的心态参与这个过程，这个过程就可能带来宽恕，当然也可能无效。

临床医生注意

患者对每一次冒犯都使用宽恕是不可取的。你可能需要和患者讨论冒犯，经常宽恕别人的人应该小心迈克尔·麦卡洛（Michael McCullough）所说的成为“每个人的受气包”。与这样的患者一起重温实践智慧的技巧（参见本手册第 9 章环节 3）。

文化差异

文化、宗教和家庭方面的期望和阐释可以在许多方面促进或抑制宽恕。例如，文化期望可能会鼓励宽恕对家庭或宗族让步的社会意愿。要确保患者能够找到调和冲突的方法。在一些文化群体中，宽恕被概念化为一个过程，实际上这不是宽恕，它可能是赦免、放松对正义的要求、忘记、忽视或强行使侵犯正常化。

文化背景可能为宽恕提供了不同的含义，这可能对患者有效，也可能无效。帮助他们理解什么是宽恕，什么不是。例如，我们的一位患者认为，当侵犯她的人陷入可怕的境地时，是上帝为她进行了报复；另一位患者接受了侵犯者一份无关的解释，随后宽恕了她，但一年之后，这个人再次犯了类似的错误。

保持

与患者讨论以下建议，让他们保持进步：

- 宽恕的维持可能取决于侵犯者是否有所克制，尤其是当你和侵犯者有可能在未来见面的话。请求、软弱和不真诚的道歉可能会给人留下宽恕的印象，但它们可能不足以维持宽恕。
- 如果你不能宽恕别人，并继续保持开放、消极的记忆或怨恨，请注意，心怀怨恨很可能会让你患上心血管疾病和慢性疼痛。选择宽恕有益于你的身心健康。
- 为了保持宽恕，定期回顾 REACH 的五个步骤（见工作表 6.1），并重申你的承诺，最好是和你信任的知己一起。
- 为了保持宽恕或扩展宽恕的好处，列出你怀有怨恨的人的名单，然后要么亲自与他们见面讨论，要么设想一下如何与他们进行沟通。不要忘记把最初的冒犯放在适当的背景和角度。
- 你可能起初会宽恕一次冒犯或一个冒犯者，但无法保持这种宽恕，事实上，你可能会采取消极的手段来保持怨恨、冒犯或伤害。因此，经历宽恕的过程对于持久的改变是很重要的。

环节结束的放松

我们建议每一环节结束时都进行与开始时相同的简短放松练习。

第 13 章 环节 7：最大化与满足

环节 7 介绍了最大化（“最好”的选择）和满足（“够好”的选择）的概念。本环节所涵盖的积极心理治疗的核心实践是趋向满足。

核心概念

幸福的重要组成部分是能够控制环境和获得期望结果。选择的可得性在施加控制和塑造期望的结果中起着至关重要的作用（Leotti et al., 2010）。尽管存在特定的环境障碍，但我们仍有不同程度的选择。个体以不同的方式使用这个选择。根据心理学家巴里·施瓦茨（2004）的研究，最大化者总是希望做出最好的选择，在做出购买决定前后比较产品，并花时间来决定买什么。他们花费大量精力来阅读标签、查看消费杂志、尝试新产品，他们也会花更多的时间比较自己和他人的购买决定。相比之下，满足者的目标是“够好”——不管是否有更好的选择，当一件商品符合他们的标准时，他们就不再寻找。

施瓦茨（2004）认为选择是好坏参半的。很难充分收集做出选择所需的全部资料，而且随着我们选择范围的扩大，可接受的结果的标准也会提高。（例如，走在超市里，你会看到各种各样的早餐麦片。有这么多选择，你怎么做决定呢？）随着我们的选择越来越多，我们可能会认为任何非预期的结果都是自己的错，因为有这么多的选择，我们应该能够找到最好的那个。施瓦茨的研究表明，尽管最大化者比满足者更有可能做出更好的客观选择，但最大化者从他们的选择中获得的满足感更少。当被要求结束搜索和妥协时，最大化者会感到不安。施瓦茨发现，最严重的最大化者对自己的努力最不满意。与他人相比，当他们发现自己做得更好时，他们并没有从中得到多少快乐；当他们发现自己做得更差时，他们会感到更多的不满。他们也更容易在购物后感到后悔——如果他们的购物让他们失望，他们需要更长的时间来恢复。此外，最大化者比满足者更倾向于沉思或反刍。

由于过高的期望和对后悔的自我实现的恐惧，最大化者更容易抑郁和完美主义。完美主义者，像最大化者一样，追求最好，因为他们都有很高的标准。完美主义者有很高的标准，他们并未期望能达到；而最大化者有很高的标准，他们希望能够达到，达不到时，他们就会变得抑郁（Chowdhury, Ratneshwar, & Mohanty, 2009；Schwartz et al., 2002）。

生活给我们提供了广泛的选择，从日常决策（如吃什么、穿什么、将什么图片设置为桌面背景）到更重要的决定（比如与谁约会、上哪所大学、追求什么职业、搬到哪里或去哪里买房）。无论大小，每个选择都强化了我们对控制的信念。然而，施瓦茨的研究表明，过多的选择，尽管有时可能会让我们产生更好的决策，但也让最大化者付出了沉重的代价，低估了对最大化者的情感影响。

环节的开始：放松

每个环节开始时，先做一个简短的放松练习。参考附录 A“放松和正念练习”。从复习患者的感恩日记，复习上节课教授的核心概念开始。

环节练习：你是最大化者还是满足者？

请患者完成工作表 7.1。这种做法将有助于评估你的患者是最大化者还是满足者。

工作表 7.1　你是最大化者还是满足者？

请使用下面的量表为你自己打分，并探索你属于满足者–最大化者连续体的哪一部分。
1 非常不同意　2 不同意　3 有些不同意　4 中立
5 有些同意　6 同意　7 非常同意

	陈述	回答
1	每当我面临一个选择的时候，我就试着去想象所有其他的可能性，甚至是那些目前不存在的可能性	
2	不管我对我的工作有多满意，我唯一应该做的就是寻找更好的机会	
3	当我在车里听收音机的时候，我经常查看其他电台，看看是否有更好的节目在播放，即使我对自己正在听的节目比较满意	
4	当我看电视时，我浏览频道，即使只是尝试看一个节目也会经常浏览可得的选项	
5	我对待感情就像对待衣服一样，我希望在找到最合适的衣服之前，能试穿很多次	
6	我经常发现给朋友买礼物很难	
7	买东西真的很难，我总是在努力挑选最好的	
8	购物时，我很难找到我真正喜欢的衣服	
9	我非常喜欢那些试图给事物排序的列表（最好的电影、最好的歌手、最好的运动员、最好的小说等等）	
10	我发现写作是非常困难的，即使只是给朋友写信，因为很难用恰当的词语表达事情。我经常为一些简单的事情起草几份草稿	
11	无论我做什么，我对自己有最高的标准	
12	我从不满足于第二好	
13	我经常幻想以一种与我实际生活截然不同的方式生活	

完成此表后，计算总分（13 项得分的总和）。这个量表的平均分是 50 分。高分是 75 分及以上，低分是 25 分及以下。没有性别差异。如果你的得分在 65 分及以上，那么你具有最大化的行为或习惯，这会对你的健康产生负面影响。如果你的得分在 40 分或更低，你就处于满足的程度。

反思和讨论

实践结束后，请患者进行反思和讨论：

- 你的分数说明了什么情况？
- 如果你的得分很高（50 分或更高），这将如何帮助你在趋向满足方面做出一些有意义的改变？
- 如果你的得分很高，你是否了解自己在最大化方面付出的成本（经济、情感和身体）？
- 没有人能在生活的各个方面都做到最好。你在哪一方面实现了最大化，在哪一方面得到最大的满足？请回忆并比较两种情况下你的情绪反应。
- 你是否发现自己比满足者更热衷于产品比较？
- 有些人想要“有”选择，而有些人想要“做”选择。你是哪一种？

环节练习：趋向满足

除了最大化，还可以选择满足。满足者有规范和标准，但是满足者并不担心可能会有更好的选项。无论你的患者通常是最大化还是满足，要求他们完成工作表 7.2 “增加满意度的十种方法”，其中列出了巴里·施瓦茨总结的策略。在环节中向患者展示这些策略，并帮助他们在工作表中的每个策略后面写下个性化的目标。讨论如何通过最大化和满足来达到这个目标，以及每种方法的成本或收益。

工作表 7.2 增加满意度的十种方法

序号	策略
1	**做一名选择者，而不是挑剔者** 选择者是那些能够思考是什么让一个决定变得重要的人，思考是否也许不应该选择任何一个选项，思考是否应该创建一个新选项，思考一个特定的选择对于选择者个人来说意味着什么。你可以在以下方面选择，而不是挑剔： • 缩短或消除对不重要的决策的考虑。 • 用一些空闲的时间问问自己，在那些重要决定涉及的生活领域中，哪些是你真正想要的。 如果以上方法都不起作用，你可以试试： __________ __________
2	**增加满足，减少最大化** 为了拥抱满足，你会尝试： • 想想你生活中的某些时刻，你安心地满足于“足够好”。 • 仔细检查你在这些方面的选择。 • 更广泛地应用这一策略。 如果以上方法都不起作用，你可以试试： __________ __________
3	**想象机会成本** 你可以通过尝试以下方法来避免由于考虑机会成本而产生的失望： • 除非你真的不满意，否则你会坚持你通常买的东西。 • 你会抗拒“新的”和“改进的”诱惑。 • 你会采取这样的态度——“除非很痒，否则不要乱抓。” • 你不会担心你会错过这个世界提供的所有新事物。 如果这些策略不起作用，你可以试试： __________ __________

（续表）

序号	策略
4	**让你的决定不可逆转**　当一个决策是最终的时，我们会体验各种各样的心理过程，这些过程会增强我们对所做选择而不是其他选择的感觉。如果一个决策是可逆的，我们就不会以同样的程度体验这些过程。 列举一些可逆的决策： a.________ b.________ c.________ 列出你将做出不可逆转的决策的生活领域： a.________ b.________ c.________
5	**实践“感恩的态度”**　你可以有意识地、更经常地对一个选择的好处心存感激，减少对它的坏处的失望，从而大大改善你的主观体验。 你会以感恩的态度对待以下选择： a.________ b.________ c.________
6	**减少后悔**　后悔的刺痛（无论是实际的还是潜在的）会影响很多决定，有时甚至会影响到让我们避免做任何决定的程度。虽然后悔往往是合理的和有益的，但当它变得如此明显以至于会损害甚至阻止你的决策时，你可以尽力减少它。你可以通过以下方式减少后悔： • 采用满足者的标准，而不是最大化者的标准。 • 在做出决策之前，减少你的选项的数量。 • 专注于一个决策中好的方面，而不是对坏的那一方面感到失望。 如果这些策略不起作用，你可以试试： a.________ b.________ c.________

（续表）

序号	策略
7.	**预测适应** 我们经常适应我们所经历的一切。在艰难时期，适应使我们能够避免遭受苦难的全面冲击；在经济繁荣时期，适应使我们处于"享乐跑步机"上，剥夺了我们从每一次积极的经历中所期望的全部满足感。我们无法阻止适应。你会对体验如何随着时间而改变产生现实的期望： • 如果你买了一个新设备，你会意识到这种兴奋不会超过两个月。 • 你会花更少的时间去寻找完美的东西（最大化），这样你就不会有巨大的搜索成本去"分期偿还"你选择的东西所带来的满足感。 • 你会提醒自己事情实际上有多好，而不是关注它们比开始时差了多少。 如果这些策略不起作用，你可以试试： a.______ b.______ c.______
8	**控制预期** 我们对经验的评价很大程度上受到与预期的差异的影响。因此，要提高对决策结果的满意度，最简单的方法就是降低对决策结果过高的期望。为了让降低期望的任务变得容易些，你可以： • 减少你的选项的数量。 • 做一个满足者而不是最大化者。 • 允许意外收获。 如果这些策略不起作用，你可以试试： a.______ b.______ c.______
9	**减少社会比较** 我们通过社会比较来评估经历的质量。虽然有用，但这往往会降低我们的满意度。你可以尝试以下方式： • 你会记得，"带着最多玩具死去的人是赢家"是一个车尾贴，而不是智慧。 • 你会专注于什么让你快乐，什么让你的生活有意义。 如果这些策略不起作用，你可以试试： a.______ b.______ c.______

（续表）

序号	策略
10	**学会爱的约束** 随着选择的增多，选择的自由最终会变成选择的“暴政”。日常决定若要花费太多的时间和精力，我们就很难度过这一天。在很多情况下，我们要学会把对可能性的限制看作解放，而不是约束。社会为人们做出选择提供了规则、标准和规范，而个人经验创造了习惯。通过决定遵守某条规则（例如，永远系好安全带，晚上喝酒不超过两杯等），我们避免了一次又一次的深思熟虑。这种遵守规则的行为可以让你腾出时间和精力来思考那些不适用规则的选择和决策。 你要遵守这些规则： a.____________________ b.____________________ c.____________________

反思和讨论

实践结束后，请患者进行反思和讨论：

- 以上讨论的满足策略中，哪些是你能相对独立地实施的？
- 以上讨论的满足策略中，你需要哪些方面的合作或他人的支持才能成功？
- 一些选择或决定，比如搬到哪里、做什么工作，或者嫁给谁，将会从最大化中受益。你生活中的哪些领域会从最大化中受益？
- 行为和决策的最大化往往依赖于外部的认可，比如某件事被高度评价、被专家推荐、被社会认可，或被许多人认可或追随。你的决策是否取决于这一类的考量？

案例

以下节选自我们的一位患者杰西，他描述了在一对一治疗中详细讨论了这些概念之后，他对最大化和满足的理解。

上周，我的鞋子上有个洞，露出了一小片袜子。我已经拖得够久了，是时候再买一双了。于是我在谷歌上搜索“买跑鞋”，发现有 2.7 万家鞋店可供选择。我一定会找到完美的鞋。但也许有成千上万种选择并不是件好事。考虑太多选择，以及不得不放弃许多有吸引力的选择，都会导致后悔。选择越多，我就会后悔错过更多我想要的功能。

案例

有焦虑症状的大四学生安娜斯塔西娅描述了使用其中一种满足策略的经历：

在完成锻炼之前，我会去商场买衣服。我会花很多时间逛一家又一家商店，看看价格相同的类似商品。我会在手机上拍照，与网上的选项进行比较……之后我会下单购买。但很快我的脑海里就会浮现出购买过程的不完美之处，我又会把东西退回去，这是一个不断循环的搜索——购买——退回的过程。上个周末，我特意跑到最远的购物中心买了一些打折商品，这些商品是不能退货的。当我回到家的时候，我有种奇怪的结束感。

适应性和灵活性

一些在最大化维度上得分高的患者可能只是高成就者，他们有更多的成功和更高的资历，他们已经学会了对自己有更高的期望。因此，重要的是透过分数，探索患者是一个最大化者还是一个高成就者，或者两者兼而有之。

了解患者个性和最大化/满足之间的相互作用也很重要。例如，具有良好分析能力和持久好奇心的患者可能比具有亲和力、谦逊和感恩等优势的患者更有可能实现最大化。后者的优势似乎更多地与满足联系在一起，而不是最大化。

文化差异

最大化也可以是一种从患者的原生家庭中习得的行为策略。例如，在一个从贫穷的经济环境移居到物质和机会丰富的西方社会的家庭中，最大化可能是家庭文化适应的一个过程。也就是说，在做任何决定之前，人们希望探索所有的选择，因为这个过程使他们能够适应文化。

在移民到一个富裕的西方国家之前，如果一个来自不同文化背景的家庭经历了严重的经济困难，比如饥荒、战争或其他创伤，那么最大化的倾向可以缓解他们对未来潜在灾难可能的焦虑。

一些家庭或个人竭尽全力寻找最好、最便宜的交易，不是因为他们在最大化，而是因为他们需要在紧张的预算中生存下去。

一些移民家庭，特别是那些父母努力工作以确保子女有更光明的前途的家庭，往往通过孩子来代替他们生活。为了实现“美国梦”，他们的孩子必须在所有领域都出类拔萃，因此，他们会强烈“鼓励”他们的孩子最大限度地利用每一个机会。对于其他一些成就卓著、成绩优异的家庭来说，灌输给儿童的最大化倾向在某种程度上是由于他们希望孩子最大限度地利用机会，以便维持其社会经济地位。

保持

除了工作表 7.2 中强调的策略外，还应与患者讨论以下技巧，以便他们能够保持进步：

- 最大化者更有可能参与社会比较，尤其是评估标准，以评估自己的经历或财产的相对地位。为了提高满意度，相对于依赖外部标准，这类人应该设定自己的内部标准。
- 提升满足感，享受体验。与其试图增加高质量的体验（高快乐价值），不如试着让这些体验相对稀少和独特。这将会阻碍适应性，在每一次愉快的经历之后，你就不太可能提高要求了。
- 通过探索大量的选择，最大化者倾向于相信他们可以控制自己生活的许多领域，从教育到就业，从选择伴侣到创造社会身份。然而，研究表明，净收益（就附加信息而言）对结果几乎没有影响（Schwartz et al., 2002）。换句话说，追求控制或管理一个完美的结果给最大化者一种“一切尽在掌控之中”的印象，结果似乎是无关紧要的。此外，所有用于管理控制过程的工作都剥夺了最大化者享受过程的权利。

环节结束的放松

我们建议每一环节结束时都进行与开始时相同的简短放松练习。

第14章 环节8：感恩

环节8是积极心理治疗第二阶段的最后一环节，它扩展了感恩的概念。感恩的概念最早是在环节1以感恩日志的形式引入的。环节8将鼓励患者回忆并给还在世的人写信，他们过去做过一些积极的事情，但患者从来没有充分感谢过他们。本环节的PPT实践是感谢信和感恩拜访。

核心概念

感恩是一种感谢的体验，它需要注意和欣赏生活中积极的事情。通过这样做，我们承认了积极的价值和意义。感恩拓宽了视野，建立了其他积极情绪和积极推理（Emmons, 2007）。

临床抑郁症患者的感恩之情明显低于非抑郁症对照组（少了近50%的感恩）（Watkins, Grimm, & Kolts, 2004）。事实上，感恩可以保护患者避免抑郁症的发作（Wood et al., 2008; Tsang, 2006）。

感恩促使患者在适当和现实的情况下，将消极的经历重新定义为积极的经历。这种重构反过来又与较少的心理症状相关（Lambert, Fincham, & Stillman, 2012）。通过持续的实践，比如写感恩日志，学会更加感恩，可以帮助患者学习和使用更积极的应对策略，从而降低压力（Wood, Joseph, & Linley, 2007）。

环节的开始：放松

每个环节开始时，先做一个简短的放松练习。参考附录 A："放松和正念练习"。从复习患者的感恩日志，复习上一环节教授的核心概念开始。

环节练习：感谢信和感恩拜访

给临床医生的建议脚本

以下是你可以用来向患者介绍感谢信的脚本：

以一个舒适的姿势坐着，手放在大腿上，头部、颈部和胸部呈放松的直线，双脚平放在地板上。

注意你的呼吸，注意吸气和呼气，注意胸部的扩张和收缩。轻轻地使你的呼吸到达腹部。重复这个循环。吸气和呼气 10 次，安静地自己数。

继续重复这个呼吸循环。试着每次吸气和呼气持续 10 秒钟，每次计数后重新开始。

闭上你的眼睛。想象那些多年前为你的生活带来改变的人，那些你从未好好感谢过的人，以及你下周会当面见到的人。能想到这个人吗？

睁开眼睛，立即翻到工作表 8.1，请给你回忆的这个人写一封大约 300 字的信。用具体的语言来表达你的感谢，不管那个人做了什么来帮助你。不要担心文体或语法，这只是初稿。尊重你的情绪，并在回忆时捕捉它们。

工作表 8.1　感谢信初稿

写出你的初稿

亲爱的__________：

____

____

____

____

____

____

____

____

____

____

____

____

____

完成信件草稿后，请按指示在家继续练习：

感谢信和感恩拜访

- 请润色你在治疗环节中起草的感谢信。把它写下来，再写一遍，用具体的语言描述你为什么感激。信中应该详细说明对方为你做了什么，并清楚地解释这种行为是如何影响你的生活的。在信中，告诉对方你现在在做什么，你有多经常想起他的努力。
- 一旦你完成了信件的最终版本，签字以表明它的重要性。
- 接下来，约个时间去拜访那个人。邀请他到你家里，或者去对方的家里。
- 重要的是你要和对方面对面地完成这个练习，而不是仅仅通过书面或电话。不预先说明到访的目的，一句简单的“我只是想见你”就足够了。
- 葡萄酒和奶酪并不重要，把正式的感谢信作为礼物带在身边。当你和对方都坐稳后，带着情感和眼神交流慢慢地大声朗读你的感谢信，然后和他人一起回忆这些具体事件。

临床医生注意

感谢信和拜访的实践需要相当的努力和时间来安排拜访的后勤工作。因此，在治疗过程中要给病人足够的时间来完成这项练习。与患者讨论完成这项工作的预期时间表，并定期提醒他们完成这项工作。

鼓励患者在环节中排练或预演他们的感谢信，这样他们就能体验到写感谢信和大声朗读的过程。这将帮助患者对感谢信做出任何必要的修改，在小组 PPT 中，这将激励其他患者效仿。确保患者也有机会分享他们的感恩拜访的体验。如果这是在一个小组情境中进行的，请患者在小组结束之前完成。

反思和讨论

在完成信函和拜访后，请患者进行反思和讨论：

- 你写这封信的时候感觉如何？
- 最容易写的部分和最难写的部分是什么？
- 别人对你表达的感激有什么反应？他们的反应对你有什么影响？
- 在你提交了感谢信之后，这种感觉持续了多久？
- 你还记得读了那封信之后几天的经历吗？如果记得，它是如何影响你的情绪的？

案例

以下是三个小片段。前两个来自在小组情境中完成积极心理治疗的患者，第三个来自在个体治疗中看到的患者对实践的过程说明。第一封信是初稿，写于治疗期间，目前还不清楚这封信是否已经寄出。第二封是最终的信，是亲自递送并亲自读给收信人的。

一封感谢信的初稿

亲爱的萨利：

这封信是为了真诚地感谢你，感谢你在我高中时代给予我的爱。在我感到被误解、生气和孤独的时候，你给了我充满同情的倾听和话语。你在我身上花的时间，可能在你看来微不足道，却对我的成长产生了巨大的影响。当别人试图用言语和忠告说教时，你却用行动和关怀教导我。你还记得有一次你开车来接我，我们坐在路边聊了一个多小时吗？这似乎是一件小事，但我无法用语言来形容它对我的影响。你让我感到被需要和值得被关心，这是你给我最好的礼物。这封信对你我都很重要——我真的很感谢你所做的一切，我希望你能明白这封信对我有多么重要。

感谢信和感恩拜访

以下是一封感谢信和一次感恩拜访。这封信是一位 23 岁的女患者写的。在个体治疗过程中，该患者将信函的接收者带到治疗办公室，并在临床医生和积极治疗组的其他成员在场的情况下朗读了这封信，当然，征得了所有人的同意。

亲爱的朋友：

在生活中，会因为一些我们无法理解的原因，遇到各种各样的事情和人。德语诗人莱内·马利亚·里尔克说过："对你心中所有未解决的问题，要有耐心，试着去爱问题本身，不必急于求解，只因未曾体验……关键是要体验一切。现在，体验这个问题。"尽管我可能不完全知道为什么我的生活环境是这样的，但在过去的几年里，我决定抓住很多机会，让自己接受变化。特别是，我所经历过的最重要的变化和机遇之一就是和你在一起，我写这封信是为了向你表达我内心日益增长的感激之情。

当我意识到胸中洋溢的感激之情多到令人完全沉浸其中时，将感激之情提炼为具体的细节并不是一件容易的事，但我会努力去做。我想感谢你在我失落的时候悄悄地走进我的生活。你没料到会被注意到，但你确实被注意到了。当你在我身边的时候，我很舒服，我的紧张感慢慢地消失了，我知道我被关心包围着。有时你在别人心中建造家园，而我在你心中得到了一个充满爱和欢乐的家。

在我由于不稳定的自我意识、长期不断出现的抑郁、没有价值的环境，以及与坏人为伍，使我感到自己的大部分生活发生了天翻地覆的变化以至事情都垮掉了的时候，谢谢你带给我一次全新的改变。你让我感到安全和被需要。我默默忍受着混乱，但现在我可以和你分享，并且我真的这样做了。当一个人能够说出他的故事、他的真相（无论大小），更重要的是他的伤痛时，他会感到一种特别的轻松。意识到痛苦不需要立即转移或压制，这是我学到的非常重要的东西。感谢你注意到并接受我的不完美。我是一个有欲望、有优点（也有弱点）的人，但你从不让我的弱点改变你对我的感觉和我在你心里的地位。当我与你分享我的生活时，你每天都在。

我尤其要感谢你帮助我踏上心理健康之旅。我想感谢你在我跨入自我意识的新领域时牵着我的手，也感谢你在需要时放手。感谢你在我最困难的时候，没有懈怠和迟钝。在经历了去年那几周最可怕、最让人心力交瘁的日子，让我处于可怕的边缘之后，你不怕向我指出让自己不断经历崩溃和各种症状发作的后果。你坦诚地告诉我，你在多大程度上能帮助我战胜疾病，还为我指出了一条不同的治疗途径。你激励我停止忍受多年的沉默、对自己的不公对待，以及停止虐待自己。你帮了我很大的忙，把我带到这里来做心理咨询，参加小组活动，让我找到一个安全的地方畅所欲言。你接受了我的全部（包括我的弱点和我的疾病），甚至试图超越单纯的接受，尝试理解（通过不断研究有关心理健康和应对策略的信息）。你不害怕给我看现实的镜子，不停地告诉我有更好的东西等着我，我应该尽可能地善待自己。

我在不断地成长，这并不意味着我的问题完全消失了。但我知道，我已经越来越善于接受这样一个事实：有些答案并不总是那么明确和容易理解的。诗人肯明斯（E. E. Cummings）说："我的眼睛睁开了"，这完美地体现了我对你的感受，谢谢。

投递感谢信的影响

亲爱的拉希德博士：

我希望通过这封感谢信能知道你一切都好。我本来对这个练习持怀疑态度，一周前我真的很沮丧，你知道的。这时，我收到一张来自一个我最意想不到的人的纸条，于是我改变了，事实上，这张意想不到的纸条让我高兴了一整天，甚至持续了好几天。我想，如果一张简单的纸条就能让我如此快乐，那么写一封感谢信给我同父异母的妹妹也无妨，于是我就写了这封信。

多年后的今天，我拜访了妹妹，并分享了我的信。一开始大声朗读似乎很奇怪，但后来，我进入了一个我从未抵达的地方。很快，我就把一切都忘了，那封信和那个人是我所能看到和听到的全部……不一会儿，妹妹流下了眼泪，我的眼里也有了泪水。

后来，我知道，这段经历对她也有很大帮助，因为她当时也在处理一些棘手的个人问题。我很高兴我做到了。

适应性和灵活性

感谢信和感恩拜访是一种强有力的做法，可能会给一些患者带来挑战。他们可能会觉得写信和亲自送信非常尴尬，这种做法甚至会让他们感到脆弱。承认这些挑战，允许患者有一定的灵活性。我们强调患者亲自递交信函，然而，由于许多原因（如地理距离、经济成本或家庭/社会的限制等），这也许是不可能实现的。在这种情况下，患者可以要求收信人在双方打电话或视频聊天时打开这封信。另外，患者也可以把信寄出去，然后给对方打个电话或视频聊天。

有些患者可能对收信人有复杂的情绪。除了深深的感激之情，这些患者也会对此人感到怨恨、愤怒，甚至嫉妒。这种动态经常发生在感恩拜访的对象是亲密的家庭成员或经常与之互动的人。在这种情况下，提醒患者这是一封感谢信和一次感恩拜访，而不是一个解决怨恨的机会。这种做法的目的是只关注积极的方面，而没有任何消极的方面。我们可以对同一个人体验积极和消极的情绪，然而，如果患者无法以一种自适应的方式将负面因素拒之门外，他们应该选择其他对象。

如果感谢信和拜访的接收者认为表达感恩是他自己才能拥有的权利和特权，那么这种做法可能不会有效。出于同样的原因，有些患者可能认为他们的生活中没有人值得被感恩，他们自己才应该是感恩的接受者。有些患者可能会说，情感表达是没有必要的，因为被感谢的人已经知道他们是感激的。帮助这些患者理解，培养一种积极和真诚的感恩之心会进一步加强与对方的关系。

除了拜访，患者还可以举办一个“感恩之夜”，邀请一位在他们生活中很重要但他们从没好好感谢过的人。患者也可以公开朗读他们的信件，也可以选择一个特殊的场合（比如升职、获得奖项或认可），公开或私下感谢帮助他们获得这一荣誉的人。

如果收信人因任何原因无法联系到你，包括死亡，你可以在亲密的朋友和家人面前阅读这封感谢信来确认你做的这件好的事情。

一些患者可能正在经历艰难的生活环境，这让他们很难找到值得感激的事情。对于这些患者，温和地鼓励他们回想过去值得感激的经历，鼓励他们回忆那些帮助他们成功的人。如果他们不能真正做到这一点，也不要强迫他们。

文化差异

不同的文化对感激的表达是不同的。有些人不善于通过语言表达感激之情，或者他们没有表达感激之情的词汇，因此，这些患者可能很难通过写作来捕捉自己的情绪。尽可能地让他们表达感激之情。一些患者在这样做的时候可能会感到内疚，因为他们可能会为周围那些没享受他们所拥有的奢侈待遇的人感到难过。

来自不同文化背景的患者也会发现这种做法具有挑战性，对于这些患者来说，谦逊和谨慎比感激更重要，也更符合他们的文化。此外，他们可能会觉得这种善行的神圣性会因为回忆和复述而被稀释。与这些患者一起探索如何在他们的文化中表达感激之情，以及如何将这种做法调整为一种文化友好的视角。

保持

与你的患者讨论以下建议，让他们保持进步：

- 多和有感恩之心的人交往，少和没有感恩之心的人交往。在群体中表达的情绪会产生连锁反应，并被群体分享。快乐和感恩的人具有感染力。
- 我们使用的词汇创造了现实。感恩的人有一种特殊的语言风格。他们使用礼物、给予、财富、富足、满足、祝福和幸福的语言。忘恩负义的人会用剥夺、后悔、缺乏、需要、稀缺性和损失来表达。缺乏感激之情的抑郁症患者的表达方式有些相似，他们关注自我，比如“我是个失败者”和“没人爱我”。如果你想培养感恩之心，那就时时监督自己的言行。我们不是在建议你用肤浅的赞美使自己膨胀，而是要关注别人为你做的好事。
- 如果你对感谢信和感恩拜访的感受很强烈，那么你有没有想过和更多人分享你的感激之情？想想你的父母、朋友、老师、教练、队友、雇主，他们对你特别好，但从来没有听到你表达过感激之情，这或许说明你的感激之情可能来得太迟了。
- 直接向他人表达感激之情。感恩是人与人之间的一种特质，当你面对面地、通过电话或信件来表达感激之情时，这种特质是最有效的。避免只说“谢谢”这样的客套话，而是要用具体的词汇来表达你的感谢。例如，认可你的能力的老师，通过能唤起你最好一面的方式与你联系；或你最喜欢的叔叔，带领你度过艰难的没人理解的青春期；或者一个老朋友，当你被欺负时总是支持你。写信给他们，用具体的语言表达你的感激之情。如果合适而且经济允许，你可以和对方一起吃晚餐，或者去看音乐剧、艺术展或体育比赛。

环节结束的放松

我们建议每个环节结束时都进行与开始时相同的简短放松练习。

第15章 环节9：希望与乐观

环节9是积极心理治疗第三阶段的开始，在这一环节中，患者要学会看到最可能的、最现实的结果。他们要知道挑战是暂时的以及如何培养希望。本次PPT的核心实践是“一扇门关闭，另一扇门打开”。

核心概念

思考一个不同的、令人向往的未来，并找到实现这个未来的途径，是人类最非凡的能力之一。希望和乐观是这种能力所固有的。我们经常听到患者这样说：“我感觉卡住了，我的工作不允许我成长”“我想自我感觉良好，但我发现的都是弱点”。在处理深度绝望感时，“希望”在不同的心理治疗传统中都被认为是核心的和有价值的目标（Frank & Frank, 1991），因为希望和乐观在与心理痛苦做斗争时起着至关重要的作用，它们与更好的生理、情感和心理健康密切相关（Snyder, Cheavens, & Michael, 2005; Segerstrom, 2007; Seligman, 1991; Visser et al., 2013）。

希望是一种可以达到预期的目标的感觉（Snyder, 1994）。充满希望的思考包含了这样一种信念：一个人可以找到通往理想目标的路径，而找到路径会激励他使用这些路径（Snyder, Rand, & Sigmon, 2002）。乐观主义可以被定义为一种归因，即我们向自己解释事件原因的方式（Seligman, 1991）。在解释失败的原因时，乐观主义者：（a）通常将原因更多地归结于外部因素，而不是完全责怪自己；（b）将原因与具体事件联系起来，而不是与生活中的所有事件联系起来；（c）认为失败是暂时的，而不是永久的。根据另一种理论流派，乐观是一种目标导向的性格，它使个人认为自己能够朝着理想的目标前进（Scheier & Carver, 1994）。尽管在这些核心概念上存在差异，但希望和乐观主义研究提供了一个共同的主题，那就是希望和乐观（而不是把所有的错误都归咎于自己）是通往理想目标的路线或途径，而系统地改变一个人的归因，就能创造出可实现的路径和目标。我们相信心理治疗本质上是关于改变自我破坏的属性和培养理想的路径和习惯的。在这里，我们展示一些来自希望和乐观主义研究的重要发现：

- 有证据表明，在困难时期，乐观主义者的痛苦更少，因为他们以产生更好结果的方式应对困难，并采取了必要的步骤，以确保拥有更美好的未来。几乎没有证据表明乐观主义者比悲观主义者的生活更糟糕。
- 希望和乐观是很容易理解的，当我们遇到挫折或逆境时，希望与乐观最适合我们。乐观和希望已经成为成千上万的科学研究的主题，这些研究揭示了可以治疗和预防抑郁症的关键因素和过程（Cheavens, Michael, & Snyder, 2005; Seligman, 1991）。培养希望和乐观是治疗抑郁症最有效的方法之一。乐观主义者和悲观主义者在很多方面不同，这会对他们的生活产生很大的影响，而且他们在遇到问题和应对逆境的方式上也有所不同。
- 乐观与以下因素相关：良好的道德，有效解决问题，学术、体育、军事、职业和政治上的成功，受欢迎程度，身体健康，甚至是长寿和免于创伤（Alarcon, Bowling, & Khazon, 2013;Nes & Segerstrom, 2006）。

环节的开始：放松

每个环节开始时，先做一个简短的放松练习。参考附录 A“放松和正念练习”。从复习患者的感恩日志，复习上一环节教授的核心概念开始。

环节练习：一扇门关闭，另一扇门打开

给临床医生的建议脚本

以下是一个脚本，你可以用来向你的患者介绍这项练习：

想想温斯顿·丘吉尔的这句话：“悲观的人从机会中看到困难；乐观的人从困难中看到机会。”这句话对你意味着什么？你倾向于表现得像一个悲观主义者还是一个乐观主义者？乐观包括对未来和现在的积极情绪。乐观的人能从坏事中看到好的一面。乐观并不会使人愚蠢或天真。事实上，乐观是一项艰巨的工作，正如工作表 9.1“打开一扇门”。想想你没能得到想要的工作或者被所爱的人拒绝的时候——当一扇门关闭时，另一扇门几乎总会打开（Pine & Houston, 1993）。

工作表 9.1　打开一扇门

第一步

在下列空格中，写下你打开门和关闭门的经历。你是立刻看到门打开了，还是花了一段时间？你来自一扇门被关上的失望、悲伤、痛苦或其他负面情绪是否导致你更难找到一扇敞开的门？在未来，你能做些什么来更容易地找到那扇敞开的门？

想想有三扇门对你关上了。还有什么其他的门打开了？试着填空：

（1）曾经对我关闭的最重要的一扇门是____________________

打开的那扇门是____________________

（2）一扇因运气不好或错失机会而关闭的门是____________________

打开的那扇门是____________________

（续表）

（3）一扇因失去、拒绝或死亡而向我关闭的门是______

打开的那扇门是______

第二步

在这一步中，你将探索如何向自己解释这扇门关闭的原因。从第一步中的三个事例中选择一个，并从选项提供的数字中选择一个最能代表你对关闭和打开的门的判断。（在量尺上，1= 最不符合，7= 最符合。）

那扇关着的门的门号是______

1. 这扇门关闭主要是因为我 1.....3.....5.....7.....

或

2. 这扇门关闭主要是因为其他人或环境 1......3.....5.....7.....
3. 这扇或类似的门将永远关闭 1......3.....5.....7.....

或

4. 这扇门暂时关闭了 1......3.....5.....7.....
5. 这扇关闭的门会毁掉我生活中的一切 1......3.....5.....7.....

或

6. 这扇门只影响了我生活的某一方面 1......3.....5.....7.....

如果你在第 1、3、5 项上得分高（12 分或更高），这表明你对关闭的门（挫折、失败和逆境）的解释是个人化的（主要是由于你），是永久性的（不会改变），是泛化的（一扇关闭的门将关闭生活中的许多其他事情）。

如果你在第 2、4、6 项上得分很高，这表明你对关闭的门的解释不是个人化的，是暂时的、局部的（不会影响你生活的所有领域）。根据塞利格曼的归因理论（Forgeard & Seligman, 2012; Seligman, 1991），这些解释与消极经历后的适应性功能有关。

反思和讨论

完成这个练习后，请患者进行反思和讨论：

- 当人们认为自己应该对挫折负全责，并认为他们生活中充满厄运和阴郁，而且会永远持续下去时，他们就容易患上抑郁症和其他心理问题。你如何向自己解释失败的原因？

- 挫折的影响是什么？关于你的快乐和幸福，消极和积极的方面各是什么？这种影响是全面的和长期的吗？
- 这种影响给你带来了积极的影响吗？是什么？
- “一扇门关闭，另一扇门打开”的练习在哪些方面增强了你的灵活性和适应性？
- 你认为刻意关注光明的一面（打开的门）可能会鼓励你最小化或忽视你需要面对的艰难现实吗？
- 是什么导致了“一扇门关闭”，又是什么帮助你打开了“另一扇门”？
- 对你来说，能够看到一扇门打开了，哪怕只是一条裂缝，是容易还是困难？
- 现在关着的门对你意味着什么？
- 你还有进一步成长的空间吗？这种成长是什么样的？
- 回想一两个帮你开门的人，或者帮你扶住门让你进去的人。
- 你是希望那扇关闭的门被打开，还是暂时忽视它？

案例

在酒精和毒品的影响下，37 岁的安东尼与一名男性发生了无保护措施的性行为。6 个月后，安东尼被诊断为 HIV（人类免疫缺陷病毒）阳性。作为一位成功的销售人员，一开始他感到震惊、内疚，通向未来的一扇门的关闭使他感到不知所措，他企图自杀，结果被一个好心人救了。安东尼感到绝望和愤怒，只想等待死亡。

在以创伤为重点的治疗工作中，安东尼评估了他的品格优势。创造力和对美的欣赏这两个优势是突出的，他一直想成为一名摄影师。之后，他卖掉了房子，搬到了一间小公寓，开始上摄影课。他的症状得到了很好的控制，现在，他作为一名自由的摄影师，正在环游世界，捕捉感染艾滋病病毒的其他男性的生活瞬间。

案例

被诊断患有边缘型人格障碍的 23 岁女性劳伦说，她面临的最重要的“一扇关闭的门”是被父母赶出家。起初，她很恐惧，于是找了一份卑微的工作养活自己，并自己支付学费。劳伦学会了做饭、打扫卫生和靠拮据的预算生活。当家庭的大门在她面前关闭时，自立的大门却为她打开了。今年劳伦毕业了，她对未来充满希望。

适应性和灵活性

当患者以乐观的态度处理一项任务或挑战时，他们面临的最大挑战是要知道应该在什么情况下运用乐观这个方法。生活中有许多情况需要我们深思熟虑地运用审慎和批判性思维。PPT 鼓励患者培养灵活或复合的乐观态度。当患者认为抑郁少了，成就多了，或者健康状况更好了，他们可以选择乐观；但当他们需要理性判断或承担责任时，也可以选择不使用乐观。学会乐观并不会削弱我们的价值观和判断力。相反，它解放了我们，以实现我们设定的目标。然而，乐观的好处并不是无限的。

悲观主义在整个社会和生活中也有其作用，当悲观主义的观点有价值时，我们也要拿出勇气接受它（Seligman, 1991, p. 292）。例如，悲观主义能促进我们对潜在危险的识别、预测和准备，这些技能在危险的情况下尤其重要。比如，根据天气的不同，悲观的人可能会在起飞前第二次为飞机除冰，因为他考虑到的是最坏的结果，而乐观的人可能会认为这是不必要的。同样，对于消防员和外科医生来说，专注的思考和选择与手头工作直接相关的行为也很重要。如果是针对具体和特定的事情，悲观主义是有适应性的，然而普遍的悲观主义是不起作用的。

重要的是，作为临床医生，你能够帮助患者评估和建立真正意义上的希望和乐观。一些患者由于不重视精神健康，可能会最小化他们的抑郁症状，高估他们的康复机会，或者忽视或最小化情绪健康的微小但重要的作用（Hunt, Auriemma, & Cashaw, 2003; Tong, 2014）。有些人可能带有不切实际的乐观主义，这也被称为“乐观的偏见”（Sedikides & Gregg, 2008）。这是一种倾向，认为自己经历不利事件（如抑郁或其他）的风险比平均值小。

当患者对可以改变的事情有现实的评估时，希望和乐观将更好地发挥作用。有些患者可能会有一种不受约束的乐观主义，认为只要坚持积极思考，任何事情都是可能的。PPT 是关于改变那些可以改变的东西（如思考、行动、回应和互动的方式）的，希望和乐观不是改变无法改变的事情的幻想。这种放纵会干扰患者从事现实的可实现的追求（Oettingen & Gollwitzer, 2009）。

文化差异

有些患者，可能会显得相当悲观，这要归结于培养谨慎和自律，而不是希望和热情的文化因素。这些患者可能在悲观情绪的影响下运转得很好，并安然度过了危机。他们设定较低的期望，并认为事情可能会变得很糟糕，他们审视所有可能发生的负面或坏的结果。然后，他们会在脑海中演练应对各种挑战的方法，直到他们对事情的结果有了清晰的认识，知道他们需要采取哪些预防措施来降低失败的可能性。这种策略通常被称为“防御性悲观主义”，有时很有效，尤其是对那些患有焦虑症和抑郁症的人（Norem & Chang, 2000）。

考虑到文化因素，而不是利用防御性悲观主义，患者可能会对谨慎和小心的优势做出更好的反应。因此，深入了解你的患者的显著优势档案是很重要的，这样能够帮助他们放弃关于他们自己的负面和基于不足的标签，并使用更多基于优势的语言来了解他们自己。

在文化背景下评价乐观和希望也很重要。例如，有些人的乐观主义意味着能够接受生活中的情况，而不是期望未来会有更多的好事发生（Lai & Yue, 2000），相互依赖的取向（如集体取向）可能会导致更高的谦逊和内敛。

保持

与你的患者讨论以下建议，让他们保持进步：

- 下次帮助其他人解决问题时，要看到事情积极的一面。不要使用“看光明的一面”这样的陈词滥调，试着帮助他找到他可能会忽略的具体机会。
- 保持希望和乐观，尤其是在治疗后的艰难时期，记住你是如何从心理治疗中受益的——这本质上是一个增强希望的过程。患者寻求心理治疗，可能是因为他们缺乏改变不良行为的技能，或者是因为他们有技能，但对如何创造性地应用这些技能缺乏信心。治疗过程（如果有效）能让你了解你的技能，并利用或提高他们。如果你有技能，治疗过程将通过设计一个计划来实现特定的目标，帮助你获得或重新获得信心和动力。下次当你发现自己缺乏希望和乐观时，回想一下心理疗法是如何有效地帮助你的（如果它确实有效的话）。这样的反思将使你能够转化在治疗中学到的技能，以解决生活中可能遇到的新挑战。
- 保持希望和乐观也需要社会支持和支持性的社会环境。确保你身边的人都是对未来充满憧憬和乐观的人。如果你遇到严重的挫折、失败或逆境，一个乐观、充满希望的朋友可以成为帮助你提升情绪的财富。同样，如果你的朋友遇到问题，你也可以帮助他们重新振作起来。

环节结束的放松

我们建议每个环节结束时都进行与开始时相同的简短放松练习。

第16章 环节10：创伤后成长

环节10邀请患者来探索对仍然困扰他们的创伤经历的深刻感受和想法。本环节积极心理治疗的核心实践是表达性写作。

核心概念

经历创伤后，有些人会患上创伤后应激障碍（Posttraumatic Stress Disorder, PTSD），这是一种需要及时治疗的严重疾病。然而，在经历创伤之后，大多数人还会出现创伤后成长（Posttrau-matic Growth，PTG）。创伤后成长需要患者对生命的意义和关系的重要性进行具有洞察力的改变。这种成长往往有助于减轻由创伤引起的失落感或无助感（Calhoun & Tedeschi, 2006）。研究表明，创伤后成长可以改善人际关系，提高对生活的欣赏，增强个人优势和灵性（Grace, Kinsella, Muldoon, & Fortune, 2015; Roepke, 2015; Jayawickreme & Blackie, 2014）。研究还表明，经历创伤后成长的人能够：

- 培养出一种新的信念，相信自己有能力承受和战胜一切。
- 改善关系，尤其是发现谁是真正的朋友，谁是可以真正依靠的人。在这个过程中，有些关系通过了考验，而有些关系则破裂了。
- 对亲密关系感到更舒服，对受苦的人更有同情心。

- 培养出更深刻、更成熟、令人满意的人生哲学。

其他需要考虑的事情（Fazio, Rashid, & Hayward, 2008）：

- 智慧、感恩、善良、希望和勇气有助于创伤后成长。
- 创伤后成长并非都是美好的，但它能让幸存者看到谁是“真正的朋友”，谁是“酒肉朋友”。
- 以问题为中心的应对、积极的重新阐释和积极的宗教应对有助于创伤后成长。
- 时间本身并不影响创伤后成长，但干预事件和过程促进了创伤后成长，创伤后成长随着时间的推移趋于稳定。

环节的开始：放松

每个环节开始时，先做一个简短的放松练习。参考附录 A“放松和正念练习”。从复习患者的感恩日志，复习上一环节教授的核心概念开始。

环节练习：表达性写作

20 多年来，詹姆斯 · 彭尼贝克一直在探索，写下一段痛苦或沮丧的经历会如何影响人们的健康和幸福。彭尼贝克的策略被称为“写作疗法”（Pennebaker & Evans, 2014），有超过 200 项研究探索过这个策略，它包括在保证保密的情况下写作（Smyth & Pennebaker, 2008）。他让他的学生写一篇他们最悲伤或最痛苦的生活经历。学生们被要求详细描述这次经历，并充分探索他们的个人反应和最深的情感。每次写作持续 15~30 分钟，要求学生连续写 3~5 天。

彭尼贝克和其他研究者发现，对过去创伤事件的表达性写作有很多有益的效果（Park & Blumberg, 2002; Pennebaker, 1997）。那些花 3 天时间在日志中探索他们关于折磨或创伤的最深思想感情的人，在写作之后的几个月里会更少拜访医生，表现出增强的免疫功能，报告更少的抑郁和痛苦，获得更高的成绩，在失业后更有可能找到新工作。记录个人的、有意义的经历对心理健康有积极的影响（Cooper & Frattaroli, 2006）。披露信息可以帮助人们理解沮丧的事件，更好地调节他们的情绪，改善他们与社交世界的联系，从而对健康和幸福产生积极的影响（Neimeyer, Burke, Mackay, & van Dyke Stringer, 2010）。这种效应在不同文化背景下都适用。

关键的机制似乎是写作过程本身的性质，它有助于个人了解、接受和理解创伤。通过写作在创伤中寻找意义，也能减少个体体验关于创伤的侵入性想法的频率和强度。

给临床医生的建议脚本

下面是一个脚本，可以使用它向患者介绍表达性写作练习：

写下你最深的创伤经历的行为可能会抑制你的表达，因为你可能觉得有人会读到这些。为了减轻你的忧虑，把你的作品放在一个别人无法接触到的安全的地方。如果你和伴侣住在一起，你可能想要给他解释这个练习的性质和目的，并要求他保密。

按照工作表 10.1 的要求，连续 4 天每天至少花 15~20 分钟写下你所经历的创伤的详细描述。

这可能不是一项容易的练习，但是，我们已经在治疗环节中处理了一些困难的主题，比如对一个具有挑战性的情况进行反思和写作，以及重新回顾开放的和消极的记忆。希望这些实践增强了你在安全治疗范围内处理困难问题的信心，其目标是帮助你从这些练习中获得新的见解——针对你的个人成长的见解。

当你写作的时候，如果你被你的感觉和想法淹没了，休息一下（最多 2~5 分钟）。清醒一下，然后马上回来。尽量不要让练习未完成或只完成了其中一部分，比如只写了一两天。

工作表 10.1 表达性写作

请用笔记本或日记详细记录你所经历的创伤。连续 4 天每天坚持至少 15~20 分钟。确保你把文章放在一个只有你能接触到的安全的地方。

在写作中，试着释放并探索你对生活中的创伤经历最深的想法和感受。你可以把这段经历和生活的其他部分联系起来，或者把它集中在一个特定的领域。你可以在 4 天里写下同样的经历，也可以写下不同的经历。

4 天之后，在描述了这次经历之后，请写下这次经历是否对你有帮助：

- 理解它对你的意义
- 了解自己处理类似情况的能力
- 从不同的角度理解你的人际关系

反思和讨论

完成这个练习后，请患者进行反思和讨论：

- 写作中最困难的部分是什么？你是否同意，即使非常困难，但仍然值得写？
- 你是否对创伤、逆境或损失的一些反应非常强烈，以至于会刻意回避相关的感觉。如果有，写作过程是否帮助你看到了这种逃避？
- 写作能否帮助你从生活的角度来看待成长？
- 尽管有挥之不去的创伤或损失的痛苦，你是否仍体验到了内在的愈合或成长？

- 写一些具体的你已经采取或打算做的行动或行为，这意味着创伤后成长。
- 写作过程的结构是否帮助你以不同的方式看待创伤经历的因果关系？如果是，你发现了什么不同的因果联系？
- 你在创伤后成长中看到自己的品格优势了吗？

案例

20 岁的男性患者凯恩，第一次治疗是个人积极心理治疗，之后进行了小组积极心理治疗。凯恩的恢复是有效、成功的。上一次治疗结束 6 个月后，他描述了这个过程：

> 自我意识的恢复和成长的过程就像在阴天追着太阳走，而太阳才是真实的自我。当你不能清楚地看到自己时，你的自然反应便是悲伤。但你可以发现一些迹象，这些迹象能让你离找到太阳更近一步。你必须注意这些迹象，但不要完全相信它们。没有什么比在清醒的时候发现追求的方向是错误的更让人崩溃的了。我认为，这是恢复所必须经历的许多初期不稳定的根源。因此，确保不会再犯这样的错误是至关重要的。这并不是说我们不应该追求直觉，只是说我们不应该预设直觉是正确的。当追求的目标如此重要，如一个连贯的自我意识，伴随这种直觉的情感可能是具有欺骗性的。正是这种重视目标的情感使得直觉的动机如此强烈，它不一定是直觉本身。事实会证明，这是一个不利于恢复的错误。
>
> 最后，大多数人生活中最大、最具侵入性的问题可能是无法宽恕和接受自己。看清自己和对所看到的情况予以赞赏是不同的。为了解决这个问题，我只能说，你要接纳自己。宽恕自己就是释放自己。没有什么比我们强加给自己的判断更能束缚人了。我们总在限制自己，

不断地以无益的方式行事和思考，我们要学会接纳真实的自己。

案例

23 岁的安妮最近刚大学毕业。她在大一的时候参加了小组积极心理治疗，但是她无法让自己进行表达性写作的练习。大约三年后，安妮参加了几次单独的治疗，她说她终于能够写下自己的创伤，并且在这个过程中产生了深刻的洞察（洞察力是安妮的显著优势之一，在没有任何提示的情况下，她把自己的洞察力融入了这个故事）。

我们每个人都拥有自己的世界，都在围绕着这个中心构建“自我”，它承载着见证和叙述的意义。在生命的激流中挣扎，我试图坚持下去——这是一个承诺，一个不断坚持的行为，当我还是一个小女孩的时候我就对自己做出了这个承诺。我记得，儿时我在学校里忍受了漫长的欺凌，回到家又会听到暴力的尖叫声，于是我会偷偷溜进自己的房间。每当夜幕降临，我就盯着窗外灰黄的路灯。每天晚上，我小小的身体都在默默的流泪和羞愧中颤抖，我祈祷能逃开，从这种熟悉的丑陋中蜕变。

成年后，我意识到我对运动的坚持是为自己开辟人生的必要条件。这是一条回到那个内在受伤小女孩身边的道路，我不再哀叹，而是温柔地握住她的手。因此，向内行走是一个回归的过程。洞察力与视野是密不可分的——既是眼睛看到的，也是我看到的。我拥有一颗敏感的心和天生的求知欲，我会用写作来表达反思、自我认知的维度和变化。每年夏天结束的时候，我都会写满两个笔记本，里面有我经过整理的有价值的内心表白和与它们相关的经历。

通过写作，我可以想象自己站在一个只有一个见证人——我自己——的舞台上。我想关注我的渴望、绝望和希望。然而，多年之后，我正在教导自己穿越过去，活出自我。我认为洞察力是一种同时在自身内部和外部活动的能力。往往是在这样平凡的时刻，我们才会窥见自己的成长。坚持我们的精神是我们的责任。正如莱内·马利亚·里尔克美丽的断言："让一切发生在你身上 / 美丽和恐怖 / 只要继续 / 没有感觉是最终的。"

案例

下面是年轻患者亨利写的故事，他在具有挑战性的环境下拿到了他的学位，并最终获得了一份全职工作。亨利先是参加小组积极心理治疗，然后参加了个人积极心理治疗。

从原始的童年
在一个遥远的国度，一天的信仰与阶级之战解放了他
并席卷了他的梦想
他看到了人类残骸
在他的灵魂上留下了不可磨灭的伤疤
他的家被击得粉碎
他的家人分散在三大洲，在数个难民营里
有近十年的时间，他都在寒冷的角落里，等待着
带着一丝希望的温暖
最终，他在寒冷而安全的加拿大土地上着陆了
他一只脚踩在雪地里，另一只脚站在超市里
一周又一周，每周站 60 个小时
在周末，当他的同伴玩和聚会时

他在工作，把每一分钱都用来支付拥挤公寓的租金
并为每个人买了杂货
他说，我养活了他们
但每当他拖着疲惫的身体走进公寓
长篇大论和家庭的烦恼都来迎接他
他常常想，就这样了吗?
他的一个同事也有同样的想法，于是退出了
把他留在生存的边缘，找不到生存的意义或手段
就这样了吗?
这个想法让他多次被送到一间没有窗户、寒冷的精神病病房
有好几个星期，他住在医院里
多种药物的混合作用，使他的精神平静下来
灵魂却被一系列确诊疾病撕碎
抑郁，创伤后应激障碍，社交焦虑
他带着极大的怀疑参加了积极心理治疗小组
他的开场故事以一句“我从不放弃”结束
他认为自己只有压力，没有优势
但令他惊讶的是，其他人发现了他的勇气和适应力
虽持怀疑态度，但他开始思考这些优势
他重新讲述了自己的故事，这一次与压力并存的还有闪耀的优点
在他讲述这个故事的过程中，他经历了许多艰难困苦
但每次他都告诉自己：“我从不放弃。”

适应性和灵活性

安妮·玛丽·罗普克（Anne Marie Roepke, 2015）最近回顾了与创伤后

成长相关的文献，她建议临床医生应密切关注成长主题，因为细微或无意的评论（手势）可以通过鼓励患者讨论来抑制或促进其成长。

促进成长的练习（尤其是那些与创伤有关的练习）有可能让患者产生这样的期望，即他们必须在完成这些练习后才能成长。实际上，应该通过关注过程而不是结果来减少成长的压力。

虽然关于创伤表现的某些主题可以从以前的研究成果中描述出来，但创伤表现的性质和时间可能因人而异，特别是在当代城市和多样化的社会中。进行 PPT 的临床医生应注意，作为方案和顺序的一部分，完成这项实践远不如根据需要调整方案以促进对每个患者的最佳临床护理重要。如果你觉得这种做法可能会造成潜在的伤害或干扰自然愈合及恢复过程，请谨慎行事。重要的是，要意识到许多患者倾向于避免处理创伤，而表达性写作的练习可能允许他们最终通过结构化的过程来处理它。与患者讨论，这种做法有潜力为他们提供一个更清晰的视角，这可能有助于患者结束痛苦的经历，并使他们能够承认可能已经获得的积极收益。

有时候，如果我们的过去涉及创伤性记忆，我们会故意不去深究，因为直面创伤和相关的情绪不仅会让我们感到不舒服，还会让我们感到脆弱。如果你的患者是这样的情况，让他们选择一个情境来做这项练习：提供他们的安全或值得信赖的社会支持，或一天或一年中他们感到恢复活力的时间（如春季或夏季），或当他们没有被外部压力压垮的时候（Jelinek et al., 2010）。如果患者感觉更舒服，他们可以在治疗室进行第一次写作，可以选择让临床医生暂时离开。

要记住，创伤最糟糕的时刻往往包含着杂乱无章或未妥善处理的想法，病人可能无法通过创伤后成长练习清晰或准确地表达出来。这并不意味着不应该进行这样的练习，要在练习的过程中（之前、期间或之后），鼓励患者评估他们回忆的准确性。

还要注意，当前的外部因素（如世界事件、新闻中的丑闻等）可能会影响表达性写作过程。例如，一位患者最近分享说，越来越多的名人和公众人物对他人进行性侵犯的报道唤起了她的记忆。由于无法准确回忆，她觉得自己可能在很小的时候就经历了这种创伤。临床医生应谨慎行事，确保病人的创伤经历建立在自传体记忆之上，既不要低估也不要高估其影响。重大的外部压力可以压倒我们大多数人，使练习的效果不太理想。

临床医生注意

期望以创伤后成长为中心的练习成果能够永久保持或带来彻底的个人转变，是不合理的。

1. 当创伤后成长已经开始或结束时，可能很难确定明确的起点和终点。

2. 请记住，有的患者可能由于一些他们无法控制的原因而无法长期成长。使用有效而可靠的衡量方法进行定期评估可以为你提供衡量增长变化的标准。

3. 继续与患者讨论治疗上的变化，不要明确地询问成长情况。这可以帮助你理解患者深深嵌入其中的情境。

4. 此外，围绕变化主题的持续讨论可以帮助你确定何时需要额外的资源或支持来维护和促进创伤后成长。

在过去的十年中，我们与数百位患者进行了个人和团体的合作。以下是一个表现出创伤后成长的患者的简介：

快 30 岁的女性艾丽卡经历了多年的情感折磨，有时还会受到丈夫的身体虐待。在他们的孩子被诊断为发育障碍后，他们的关系变得更糟。当她的丈夫无法接受痛苦的现实时，艾丽卡却接受了这个事实，并不遗余力地为她的孩子寻求最好的支持服务。在这个过程中，虽然她和丈夫的关系恶化了，但她成了有类似发育障碍的孩子家长的代言人。

文化差异

你必须仔细倾听患者在文化背景下的语言和心理反应。来自某些文化背景的患者可能会向你寻求明确的建议、应对策略或文化上合适的资源，而不是仅仅需要你同情地倾听。回应的方式要符合他们的需求，或者说了解创伤的背景特征，包括患者当前的文化、宗教、社会和经济环境。

在进行这种实践时，要注意文化上敏感的情感表达，尤其是那些与创伤相关的情感表达。不同的文化以不同的方式来明确区分特定的情感。例如，在相互依存的文化中，人们会倾向于更频繁地表达情绪；而在个人主义文化中，个人情绪的差异更明显（Cordaro et al., 2018）。在创伤后成长实践中，要密切关注来自不同文化背景的患者如何表达情绪，如何描述与情绪相关的生理状态，以及如何解释与创伤和成长相关的情绪。

此外，仔细倾听，不要从任何一个特定的文化角度来评判患者的经历。这是一个很好的机会，让临床医生发挥其开放思想、好奇心和社交能力的优势。

保持

与你的患者讨论以下建议，让他们保持进步：

- 写下一个创伤性事件极具挑战性。然而，将创伤隐藏在内心，而不以一种适应性的方式表达它，对你可能非常有害。因此，重要的是，在表达性写作练习之前和之后，你要提醒自己，你的目的是打破心理障碍，停止思考创伤的循环，更重要的是，要探索创伤是否也给你带来了积极的改变。
- 这种做法既是个人的，也是人与人之间的。到目前为止，在临床医生的帮助下所做的治疗基础工作，对你准备进行的创伤后成长是至关重要的。你很可能会利用勇气、社交能力和自我调节能力来从事这项工作。同时，为了获得和保持观点，特别是解释其含义和潜在的成长价值，你也将极大地受益于持续的治疗支持。向你的临床医生倾诉自己的感受，并且把这些感受用语言表达出来。在一个安全的、人际关系密切的环境中，对潜在的成长进行洞察是最好的方法。我们建议，为了保持这种做法的好处，你的治疗应持续一定的时间。

- 同样重要的是，不要强迫自己成长，也不要指望从创伤中幸存下来会给你的生活带来重大的积极变化。与诊断反映的数据相比，从创伤中成长在实际生活中其实更为普遍，但可能需要适当的时间和过程才能显现出来。与其寻找零星的成长的表现，不如多关注你内在自然发生的变化。例如，在创伤事件之后，大多数人报告经历了三件事（Roepke, 2015）：
  - 重新相信自己有能力承受和战胜困难。
  - 改善人际关系——发现谁是真正的朋友，谁是真正值得信赖的人，以及人际关系与物质财富相比有多重要。
  - 对亲密关系感觉更舒服，对受苦的人有更大的同情心。
  - 定期反省自己是否发生了这些或类似的变化。

环节结束的放松

我们建议每个环节结束时都进行与开始时相同的简短放松练习。

第 17 章 环节 11：慢生活与享受生活

在环节 11 中，患者学习如何有意放慢生活的速度，培养一种享受的意识。通过这样做，他们学会专注于积极的一面。本环节所涉及的积极心理治疗的核心练习是缓慢和享受。

核心概念：慢生活

在这个多任务的时代，速度已经成为终极的欲望，加拿大研究者卡尔·奥诺雷（Carl Honore, 2005）认为我们生活在一个多任务的时代，人们已经对速度上瘾了，我们把越来越多的东西塞进生活的每一分钟，比如：

- 快餐和快速约会
- 即时通讯、微博
- 汽车穿梭餐厅
- 微波晚餐
- 技能速成课程
- 快速瑜伽和快速冥想

我们过着高速运转的生活，每时每刻都像是在与时间赛跑，这种没有耐心的态度已经感染了我们文化的每一个角落，我们都迫切需要一种治疗方法。这种生活方式对我们的健康、饮食、工作、社区、人际关系和环境等方方面面都造成了损害。有证据表明，认知繁忙的人更可能表现得自私、使用性别歧视的语言、在社交场合做出错误的判断（Kahneman, 2011）。

许多患者报告说，尽管他们每天都做很多事情，而且大部分都很快就做完了，但他们仍然感到有压力，没有完成任务，很累，似乎永远不会到达待办清单的终点。他们觉得自己是在与生活赛跑，而不是真正地生活。至少在过去的 50 年里，西方文化（现在也包括世界其他地方）一直被“快就是好”的观念所误导。在某些情况下，加快速度可能是可取的，但近年来，我们进入了一个“回报递减”的阶段。尽管人们加快了几乎所有的事情，但我们并没有更快乐或更健康。这就是现在“慢运动”吸引了人们的注意的原因。

世界各地的人们渐渐意识到，生活在快节奏中是多么愚蠢，他们发现，通过明智地放慢生活节奏，他们会把每件事做得更好，也会更加享受每件事。最新的神经科学研究表明，当人们处于放松、柔和的状态时，大脑会进入更深、更丰富、更微妙的思维模式（Kahneman, 2011），心理学家称之为“慢思维”。艺术家们一直都知道不能急于创作，而企业也越来越意识到这一点。员工需要一些时间来休息、放松、保持沉默，这样才能更有创造力，更有效率。首先需要说明的是，缓慢并不是反速度的。例如，高速互联网的网速慢的话，我们就不能享受看冰球的乐趣了；截止日期也会推动我们加快完成任务的速度。

多任务处理在我们的社会中也很普遍。然而，对于大多数高阶活动而言，人类的大脑并不是设计来同时处理多项任务的；相反，大脑实际做的是在活动之间顺序切换，从而变得更加擅长来回切换（Carrier et al., 2015）。研究表明，这种活动之间的切换并不是很有成效，事实上，以这种方式执行任务可能需要两倍以上的时间才能完成（Minear et al., 2013）。这就是为什么当我们被即时消息、社交媒体提醒和突发新闻淹没时，手中的项目和任务需要更长的时间才能完成。

环节的开始：放松

每个环节开始时，先做一个简短的放松练习。参考附录 A “放松和正念练习”。从复习患者的感恩日志，复习上一环节教授的核心概念开始。

环节练习：放慢生活的速度

工作表 11.1 提供了 6 种策略来帮助我们慢下来。与患者讨论每一个问题。这种心理教育方法将帮助患者掌握慢下来的概念和具体的建议。在讨论时，询问患者他们是如何与每种策略相关联的。

工作表 11.1 放慢速度的策略

你怎样才能换挡并稍微减速呢？这里有一些建议，请选择一个你觉得容易实现的。在工作表末尾的空白处指出你的选项，然后写下你这样选择的原因。

从小处开始，逐渐减速：循序渐进地减速比急刹车要好。开始时小幅下降，然后逐渐减速。

从几个方面开始：选择一个或两个你通常会快速通过的领域，放慢这些领域的速度。比如一周至少有三顿饭吃得比较慢，一周至少慢走一次，或者一周有一次无媒体 / 科技的夜晚。

投入：有意识地专注于平静的体验，比如看浮云、看日落、感受微风，或者聆听风铃的声音。你可能会发现，大自然的节奏是缓慢的且令人愉悦。

教育：告诉你的家人和朋友速度的负面影响（如事故、受伤、压力和焦虑）。

无电子设备区：创造无电子设备的时间或区域（如下午 6 点以后不用手机或不在卧室看电视）。

学会说“不”：学会说“不”，避免工作排得太满。

（续表）

选择一项：

你为什么选择这一项？

____

____

____

行动：

你将采取什么特别的行动？

____

____

____

频率如何？

____

____

____

你认为你需要什么类型的社会支持来应用这个策略？

____

____

____

如果这个策略有效，三个月后会有什么不同？

____

____

____

反思和讨论

完成这个练习后，请患者进行反思和讨论：

- 如果你发现自己总是很忙，那么日常生活中会发生什么？你是否经常感到时间不够用？你是否经常同时处理多项任务？
- 你是否觉得信息超载、时间紧张、过度刺激、表现不佳？多任务是忙碌和生活节奏快的表现，你经历过哪些？
- 是什么驱使你如此忙碌？你认为原因是内在的还是外在的，或者是两者的结合？内在原因如焦虑的人格倾向和出现焦虑的症状。
- 你在工作表 11.1 中选择的慢速策略与你的具体特点有什么关系？
- 这里提到的所有慢下来的策略都需要积极的参与。你将采取什么具体行动，或者谁将支持或阻止你的积极参与？
- 你可以使用哪些优势（从你的个人资料或其他方面）来确保你所选择的策略是成功的？

核心概念：享受生活

弗雷德 · 布莱恩特（Fred Bryant, 2003）是研究享受的先驱，他将享受生活定义为一种专注于并欣赏生活中积极体验的有意识的过程。布莱恩特描述了享受生活的各个方面：

- 四种享受：晒太阳、感恩、放松和赞叹。享受可以培养积极情绪，增加幸福感。
- 通过与朋友和家人一起享受物品或经历，我们可以加深生活中有意义的人际联结。

- 享受需要努力。我们必须克服一心多用和“前进，前进，前进”的压力。
- 我们练习得越多，享受就越能成为一种更自然的感觉。

环节练习：享受生活

患者可以参与、欣赏并强化积极的体验。其中一些在工作表 11.2 中有概述，还包括体验特定生活享受的技巧。与患者讨论不同种类的享受体验和技巧。

工作表 11.2 享受的体验和技巧

享受是有意识地将积极的感觉、情感、感知、思想和信念结合起来，欣赏自己的经历。这份表列出了不同种类的享受体验，然后是你可以用来享受的技巧。在这张表末尾的空白处，选择一种你想尝试的享受技巧，然后写下你会在日常生活中使用这个技巧的时间、地点和频率。

各种享受体验
晒太阳：对自己的成就、好运、幸事和得到的祝福感到非常高兴或满意。
感恩：表达感谢，表达感激之情。
放松：在体验身体上的舒适和感官享受时获得极大的快乐（且不表现出抑制）。
赞叹：充满好奇或惊讶的。美丽常常引起赞叹，练习美德也可以激发赞叹。例如，人们可能会赞叹一个人面对和克服逆境的力量。
正念：对自己、周围环境和他人的觉察、注意和观察的状态。
享受的技巧
与他人分享：你可以与他人分享一段经历，告诉他人你有多珍惜这一刻。这是对快乐最有力的预测。
建立记忆：在脑海里记下一件事的场景，或者获取一个有形的纪念品，然后和其他人一起回忆。
自我表扬：不要害怕骄傲，与他人分享你的成就，这是在真诚和诚实地祝贺你对追求有意义的事情的坚持。

（续表）

敏锐的感知：这包括专注于特定的元素，并屏蔽掉其他的。例如，大多数人花更多的时间去思考如何纠正错误（或即将出错的事情），而不是享受正确的事情。 选择其中一种享受技巧。在日常生活中，你会在什么时候、在哪里频繁地使用它来增加积极情绪？

反思和讨论

完成这个练习后，请患者进行反思和讨论：

- 在四种享受（晒太阳、感恩、放松和赞叹）中，你最常使用哪一种？在什么情况下？
- 你还利用了其他没有列在这里的享受吗？
- 是否有任何因素阻止你使用工作表 11.2 中的任何一种享受？
- 享受需要练习，你可以采取什么具体的行动来巩固你的享受练习？

环节练习：计划享受

在这个环节开始之前，收集一些物品（如纪念品、石头、能奏出旋律的东西、羽毛、鲜花、食物、自然美景和奇观的图片或明信片）。如果你正在进行小组形式的 PPT，请提前检查敏感情况。在小组 PPT 时将这些东西放在桌上，在单独的 PPT 中可以放在患者旁边。

- 借助工作表 11.2，讨论不同种类的享受体验和技巧。
- 要求患者至少选择一个对象，并使用一种或多种享受技巧来享受该对象。
- 要求患者在心里记下他们在享受时注意到了什么。

- 要求他们尽可能多地使用感官（不同种类及技巧）。
- 给患者 3~5 分钟的时间享受选择的对象。

下一步是和别人分享。在小组 PPT 中，患者可以与旁边的人分享。在个人 PPT 中，患者可以与临床医生分享。请患者讨论所分享经历的种类和他们在练习中使用的技巧。然后，让患者用下面的问题进行思考和讨论。

反思和讨论

- 当你享受选择对象时，产生了多少种感觉？
- 你是否试图专注于物品的某些感官特性，而忽视了其他的感官特性？
- 当你在享受的时候，你是否有一种想要马上离开奔向另一件事的冲动？
- 你能让自己在做这个活动时感到舒适和放松吗？你是怎样放松的？你经常这样做吗？
- 在享受时，你是否认为具体的事物可以更好？是什么促使了这种想法？
- 你有过愉快的经历吗？是什么导致的？

环节后练习：享受约会

为了扩大享受生活的练习，请你的患者在家里做以下活动，然后对问题进行反思。

计划并执行一次“享受约会”。你可以和伴侣、朋友或家人一起做这个活动。例如，你可以邀请朋友来吃冰激凌（一起品尝几种不同的冰激凌）；你们可以一起看喜欢的电影或者听喜欢的音乐（目的是尽可能地集中注意力，尽可能多地运用感官去欣赏电影或歌曲）；你们可以坐在户外，享受大自然；或者只是留出时间和亲友交谈（在这段时间里保持好奇、专注和感激）。在这个练习中要有创意，计划一个至少需要和对方相处一小时的活动，然后用反思和讨论部分的问题写一个经验的描述。

反思和讨论

- 你是否享受你的“享受约会”？如果没有，是什么阻止你享受它？
- 有意计划是否影响了快乐或愉悦？你认为随顺兴致地这样做会产生不同的结果吗？
- 这种约会在你的生活中是否常见？
- 你是否用心感受了享受约会中每一种感官体验（视觉、听觉、嗅觉等）的特性？
- 在享受约会的过程中，你有没有想过其他仍萦绕在你心里的问题、烦恼或琐事？

案例

有边缘型人格障碍症状的 23 岁女性索菲娅参加了积极心理治疗的小组干预。她经常烦躁不安。在完成了大多数积极心理治疗练习后，索菲娅发现享受生活这个方法是最有益的。她经常和男友为一些鸡毛蒜皮的小事争吵，从把洗碗机里的餐具放在哪到看哪个电视节目，不一而足。虽然他们的关系总体上是稳定的，但这些日常的争吵却影响了他们的感情质量。索菲娅喜欢做饭。这次，她做了男友萨米最喜欢的印度菜，让他大为惊喜。她的经验描述如下：

> 经过学习，我决定选择一些我和萨米都喜欢的食物。上个周末，他工作了一整天，我先去印度超市挑选了原料。我特别喜欢香料的味道，从鲜香的孜然种子到微妙味道的姜黄，它们使我感到愉悦。我买了很多原汁原味的食材。当我回到公寓时，我决定只做一道菜来享受香味和过程。在我最喜欢的印度音乐声中，我做了鱼酱油马沙拉，整个厨房充满了独特的香味。我不慌不忙地把蔬菜洗干净、切好、准备好，然后慢慢地做每一步。萨米又惊又喜。我们静静地吃了一顿饭，享受着每一口美食。这是一次很好的经历，所以我和萨米决定两人每个月轮流做一顿这样的饭。
>
> 反思：我知道一顿饭不会改变我或萨米的生活，但我意识到一顿饭可以帮助我更好地控制自己的情绪。我一直喜欢烹饪，喜欢尝试新的食谱。上一次做饭时，我的情绪被一些轻微的刺激破坏了，后来我就不再做饭了。但这个周末的经历帮助我理解了两件微妙的事情。首先，我可以自己度过一段美好的时光。我不需要别人，也不需要很多花哨的东西来让我感觉良好。第二，我意识到这次周末晚餐太棒了，第二天我能更好地处理各种小麻烦。也许我需要刻意计划这些美好的时刻，以便拥有更加美好的生活。

案例

24 岁的艾西亚是一位有完美主义倾向的病人，她寻求针对有严重和复发症状的抑郁症的个体化治疗。经过一番犹豫之后，她同意开始写感恩日志。以下是她的一些日志，列举了自己的愉快经历。

星期日	• 享受母亲给我买的漂亮围巾 • 哥哥向我介绍了一种美味的、可能会让人上瘾的墨西哥辣椒和切达干酪蘸酱
星期一	• 雨：爱它，仿佛给落满灰尘的城市洗了个澡 • 所有的公交车、火车都准点，太棒了！
星期二	• 继续享受雨 • 买了一瓶新的昂贵的希腊品牌酸奶，和格兰诺拉麦片一起享用，非常美味
星期三	• 感谢母亲承认我现在是一个成年人，不再是小孩子了 • 享受我可以选择我的生活而不感到内疚的想法
星期四	• 按时上课 • 在课堂上就我最喜欢的话题和大家进行了讨论；发现一些同学的思想相当成熟，我感到很惊讶，我原以为他们对这些问题毫不在意
星期五	• 感谢上帝，今天是星期五，第二天不用上学，而且可以睡得很晚
星期六	• 喜欢什么都不做
星期日	• 我很晚起床，然后和妈妈、姐姐一起去逛商场

适应性和灵活性

虽然享受生活可能对一些人是有吸引力的，但悲观的患者如果不认为自己有控制自己消极归因风格的能力，就会发现这项任务相当艰巨（例如，如果他们发现自己在本应集中注意力的时候分心了，就会气馁）。评估哪些因素可能会阻碍患者参与享受练习，如果他们不确定哪些因素可能会阻碍他们，可以与他们讨论。

在享受练习中，享受具体的体验比感知自己有控制权更为重要。帮助患者关注并欣赏他们在家庭作业活动中产生的积极感受。

因为习惯了速度和节奏而难以享受的患者可以通过明确地定义慢到什么程度（例如，一分钟吃两口）来有意识地放慢速度。除了按时间细分外，还可以将体验分成更小的单元。所有感官体验的清单都可以在体验之前创建，让患者体验每一个方面。

有些经历从本质上来说是转瞬即逝的（如看到流星、飞鸟等）。因此，记住体验的自然节奏。也就是说，患者可能会对某段经历的某些方面给予不同的重视，比如品尝葡萄酒和奶酪，记住这一点也很重要。同样，个体的人格倾向也会调节享受体验。对一些人来说，爬上山顶，欣赏美景是一种终极享受；对另一些人来说，是在浪尖上冲浪；对一些人来说，它是为做一个美味的汤对食物进行处理——切碎、清洗、磨碎、煨和调味。享受体验可以是复杂的，也可以是简单的。有些患者可能会专注于体验的一个或两个方面，而有些患者可能会协同体验所有的元素（例如，一个宏伟的自然全景、一场艺术家的表演、一部百老汇音乐剧）。

一些沮丧的患者可能因为注意力困难而难以享受愉快的体验。注意力是有限的资源，密切关注患者如何将可用的注意力资源用于享受。教患者消除或忽略干扰可能会帮助他们密切和完全专注于体验的某些方面，这可能会降低他们的焦虑，减少他们必须关注所有方面的错误预期。提醒患者，享受，顾名思义，是一种缓慢的体验。

文化差异

被快节奏文化所包围的患者可能会发现，当工作上的成功似乎是由他们快速推进的能力所定义和决定的时候，他们就很难理解“慢下来”的价值。对这样的患者来说，重要的是让他们明白，生活可以是快节奏的，但他们也需要慢下来照顾自己，享受日常活动。

并不是所有的文化都像北美人那样有时间限制和快节奏，来自不同文化背景的患者可能已经熟悉并习惯了他们较慢的节奏，根据文化期望评估和修改指令。

来自不同文化背景的心理问题患者会表现出不同的享受偏好。例如，与东亚人相比，北美人强烈支持旨在扩大或延长积极体验的认知和行为方面的享受方式（如自我祝贺和行为激活；Nisbett, 2008）。例如，准备和期待节日庆祝活动，如情人节、万圣节、感恩节和圣诞节，在节日前几周就开始了，延长了庆祝的时间。来自东亚和南亚、拉丁美洲、中东和东欧文化背景的患者可能会有自己的文化庆祝活动，如迪瓦利节、开斋节、宽扎节和光明节，并可能对他们的庆祝活动有同样的期待。

保持

与你的患者讨论以下建议，让他们保持进步：

- 享受需要练习。反思并写下你个人的行动清单，这些行动可以维持并提升享受的质量。
- 我们中的一些人可能会纠结于享受练习，因为我们会过多地思考体验，这干扰了我们注意和处理感官体验的能力，比如触觉、嗅觉或听觉。
- 留心享受体验的所有方面，包括它的认知、情感和行为方面。然而，过多地关注感觉或想法可能会适得其反，并可能干扰乃至最终抑制这种享受的体验。
- 缓慢与享受练习的重点是积极的。如果你感到沮丧，看看你是否能把消极的想法和感觉暂时放在一边，这样你就能从这些练习中受益更多。你可以使用转移策略（环节 5：开放记忆与闭合记忆）来最大限度地从你的享受体验中受益。
- 保持享受的一个方法是多样化。和你最喜欢的家人或朋友共度美好时光。选择一个你们都喜欢的活动，可以是在一个没有干扰的环境中交谈，一起看电影，或者出去散步。试着和那个人在“此时此地”，而不去担心过去或未来。
- 花点时间独处，可能是半小时或一整天。你可以选择听喜欢的歌曲，探索公园，去一家新餐馆，或者只是读一本你选择的书。当你在活动时，密切注意你的感官。你在周围看到、闻到、听到什么？

- 速度并不总是坏事，也不总是好事。有时快速工作是件好事，但在大多数情况下，当我们在放松的状态下工作时，我们的大脑在执行复杂任务时变得更有创造力和更有效率。
- 为了保持和加强享受，你也可以与朋友和家人重复这种做法，尤其是在特殊场合和庆祝活动中。

以下是建议享受的项目清单。这个清单上的项目是针对每一种感官设计的，并扩大了“享受”的概念，包括食物之外的项目：黑巧克力；光滑的岩石和贝壳；各种磨碎的袋装咖啡或散茶；万花筒；不同类型的音乐，如歌剧、爵士乐等；各种坚果；风铃；花卉；松果；砂纸，纱布；一首诗。

环节结束的放松

以一个简短的正念练习结束这个环节，然后展示以下 TED 演讲：自然、美、感恩：路易·施瓦泽贝格（Louie Schwartzberg）令人惊叹的延时摄影。

第 18 章 环节 12：积极关系

在环节 12，患者将学习到认识他们所爱之人的优势的重要性。本环节积极心理治疗的核心练习是创建积极关系树。

> **临床医生注意**
>
> “家庭”的概念在接下来将被广泛使用。我们并未局限于有血缘关系的家庭，而是用它来指代任何积极的、相互尊重的、有爱的关系。

积极心理治疗之旅

到目前为止，我们的积极心理治疗之旅一直专注于展现患者内心的丰富资源。我们希望这些练习已经帮助患者使用其积极资源来进一步培养起他们的心理韧性。总体来说，你和患者一起经历了情绪和经历的起起伏伏——从发现当下的美好（感恩日志）到重新体验那些能让你们内心充满美好的经历；从让思绪平静下来，到组成一个丰富的、有质感的、整体的自我概念（显著优势档案）；从勇敢地面对开放和消极记忆的痛苦，到表达一种持久的感激之情（感谢信和感恩拜访）。所有这些积极的情绪和经历都拓宽了患者的思维。从这一环节开始，PPT 实践主要集中在人际关系、社会和公共资源方面。我们从积极的关系开始。

核心概念

人类本质上是群居的。大多数人主动或被动地把大部分时间花在与他人在一起（BLS, 2016）。与他人相处的时间的质量也很重要，有证据表明，与他人的积极互动可以缓冲许多心理问题，尤其是抑郁症（Fisher & Robinson, 2009）。因此，当我们的社交冲动受挫时，抑郁就会随之而来。当我们与他人的积极互动得到表达时，我们就会保持健康。新出现的证据表明，安全的关系与健康指标密切相关。对 148 项研究的元分析表明，无论年龄、性别、初始健康状况和死因如何，社会关系较强的成年人生存的可能性至少增加了 50%（Holt-Lunstad, Smith, & Layton, 2010）。

积极的关系有多种形式，让我们从家庭开始。无论是生物学上还是其他方面，所有家庭成员都拥有优势和资源。由于消极归因和消极偏见，这些优势可能不那么突出。PPT 不仅可以帮助患者发掘自己的优势，也可以帮助患者发掘亲人的优势。因此，在这一环节，PPT 采取行动来应对这些挑战。苏珊·谢里丹（Susan Sheridan）和同事（2004）将“积极的家庭”定义为一个能够获取和调动优势和资源的单元，通过特定的行为来获取和调动技巧和能力，以满足成员的需求和挑战。

依据杰出的积极情绪研究者芭芭拉·弗雷德里克森（2014）的研究，她认为应对挑战的关键优势是爱。弗雷德里克森认为，爱使我们能够带着关怀、关注和同情去整体地看到另一个人。在爱的联结的每一刻，一个人将真诚地投入与另一个人的关系中，仅仅是为了那个人。在真爱中，这种感觉是相互的。有证据表明，这种相互关心是亲密关系的标志。

有许多系统地培养真正关怀的方法。从 PPT 的优势来看，了解彼此的优势是一种重要的方式，因为这可以促进同理心，并促进对每个人的行动和意图的更多欣赏。例如，当一个母亲发现她儿子的突出优点是诚实、公平和勇敢，她就能更好地理解他为什么会开车穿过整个城镇，去还在杂货店结账时多收的一美元。这位母亲看到的不是不合逻辑的行为，而是她的儿子只是在按照自己的品格优势行事。同样地，了解到家庭成员的显著优势是坦率和诚实，可能会为理解他的言语、评论或回应提供一个视角，而其他人可能会认为这是生硬或粗鲁的。凝聚力是一个积极的家庭的标志，包括家庭成员之间的联系感或情感纽带。霍尔博格（Houltberg）和同事（2011）的研究表明，家庭的联系可以防止抑郁情绪（Tabassum, Mohan, & Smith, 2016; Vazsonyi & Belliston, 2006）。

环节的开始：放松

在每一环节的开始，先做一个简短的放松练习。参考附录 A“放松和正念练习”。从复习患者的感恩日志，复习上一环节教授的核心概念开始。

环节练习：积极关系树

在环节中与患者讨论以下问题：

- 在你的直接关系或长期关系中，谁是那个最乐观的人？
- 在你的人际关系圈里，谁的性格最幽默、最有趣？
- 你的亲友中谁是最有创造力的人？
- 在你的亲友中，谁总是快乐、活泼、带着微笑的？
- 在你的亲友中，谁是最好奇的人？
- 在你的亲友中，谁总是公平公正地对待别人？
- 在你的亲友中，谁是最充满爱的人？

- 在你爱的人中有谁喜欢创造新事物?
- 在你爱的人中，谁（曾）是一个好领导?
- 在你的亲友中，谁最宽容?
- 在你爱的人中，谁具有自我调节能力?

家庭作业

在讨论完这些问题后，要求患者阅读并完成工作表 12.1“积极关系树”，作为家庭作业。

工作表 12.1　积极关系树

培养积极人际关系的一个方法是认识到理解和承认所爱之人的显著优势的重要性，以及融入家庭和朋友圈子的重要性。当你认识到朋友和家人的优点时，你更有可能欣赏他们，并建立更牢固的联系。此外，了解彼此的优势可能会帮助你对你之前误解的爱人的行为有新的认识。例如，当贝弗莉发现她丈夫杰克逊的最大的优点是诚实、公平和勇敢，她就能更好地理解为什么他开车穿过整个城镇去还在杂货店结账时意外得到的那一美元，尽管他在开车往返商店的过程中要花超过一美元的油钱。贝弗莉并不认为杰克逊的行为不合逻辑，他只是根据自己的品格优势行事。同样地，父母如果能理解孩子对世界的好奇心和兴趣是其显著优势，他们就能更好地忍受（甚至享受）孩子提出的所有“为什么”的问题。

“积极关系树”旨在帮助你和你亲近的人更好地了解彼此的优势。为了完成这项作业，请你的家庭成员填写显著优势问卷（SSQ-72），该问卷可以在 www.tayyabrashid.com 上找到，或者完成优势行动价值问卷，可以在 www.viacharacter.org 上找到。

当你所爱的人确定了他们的优势并与你分享这些结果后，请在这里填满空白树。我们提供了一个完整的树的示例，供你参考。

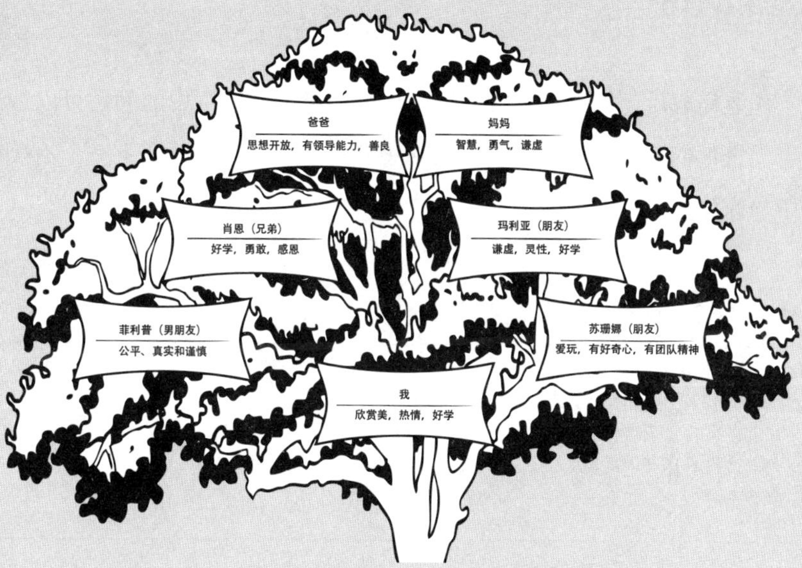

积极关系树样例

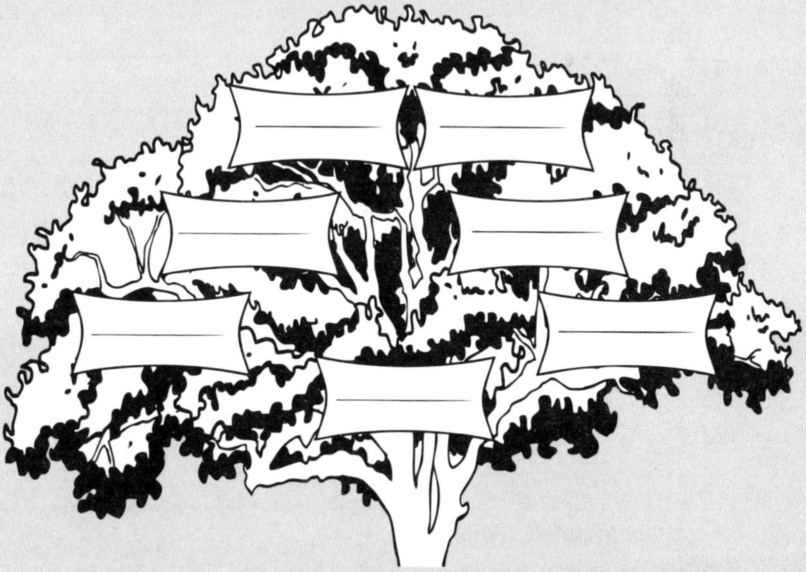

你的积极关系树

反思和讨论

作业完成后，工作表 12.2“反思你的积极关系树”中的问题可以帮助患者促进他们家庭内部的讨论。要求患者完成工作表，并在下一个治疗环节中与你分享。

工作表 12.2 反思你的积极关系树

在你完成了你的积极关系树之后，填写这份工作表，并把它带到你的下一个治疗环节。

1. 什么样的具体事件体现了你所爱的人的优点？
   - 例 1：我的父亲很善良，因为他总是默默地为我着想。
   - 例 2：我的好友很勇敢，当别人做坏事时，她总会挺身而出。

   例 3：

   ____

   ____

   例 4：

   ____

   ____

   例 5：

   ____

   ____

2. 你能在积极关系树里确认曾经帮助过你的人吗？

   ____

   ____

3. 你有什么优势和你所爱的人的优势相重合吗？

   ____

   ____

4. 在你的亲密关系中，有没有什么特定的优势模式？

   ____

   ____

5. 在你的优势中，有没有你的关系树中的其他人没有的？

   ____

   ____

6. 你如何整合利用你的优势使关系更牢固？

   ____

   ____

案例

47 岁的萨拉是两个孩子的母亲，她在个人积极治疗中完成了积极关系树练习。她之所以接受心理治疗是因为在她全职工作和完成学业期间，没有得到家人的支持。做完这个练习后，萨拉和她的临床医生讨论了她的见解：

临床医生：你是如何发现积极关系树练习的？

萨拉：你知道我是个注重隐私的人。对我来说，为我的积极关系建立一棵树的想法几乎是好笑的。

临床医生：有什么好笑的？

萨拉：这听起来很棒，但又有点儿傻。你知道我和丈夫、儿子之间的“斗争”，而且我也没有温馨的童年。我的父亲很固执、性格内向，而我的母亲……我认为她有未确诊的抑郁和焦虑……所以我不确定生活中是否有一棵积极关系的树……也许我能找到一些萌芽……

临床医生：你发现了什么？

萨拉：嗯，我第一次尝试让丈夫和儿子完成在线优势测试，但失败了，他们都嘲笑我。他们知道我在接受治疗。我丈夫说，一定是我的心理医生想看看“我们有多疯狂”，所以他们拒绝了。

临床医生：你能完成所有的练习吗？

萨拉：是的。两周前，我有个大作业要交，那几天我的工作特别忙，于是我让丈夫负责三天的晚餐，让儿子洗碗。

临床医生：所以呢？

萨拉：嗯，我和小组成员完成作业回家的第一天，我发现他们都在看自己最喜欢的体育频道，压根没见到晚餐——他们吃光了家里所有的零食。

临床医生：你的反应如何?

萨拉：我生闷气，沉默不语，很快就把晚餐做好了。然而，晚饭后，我无法保持冷静，我表达了我的失望。我们都有些尴尬。我丈夫也认为我工作、学习后，再让我回家做饭是不公平的，他们想补偿我。经过思考，我说，如果他们想弥补晚餐的话，不如帮助我完成积极关系树的练习。我已经从以前的练习中看到了生活中的积极变化，我希望他们以一种诚实的方式完成这项在线优势测试。

临床医生：我喜欢你运用公平的优势来分配家庭责任的方式（“公平”被认为是萨拉的显著优势之一）。

萨拉：对，但我认为他们是出于愧疚才这么做的。不管怎样，上周末，我做了他们最喜欢吃的饭。饭后，每个人都上网完成了显著优势调查。在吃甜点的时候，我们又聚在一起，分享我们的优势。接下来，我在桌子中间放了一张活动图表，画了一棵大树。我先在树上写出了我的显著优势，随后丈夫和儿子也跟着来了。不到10分钟，每个人的优势都被填满了。

临床医生：我很好奇接下来发生了什么。

萨拉：让我们吃惊的是，我们三个人都有一个共同点——毅力。我的丈夫具有团队精神、谨慎和洞察力，而我的儿子则幽默风趣、充满热情、富有创造力、热爱学习。他们都认为这些优势很好地描述了他们。

临床医生：你们讨论过优势如何支撑一个正常运转的家庭吗?

萨拉：是的，我很高兴我们之前讨论过实践智慧。首先，我们分享了如何使用毅力。我们三个人都以不同的方式在不同的情境中使用它。例如，我的儿子在运动项目上非常执着，而我的丈夫在工作上非常执着，甚至有时太过执着了。我说，如果他们都能在家务上表现出更多的坚持，那就太好了。我继续说，如果我能坚持下去，继续工作、继续上学，他们就可以坚持在家里完成他们的家务。两人都能理解我说的话。我丈夫很快指出：“亲爱的，你很执着、很公平，其实你是很执着的公平。”我们笑了。我的丈夫能够正确地看待事情，而且平生第一次没有因为我坚持公平分配工作和每个人都参与家务劳动而争吵，这次他能够欣赏我对公平的表达。

临床医生：你儿子呢？

萨拉：了解儿子马特的优势也许是我最大的惊喜。马特 21 岁，一直是个活跃的孩子。他精力充沛，喜欢冒险，喜欢户外运动。他小的时候，我和丈夫一直怀疑马特患有多动症。在小学的时候，他的老师也怀疑过，并对他进行了测试，评估发现他有一些特征，但还没有完全发展成多动症。如果有什么东西吸引了马特，他就能很好地集中注意力。但这么多年来，我一直担心他患有多动症，而且评估也不够详细，以至于无法确诊……（萨拉显然很沮丧）

临床医生：的确，这让你很伤心，因为你想给你儿子最好的……让我问你一个问题，你对马特“尚未确诊”的多动症的恐惧是否影响了你和他的关系？

萨拉：当然有。我觉得我对他关注得不够，很多时候，我责怪自己和丈夫在马特小的时候没有花足够的时间陪他，没有做一些能让他集中注意力的事情（泪水涌上她的眼眶，她停顿了一下）。

临床医生：我只能想象……你一直在经历这些情绪。

（暂停）

萨拉：在完成了“积极关系树”练习之后，这是我第一次真正地明白，我总是从缺点的角度去看待儿子，对丈夫可能也是。我对自己也这么做了很多年，直到我在治疗中评估了自己的优势，并开始相信它们。我想我也应该开始为我所爱的人这样做。

临床医生：确实。看到你如何整合生活的各个部分，我感到很满意。你现在怎么看马特？这是否改变了你和他的关系？

萨拉：我不再认为他患有未确诊的多动症。我没有看到他有多动症的症状，我只看到他有很多热情、活力和能量。如果我回顾一下，在很大程度上，他把自己的热情用在了富有成效的地方。他学习并不用功，但成绩总是很好。我现在发现他的活力吸引了很多朋友，他一直是聚会的中心人物。

临床医生：关于马特的新观点是如何影响家庭互动的？

萨拉：在了解了马特的优点后，我丈夫说他的父亲就像马特。但是在那个时候，多动症这个词并不流行。所以人们认为他是一个“非常好”的人，总是想做些“大事”——他也确实这么做了，他是个好水手。

临床医生：我希望这只是一个开始，希望你爱的人能发现彼此的优点，而不会觉得自己很傻。

（萨拉笑了。）

适应性和灵活性

除了去发现所爱之人的优势，了解这些优势的另一种方式是倾听他们的心理韧性的故事。探索我们所爱的人如何克服过去的困难，可以让我们更深入地了解他们的优势。

一些患者可能会因为他们的人际关系或家庭情况难以完成这项练习——也许他们有经济困难、人际关系不和谐，有滥用药物或酒精、工作家庭不平衡等问题。在这种情况下，可以鼓励患者建立二人组，例如母子、父子、祖孙或兄弟姐妹组，通过更小的团队来发现优势。

一定要提醒患者，他们可以在积极关系树中纳入任何他们认为是家人的人。来自破碎、分散或功能失调家庭的患者可能会发现他们很难从情感上开展这类活动，可鼓励他们寻找生活中任何所爱之人。

由于生理、文化或经济上的障碍，一些患者无法做出积极的改变。对这些患者来说，相比于改正缺点，更应该发展那些强调优势、技巧或其他有利条件的行为，这更能促进他们的成长，使他们从中受益。这种方式反过来也可以培养更强的人际联结、能力和信心。

文化差异

过去，家庭往往是“传统”模式（即核心家庭：异性恋夫妇，有两个需要抚养的孩子）。当代家庭更加多样化，有单亲家庭、混合家庭、同性伴侣家庭、多种族家庭、多民族家庭、因移民法规而分裂的家庭（如父母不能带着孩子留在美国）等。基于这些不同的组成，健康家庭功能的特征可能有所不同。

来自某些文化背景的家庭更有可能分享显示集体优势的故事，比如照顾父母、帮助弟弟妹妹，以及表达对相互依存的目标和追求的偏好。因此，如果你与来自不同文化背景的患者一起工作，你必须意识到人际优势（比如团队合作、社交能力或善良）在特定的文化背景下是如何体现的，因为这些属性很容易被视为弱点。例如，追求家庭目标（而不是个人目标）可能会促使一些临床医生建议，患者应该专注于发挥其个人能力，或者要求患者考虑自我关怀。同样，有时兄姐的善意（比如照顾弟弟妹妹或帮他们做作业）可能会被父母视为“利用”，患者可能会被含蓄或明确地告知他们受到了不公平的对待。

在与初代移民患者打交道时，意识到内疚感是有帮助的。在西方国家，一些年轻的初代移民可能会认为，他们逃脱了父母在本国经历的困难和贫穷。因此，一个明确的积极情绪的表现，如热情、活力和嬉戏可能是不自然的或被抑制的（Carrier et al., 2015）。

不同的文化也有不同的目标。例如，在东方某些文化中，保持和谐的家庭关系比个人目标更重要。同样，家庭的福祉和作为一个单位的家庭的整体运转优先于个人的福祉。因此，在做这个练习时，与患者讨论个人优势如何有助于实现集体目标是很重要的。

最后，要考虑特定的文化规范、传统和习惯，才能建立、发展和维持积极的关系。优势的表达应该在这些规范和文化背景下进行观察。

保持

与你的患者讨论以下建议，让他们保持进步：

- 建立积极关系的一种方式是发现、命名和赞美我们所爱之人的优势。你意识到你所爱之人的优势的那一刻，你们之间便会产生一种积极的共鸣，而这种共鸣反过来又会加强你们的关系。
- 关注那些能在家庭成员之间建立联系的活动，能建立家庭惯例、传统和交流模式的活动以及定期举行的活动。它们都是核心的家庭休闲活动。
- 从发现、认可和赞美优点开始，组织即兴的或有计划的活动是很重要的。即兴的活动需要最少的计划，是非正式的，包括每个人或大多数家庭成员。比如公园里的家庭晚餐；一起购买原料，然后尝试新食谱；玩棋盘游戏或电子游戏；一起做一些随意的运动，在车道上打篮球，在后院打羽毛球，或者在地下室里打乒乓球。有计划的家庭活动包括家庭度假；户外活动，如野餐、露营或体育文化活动；拜访其他城市、州、省或国家的大家庭或亲密朋友（Morganson, Litano, & O' Neill, 2014）。对一些家庭来说，有计划的活动还包括参观具有宗教、精神、艺术、政治或文化意义的特定地点或场所。涉及所爱之人的即兴的和有计划的活动都能巩固积极的关系。引用凯利（Kelly, 1997）的话："生活不是由主题公园和游轮组成的。它是由餐桌上的谈话、一起度假、把家里和院子整理好、互开玩笑、互相照顾、做白日梦以及一天和一小时的所有细节组成的。对我们所有人都很重要的是，在真实条件下的真实生活。"

- 尽量每周至少与家人进行一次不被打断的交谈。时不时地问问自己："我是否在以自己希望的方式倾听所爱的人？"
- 了解彼此的优势也可以帮助患者对他们之前误解的家庭成员的行为有新的认识。这些知识将使家庭成员了解、承认和赞美彼此的优势，并围绕这些优势促进互动和以家庭为中心的活动。例如，如果你了解到你的伴侣有欣赏美丽和卓越的能力，那么当你度假时，创意或表演艺术中心将是一个参观的好地方。如果你的家庭成员中有些人喜欢体育运动，那么围绕体育赛事的家庭远足可能会显示出多种优势，包括有趣和幽默（一起玩得开心）、团队合作（协调赛事）和好学（体育知识）。
- 想要在家庭或其他重要他人的圈子里建立积极关系，需要投入时间、技巧和努力，但这种投入可以带来更大的幸福。
- 在培养与重要他人之间的积极关系时，重要的是要认识到这些人的优势，并参与到允许所有人发挥优势的活动中。
- 花时间记住所爱之人的优点和其他积极品质，对保持积极的关系很重要。随着时间的推移，我们会逐渐习惯于这些积极的品质，以至于不再像以前那样注意到它们。

环节结束的放松

我们建议每个环节结束时都进行与开始时相同的简短放松练习。

第19章 环节13：积极沟通

在环节13中，患者将学习对好消息的四种回应方式。在这些类型中，只有积极的建设性回应（Active Constructive Responding, ACR），即本环节的核心练习，可以预测关系满意度。

核心概念

想想这句瑞典谚语：

> 与人分享的快乐是双倍的快乐，与人分担的痛苦是减半的痛苦。

好事和坏事都会发生。一些人试图从新的视角重新建构消极事件，而另一些人很难从消极事件中走出来，他们会深陷其中。研究表明，人们体验积极情绪的频率是体验消极情绪的2.5倍，我们也经常同时体验积极和消极情绪（Trampe, Quoidbach, & Taquet, 2015）。然而，消极的力量——尤其是它们的反刍性或“粘性”，会让我们深陷其中，有些人甚至不愿关注积极的事情。

当人们经历逆境、挑战、烦扰和创伤时，大多数情况下（如果不是总是的话），他们会寻求配偶、伴侣、朋友、家人和社区的支持。研究表明，无论是在情感上还是身体上，社会支持都有益于应对挫败。作为一名临床医生，这对你来说可能并不新鲜。然而，你考虑过硬币的另一面吗？好事也会发生，对我们大多数人来说，好事比坏事发生得更多。具有讽刺意味的是，心理治疗师不太可能问他们的患者“如果事情进展顺利，你会怎么做”，尤其是和他们的伴侣在一起的时候。积极事件的自我表露对安全的结合和亲密关系的发展至关重要。在这一节积极心理治疗中，我们介绍了一种特定类型的自我表露。这种自我表露是以一种建设性和积极的方式进行的。

谢利·盖布尔（Shelly Gable）和她的同事（Gable et al., 2004; Maisel & Gable, 2009）已经探索了好事发生时的自我表露和寻求与他人分享带来的个人内在和人际关系的后果。兰斯顿（Langston, 1994）发现，当人们经历一个积极的事件并与他人分享这个消息时，他们会体验到更大的积极影响，而不仅仅是与积极事件本身的效价相关的增加。兰斯顿称之为“资本化”，盖布尔采用这个术语来表示与另一个人分享积极消息并获得额外好处的过程。可见，资本化是一个被看见、被感觉到、被重视、被扩大的过程。这些元素的总和更大，因为分享者和回应者都感觉得到效果。资本化提供了一种调节我们反应的技巧。

盖布尔和她的同事们（2004）将回应分为四种不同的风格。在这些类型中，如表 19.1 所示，ACR 与增加的日常积极影响和幸福感相关，超出了积极事件本身和其他日常事件的影响。

盖布尔和同事发现，当我们认为其他人对资本化的尝试做出主动和建设性的反应（而不是被动或破坏性的）时，收益会进一步提高。此外，亲密关系中，一个人的伴侣通常会对资本化的尝试做出热情的回应，这与更高的关系幸福感相关（如亲密关系和日常婚姻满意度）。更多的研究表明，积极的事情能够增强夫妻之间的亲密感，增加他们日常的幸福感，并减少冲突。自我表露和伴侣反应都有助于亲密的互动体验。具体来说，资本化认为（Lemay, Clark, & Feeney, 2007）：

- 分享好消息的伴侣和他人会感到被认可。资本化向他们传递了“他们很重要”的信息。
- 当人们告诉别人一些积极的事情时，他们会体验到更多积极的情绪，比起他们不能或选择不告诉别人这些积极的事情时会有更高的生活满意度。
- 分享的好处超越了事件本身带来的积极情绪和生活满意度。
- 分享积极的事件包括关于事件的问题、关于事件的重要方面的讨论，以及事件的影响——所有这些都巩固了人际关系。

在 PPT 中，我们建议建立积极关系的一种方式是理解和承认我们的家庭成员的最大优势，以及他们融入更大的家庭网络的方式。当我们认识到家庭成员的优势时，我们更有可能互相欣赏，建立更牢固的联系。了解彼此的意识也可以让我们对以前被误解的家庭成员的行为有新的认识。这将使家庭成员了解、承认和赞美彼此的优势，并围绕这些优势促进互动和以家庭为中心的活动。例如，如果一个患者得知他的兄弟非常热爱历史，那么当他们全家计划去度假的时候，去历史博物馆就是一个不错的选择。了解他人的优势能让我们更亲密，有助于消除误解，增强同理心，对彼此的行动和意图有更大的欣赏。

参与自我表露对于安全的结合和亲密关系的发展是至关重要的。PPT 鼓励一种特定的自我表露，这种自我表露是以一种建设性和积极的方式进行的。积极的事件具有培养、拓展或建立的潜力（Fredrickson, 2001），并且很少是不可逆转的。相反，负面事件会给我们留下长期的损害，需要更快的反应，而且可能具有潜在的毁灭性，因为它们需要规则来改变令人厌恶的情况（Pratto & John, 1991）。

表 19.1　四种对所爱之人分享好事的反应方式

	建设性的	破坏性的
主动的	热情支持，详细描述自己的感受；个人感到被认可和被理解；事件被再现、扩展；就事件的展开和事件发生的原因提出具体和相关的问题；与此相关的其他积极事件也会被问及 **示例：**"这太棒了！我真为你高兴。你在那个新职位上会很出色的。" **表现：**保持眼神交流，微笑，表现出积极的情绪	取消事件的积极意义，使谈话停顿；个人感到羞耻、尴尬、内疚或生气 **示例：**"如果你升职了，那你整个星期都得上班，周六早上也得上班。" **表现：**指出不利的一面；通过苦相、紧皱的眉头及其他非语言暗示来表现消极情绪
被动的	安静、低调的支持；交谈失败；个人会觉得自己不重要、被误解、尴尬和内疚 **示例：**"你能被考虑提升真是太好了。" **表现：**高兴，但缺乏热情；淡化；很少或没有积极的情绪表达	忽略事件；谈话从来没有开始；个人感到困惑、内疚或失望 **示例：**"一个升职的机会，嗯？好吧，赶快换衣服，这样我们就能出去吃晚饭了。我饿死了。" **表现：**很少或没有眼神交流，缺乏兴趣，背转身去，离开房间

环节的开始：放松

在每一环节的开始，先做一个简短的放松练习。参考附录 A"放松和正念练习"。从复习患者的感恩日志，复习上一环节教授的核心概念开始。

环节练习：积极的建设性回应

工作表 13.1 以这四种回答方式的示例开始，然后是一个环节内练习。工作表 13.1 中的示例来自临床和非临床情境。将此表呈现给你的患者。要求他们阅读各种不同的反应风格，并选择那些代表他们自己情况的风格，如果大多数情况下符合，在“回应”栏标记一个“×”。

工作表 13.1 四种回应风格的例子

请阅读以下几种不同的回应方式，并在你经常使用的方式的“回应”栏中填上一个 ×。

主动的 / 建设性的	**回应**
我的伴侣通常对我的好运反应热烈	
有时我觉得我的伴侣甚至比我更快乐和兴奋	
我的伴侣经常问很多问题，对这个好事情表现出真正的兴趣	
被动的 / 建设性的	
我的伴侣不想小题大做，但为我感到高兴	
我的伴侣通常会默默支持我遇到的好事	
我的伴侣很少说话，但我知道他 / 她为我感到高兴	
主动的 / 破坏性的	
我的伴侣经常发现它的问题	
我的伴侣提醒我，大多数好事也有不好的一面	
他 / 她指出了这件好事的潜在负面影响	
被动的 / 破坏性的	
有时我觉得他 / 她不太在乎	
我的伴侣不太注意我	
我的伴侣经常看起来不感兴趣	

- 现在轮到你今天在治疗环节中尝试 ACR，与伙伴轮流进行（如果是在个人治疗中，可以与你的临床医生交流）。
- 作为分享者，想一些发生在你身上的有意义的积极的事情，或者你上周注意到的事情。和你的同伴分享这些。
- 作为回应者，思考你的优势，并探索如何在你提供的主动的建设性回应中利用你的优势（例如使用好奇心来引导你的问题，再如乐观主义、社交能力）。
- 然后在分享者和回应者之间转换角色。当这个练习完成后，你的临床医生会问你一些反思的问题。

反思和讨论

完成这个练习后，请患者进行反思和讨论：

- 在做这项练习时有哪些让你感到舒服的地方？
- 在做这项练习时有哪些让你感到不舒服的地方？
- 是否有任何主观或客观的障碍（如你的个性风格、偏好、原生家庭、文化、信仰或人际关系）阻碍你参与 ACR？
- 如果你已经做了 ACR，你能用什么方法把它提升到一个更高的水平？
- 如果你发现 ACR 不适合你，可以采取哪些小步骤来适应一些这个练习中适合你性格的方面？
- 识别表现出所有四种回应风格的个人或情境。你注意到每种风格对分享者和回应者有什么影响？
- 通过识别你的回应风格，你能更深入地了解自己的哪些方面？

家庭练习：辨别伴侣的优势

为了扩大 ACR 练习，请患者在家完成工作表 13.2，然后思考相关问题。

工作表 13.2　你的伴侣的优势

在前面的治疗中，你完成了一些练习，这些练习使你能够确定自己的显著优势，现在你已经非常熟悉这些优势了。为了完成这次家庭作业，你需要两份此表。至少留出 30 分钟的时间，和你的伴侣一起做这个练习。在一个轻松的环境中，让你的伴侣找出最能代表你的 5 个优势填在表中，不要对优势排名。你的伴侣填表时，你也要为他 / 她填写一份。完成后，交换表格并继续思考和讨论问题。

描述		显著优势
1	善于想出新的更好的做事方法	
2	喜欢探索，喜欢提出问题，乐于接受不同的经历和活动	
3	灵活、开朗；在做决定之前，会考虑并检查所有方面	
4	喜欢在学校或自己学习新的想法、概念和事实	
5	重要的事情朋友会询问她 / 他；被认为具有超越年龄的智慧	
6	面对困难或挑战，即使害怕，也不放弃	
7	完成很多事情；能够在分心时重新集中注意力完成任务	
8	是一个真诚、诚实的人，是值得信赖的人；行为与她 / 他的价值观一致	
9	精力充沛，性格开朗，充满活力	
10	爱和被爱都是他 / 她的天性；重视与他人的亲密关系	
11	喜欢为他人做一些善意的举动，通常是在没有被要求的情况下	
12	在社交场合能很好地管理自己，并具有良好的人际交往能力	
13	是一个活跃的社区或团队成员，并为团队的成功做出贡献	
14	当别人受到不公平对待、欺负或嘲笑时，会为他们挺身而出	
15	经常被别人选为领导；领导能力强	
16	容易宽恕冒犯他的人；不记仇	
17	不喜欢成为众人瞩目的焦点，更愿意别人光芒四射	
18	细心谨慎，能够预见到他 / 她行为的风险和问题并做出相应的反应	
19	在具有挑战性的情况下，能管理好自己的情绪和行为；通常遵循规则和惯例	

（续表）

	描述	显著优势
20	被自然、艺术（如绘画、音乐、戏剧）和 / 或生活中许多领域的美深深打动	
21	通过言语和行动表达对美好事物的感激之情	
22	希望并相信好事会比坏事发生得更多	
23	是好玩的和有趣的，并用幽默与他人交往	
24	信仰更高的力量并自愿参加宗教或精神实践（如祈祷、冥想）	

反思和讨论

与你的伴侣完成练习后，反思并讨论：

- 标记和确认彼此优势的过程如何？你以前和伴侣做过类似的事情吗？
- 你的伴侣表现出的哪些行为、行动或习惯体现了你所发现的优势？
- 你们互相分享优势吗？讨论任何你分享的以及那些你没有分享的。
- 你们的优势在哪些方面是互补的？
- 你是否也了解到你和伴侣的底端优势？你能从中学到什么？

案例

塞布丽娜今年 33 岁，是一名已婚的西班牙裔女性。她因为经常受到丈夫何塞的指责和冷漠而寻求心理治疗。塞布丽娜和何塞是在全职实习的时候认识的，他们约会了两年多才结婚。塞布丽娜回忆说，结婚前，何塞欣赏她的智慧、对细节的关注、对工作的投入和职业操守。塞布丽娜说，她和何塞一样努力工作，挣得比他多，但最近她觉得自己没有价值、能力不足。她厌倦了被何塞伤害。她说，此前一周，她拿下了一个大公司客户，她为此付出了大量努力。办公室里的每个人都向她祝贺，老板给了她奖金和两天假。带着成就感和兴奋感，塞布丽娜一到家就兴高采烈地把这个消息告诉了何塞。何塞的眼睛一直盯着电视上的一场棒球赛，他以冷淡的语气祝贺了她，没有任何眼神交流，并补充说，这对她来说将是一个难缠的客户。然后他很快把话题转到晚餐上。

塞布丽娜的喜悦被浇灭了，她在准备晚餐时分神，而何塞仍然盯着电视。接下来的几天里，塞布丽娜一直在心里默想，她的成就和感受对何塞来说都不重要，也不知道何塞是否还爱着她。

塞布丽娜觉得难以表达自己的想法，她问何塞是否愿意和她一起接受几次心理治疗。在最初的犹豫之后，何塞同意参加几次治疗，但他坚持认为他们之间没什么问题。最初，治疗的重点不是责备和羞辱何塞，而是创造一个关怀的空间，让双方能够分享彼此感到被重视和不被重视、被欣赏和不被欣赏的时候。果然，塞布丽娜比何塞有更多的东西可以分享。

听着塞布丽娜的反思，何塞很惊讶，他原以为一切都很好。在公正的专业人士面前听塞布丽娜的问题，何塞意识到两件事：第一，他应该不断与塞布丽娜交流——不论有没有话说，他是微笑还是扑克脸，他有眼神交流还是回避，他抚摸塞布丽娜还是身体上离开她。两人交流时，塞布丽娜要明白何塞所交流的每件事的意义。其次，何塞也意识到他的沟通方式给塞布丽娜带来了很大的压力。临床医生并没有纠正这种交流方式，而是要求何塞参与 ACR。为了将这一技能付诸实践，塞布丽娜被要求分享过去两周发生在她身上的一些重要而积极的事情。反过来，何塞被要求以一种让他感到真实的方式热情回应，也会让塞布丽娜感到被理解和被认可。何塞最初的几次回应要么是热情的，要么是真诚的，但并非两者兼而有之。在他能够给妻子一个让她感到被认可和被支持的回应之前，他接受了一些指导。

何塞有点儿沮丧。他说他无法改变，并说："这就是我的方式。"尽管如此，随着时间的推移和真诚的努力，ACR 最终会变得更容易，对他来说也更自然。此外，他不必在任何情况下和每个人都练习 ACR，这种做法的目的是真诚地与所爱的人联系，而不是与所有人。

作为人类，我们天生就善于察觉他人负面的面部表情、音调、手势和姿势，而且察觉负面表现的频次比察觉积极表现要高，我们常常意识不到这种倾向。的确，这种消极偏见可以增强我们的批判性思维，但是，如果在我们的亲密关系中过度使用，它也会造成伤害。幸运的是，我们也被赋予了复杂的心理，能够克服这种固有的思维方式，努力为他人提供积极的和建设性的回应，从而使自己和他人的关系更令人满意——塞布丽娜和何塞已经开始这样做了。

案例

38 岁的女性患者雪莉最近参加了一个积极心理治疗工作坊，在会上，参与者被要求闭上眼睛，进行冥想练习。通过冥想，他们可以想象自己遇到了某种挑战，并以积极的方式克服了它。以下是雪莉对这种做法的看法：

> 当我闭上眼睛的时候，我的脑海里浮现出一段关于母亲的美好回忆。我和她的关系一直有点儿紧张。现在，我已经下定决心克服"母亲问题"，因为我学会了与她建立一种更健康、更幸福的关系。
>
> 我回忆起我 35 岁的时候。我断断续续地做了 7 年的心理咨询，专注于解决我生活中的各种困难，包括我和妈妈之间的关系。我正在学习自信、个人界限，并以更健康的方式表达我的想法和感受，而不是像我感到威胁时习惯的那样，在愤怒、恐惧或羞耻中做出反应并且猛烈回击。

回到现在，当我和其他20名工作坊参与者坐在这个安静的房间里时，我闭上眼睛，将呼吸调整到一个美妙的、缓慢的、轻松的节奏。我的思绪回到了记忆中。电话铃响了。“喂？”我说。我妈妈打电话让我帮她做点儿事。那时，我刚刚成为一名单身母亲，抚养着两个年幼的孩子。为了成为一名社会工作者，我要上全日制大学。不用说，我非常非常忙，我真的没有时间帮我妈妈，也不想做她要求我做的任何事。如果不是特别重要的事，要么她自己来做，要么找一个不太忙的人帮她做。我要照顾孩子、学习，还有许多必须应付的家务。所以我对她说：“不，我帮不了你。”然后，我鼓起勇气，准备好面对那些通常会因为我拒绝遵从她的意愿而导致的冗长的抱怨：“你是自私的！你只想到你自己！你就像你父亲一样！”（在她的字典里从来没有一件好事。）

我的父母已经离婚很多年了，可如今妈妈仍然对爸爸抱有很大的愤怒和怨恨。每当妈妈告诉我，我是多么自私和以自我为中心、我是多么像我父亲时，我就会感到愤怒、恐惧、羞愧。但这次不同。我第一次对她说的话没有那种情感上的依附。我不相信她对我的看法，也不相信她对我的指责，相反，我只感到平静。这很有趣！我意识到这是母亲一直在用的一种模式——这种交流模式是她操纵孩子做她想让我们做的事情的一种方式。那种清醒的觉知就像天上的云忽然分开了，天堂在天籁中出现，天使们唱着哈利路亚！我开始笑！我没有嘲笑她，我只是笑这背后的真相。我怎么没有早看到这个！

妈妈沉默不语，然后她用一种非常刺耳的声音说：“你在笑什么？”我笑着说：“哦，我的天哪！妈妈！我只是第一次发现你一直用这种方法来操纵我和我的兄弟姐妹。你知道吗？你在通过让我生气，告诉我我是多么自私和以自我为中心来操纵我。你想让我感到内疚，让我做你想让我做的事！”妈妈又变得很安静，我想：“天啊，它来了。她会生我的气的。”然后她开始笑了！我简直不敢相信我所听到的!!! 我只是等待。然后她说：“你花的时间够长了！”

我认为那次谈话是我和母亲之间的成年关系的开始。她不再像对待一个小女孩那样对我了，她把我当作一个成熟的女性来尊重。因此，我也开始对她更友善、更有耐心、更温柔。我可以看到母亲作为一个成年人、作为一个单亲妈妈，在非常艰难的情况下，如何应对挑战。

我在工作坊上分享了这个故事，有人告诉我，我能够利用风趣幽默的优势来解决我和母亲面临的这个具有挑战性的问题。

适应性和灵活性

有些患者可能会说：“但我不是一个非常热情的、能欢欣鼓舞地去开始的人”或者“我不是很外向，而 ACR 听起来很外向”。ACR 与患者响应的数量无关，相反，ACR 是关于深度和兴趣的。它不是关于语言表达的精确性，而是关于情感的真诚性。患者可以是一个内向的人，但他 / 她可以问一些更深入的问题，让对方知道他 / 她对这个好消息是真正感兴趣的。

既然所有形式的对好消息或坏消息的回应都是高度主观的，我们怎么才能确定什么是真正的 ACR 呢？此外，有些人可能得到一个温和的微笑就满意了，而另一些人即使是面对无限的热情可能也不会满意。谢利 · 盖布尔和她的同事（2004）发现 ACR 的客观评分与讨论后回应者的感受相关。具体来说，当外部观察者认为对方的回应是积极的、建设性的时，分享者也会对自己的伴侣感到更满意，与伴侣的关系也更亲密。因此，回应实际上是什么样很重要，而不仅仅是一些人认为的任何回应都是积极的（或消极的）和建设性的（或破坏性的）。通常有一种传递或接受真实性的直觉。

一些患者可能会说，庆祝那些微小的成功，会让他们感到虚伪、炫耀或浮夸。的确，一个人不可能对每一件好事都提供 ACR。频繁或过度使用

ACR 会削弱其真实性。因此，一个人要对有意义和重要的事件做出积极和建设性的回应。此外，一些情境因素可能让人在被分享好的事件时无法立即给出 ACR。如果情境因素不允许回应者提供一个真正的 ACR，可以推迟，比如照顾某人的医疗需求，回复一个需要立即回复的电话，为临近截止日期的项目添加最后的润色，或者陪伴的人可能不理解你的回应。最后，ACR 是关于特异性的。每个问题都建立在下一个问题的基础上。即使分享者对积极的消息忽略或回避，回应者也应该继续承认。

ACR 只是积极关系的一个方面。伴侣也需要为激情、爱好和自我反省留出时间，这可能需要独处。患者在实践中不要牺牲其他这些重要的品质也很重要。

今天，我们文化的技术特性使交流变得更容易，但却不那么有个性了。我们花在面对面交流上的时间越来越少。良好关系的核心品质是人际互动和连接性，最好通过面对面的互动来培养，帮助患者理解给朋友发短信和当面跟朋友交谈之间的区别。

文化差异

来自某些文化的患者可能会认为 ACR 的做法是夸张的，因为在他们的文化中，通常不会庆祝好的事件和经历。以 42 岁的澳大利亚心理健康医生戴夫为例。在完成了一整天的 PPT 培训工作后，戴夫说他发现 ACR 类似于澳大利亚格言："没有人会虚张声势。"然而，一次关于通过积极倾听和以建设性的方式提出问题来传达真正兴趣的深入讨论，帮助戴夫克服了犹豫。

作为临床医生，我们必须意识到不同文化背景的人在情感的自我表露上是不同的。这些区别可能是直接或间接地说话，很少有眼神接触或持续的眼神接触，在回应时通过身体的手势或姿势传达大量或少量信息，在回应时请求或命令注意，以及以活泼或中性的语调分享积极的经历（Gobel, Chen, & Richardson, 2017; Kleinsmith, De Silva, & Bianchi-Berthouze, 2006）。这种做法的一个令人鼓舞但并不明显的特点是，ACR 并不仅仅依赖于激烈的语言回应，更重要的是肢体动作、姿势、多听，问更少但更相关的问题。

ACR 提供真实和积极的回应。我们欢迎回应者在文化上进行调整，也就是说，利用他们的创造力找到文化上合适的方式，以积极和建设性的方式做出回应。例如，一位德国文化背景的临床医生在一次研讨会上做了这个练习，他说："我发现，比起使用词语和表述，用非语言的方式更容易表达积极和建设性的回应。在我接受完形治疗期间，我了解到几乎一半的交流是通过肢体姿势和面部表情来进行的。"

在某些文化中，强调和放大好的事件可能被认为是骄傲和虚荣。有些文化可能有一个惯例或规范，那就是尽量减少而不是扩大好事。然而，请记住，文化是动态的。以对文化敏感的方式提供 ACR 可能会树立新的积极的先例。克里斯 · 彼得森（Chris Peterson, 2006）是这一领域的先驱之一，他说积极心理学帮助他从"刻薄的滑稽"发展到"善良的滑稽"。同样，我们可以提供 ACR，并怀着加强关系的良好意图——这是跨文化的价值目标。

来自某些文化的患者可能希望以适应文化的方式表达他们对积极事件的欣赏。只要 ACR 的精神和本质保持不变，即真诚地分享和庆祝一个积极的经历，就可以使用文化适应的方式。

保持

与你的患者讨论以下建议，让他们保持进步：

- 在 ACR 中，重要的是真实的询问，而不是询问的数量。它是真正被看到、感觉到、珍视和扩展的东西。这些步骤需要在各种情况下练习。

- ACR 是关于特异性的，每个问题都建立在下一个问题的基础上。即使分享者否认或逃避，回应者也应该不断承认。
- ACR 是关于协调的，深入和真实地了解对方，双方在其中都感到被理解、被认可和被关心。
- ACR 不仅适用于伴侣，也可以用于在朋友或其他家庭成员中分享一个好的事件。
- 如果你能暂时把负面情绪、感觉和怀疑放在一边，和你爱的人一起庆祝和分享积极的时刻，那么 ACR 的影响很可能会加强。可以稍晚些再讨论消极的、抱怨的、怀疑的或者对你不利的影响。
- ACR 提供了一种具体的方法来提高识别、理解和回应所爱之人的积极情绪、感受和经历的能力。问问你的伴侣，这个过程如何能帮助你们两个人提高对其他问题、情况、事件或经验的理解，这些也能从 ACR 中受益。

环节结束的放松

我们建议每个环节结束时都进行与开始时相同的简短放松练习。

第 20 章　环节 14：利他行为

环节 14 中，患者将学习利他主义是如何帮助他们自己和他人的。本环节积极心理治疗的核心练习是“时间礼物”。

核心概念

利他主义是自愿帮助他人，而不需要别人的帮助，也不需要任何经济补偿。在 PPT 中，意义意味着使用个人的显著优势来服务于一个人认为比自己更重要的东西。一个人想要让自己的生活对世界有意义，让世界变得更好。利他主义的心理益处是显著的：

- 一系列证据表明，志愿服务与多项指标相关，如寿命的增加、进行日常生活活动的能力的提高、更好更健康的应对行为、更健康的生活习惯、改善的生活质量、可靠的社会支持、增加的与他人的积极互动、减少的慢性疼痛和住院、整体降低的心理压力等（Casiday, Kinsman, & Fisher, 2008; Musick & Wilson, 2003; Nedelcu & Michod, 2006; Soosai-Nathan, Negri, & Delle Fave, 2013）。
- 也有证据表明，对一些相关特征进行调整后，自愿为环境服务的人保持了更高的体育活动水平，并报告了更好的自我评估健康状况和更少的抑郁症状（Pillemer et al., 2010）。

- 志愿服务、捐赠与快乐和幸福紧密相连。人们购买和消费产品的目的是变得更快乐，但他们很少通过购买行为来实现这一目标（Kasser & Kanner, 2004; Lyubormirsky, 2007）。随着时间的推移，产品由于享乐适应而失去魅力；但随着时间的推移，体验变得更好（Kasser & Kanner, 2004;Van Boven & Gilovich, 2003）。当人们投资购买产品时，他们期望从这些产品中得到清晰的且不间断的满足或快乐。另一方面，当人们参加志愿服务等活动时，他们往往会在更深层次上反思自己的参与是否值得。此外，产品与效用相关，而体验与情感相关。体验（通过互动）将我们与他人联系起来，而电子产品（尤其是当今的技术设备）将我们与周围的人拉开距离。的确，我们确实在社交媒体平台上与许多人建立了联系，但我们与同事、邻居和亲友却疏远了。
- 那些帮助别人的人会给自己带来健康益处。在一项随机研究中，106名英语流利且没有慢性病的加拿大十年级学生志愿帮助小学生两个月。监控他们的心血管风险指标，包括C反应蛋白水平、总胆固醇水平和体重指数。结果表明，随着时间的推移，那些同理心和利他行为增加最多、消极情绪减少最多的人，心血管疾病风险的降低也最大（Schreier, Kimberly, Schonert-Reichl, & Chen, 2013），这项研究为积极的联系提供了第一个流行病学证据。
- 哈佛大学政治学家罗伯特·帕特南（Robert Putnam, 2000）从过去25年进行的近50万次访谈中获得了经验证据，他指出，由积极关系建立起来的社会资本已经显著削弱。与20世纪50年代相比，大多数组织的积极参与度下降了50%以上，礼拜场所的出席率下降了25%~50%，在家中招待朋友的比例下降了45%，还有许多其他趋势。帕特南指出了一个残酷的事实：自上世纪50年代以来，利他主义、志愿服务和慈善事业一直在稳定下降。

总而言之，帮助他人可以将注意力从沉溺于自己的想法中转移出来（如沉溺于压抑的思想）。当人们的注意力从不健康的想法转移到更健康的行为上时，前者使一个人变得脆弱，强化了作为受害者的自我认知，而后者培养了自我效能感。然而，正如上文所指出的那样，志愿服务和利他行为总体上有所下降。这个不幸的趋势会受到 PPT 的影响吗？在培养了密切的人际关系之后，PPT 通过鼓励患者帮助他人来帮助自己，从而扩大了人际幸福感。

环节的开始：放松

在每一环节的开始，先做一个简短的放松练习。参考附录 A“放松和正念练习”。从复习患者的感恩日志，复习上一环节教授的核心概念开始。

环节练习：相关视频

这一环节的课内练习主要是观看一段充分说明利他主义概念并用实例解释“时间礼物”练习的录像。浏览这个新加坡感人短片《礼物》（片长 7 分 30 秒，可在各视频网站搜索观看），然后让患者进行反思和讨论，使用“反思和讨论”部分的问题。

这部短片讲述了一个儿子发现了父亲的一个大秘密，这个秘密改变了儿子对父亲的理解。

反思和讨论

- 在这个关于利他主义的视频中，什么最吸引你？
- 这些材料是否让你想起你自己的利他经历？

- 这段视频是否让你想到某些在日常生活中培养利他主义的具体行为？
- 父亲为什么不让儿子知道自己的秘密？
- 在视频中，父亲尽管没有很多钱，但给予了他人很多帮助与爱。如何帮助那些认为自己一无所有或拥有很少的人去给予？

临床医生注意

患者的自我照顾可能已经受到损害。与这些患者交谈，确保他们的利他行为不会对他们的自我照顾需求产生负面影响。详细讨论他们的痛苦程度和幸福程度将帮助患者决定他们的利他行为的规模，并揭示他们潜在的脆弱性。

与富裕和健康的患者相比，来自社会边缘、资源有限的患者不太可能成为志愿者。

有些患者已经致力于照顾有慢性健康问题的家人，比如要照顾有频繁突发性疾病的家人，或者要照顾年迈父母或疾病恶化的家人，这些患者可能无法成为志愿者。因此，与患者讨论志愿服务的主题很重要，要敏锐地考虑到他们所面临的环境挑战。

家庭作业

在观看视频并讨论完问题后，要求学员完成工作表 14.1。根据患者的不同情况，这个任务可以在下个治疗环节之前完成，也可以在 PPT 结束后完成，因为患者被要求提供时间作为礼物。

工作表 14.1　时间的礼物

这个练习的目的是让你向你关心的人送出“时间礼物”，为他们做一些需要很多时间并涉及使用你的显著优势的事情。

如果你用你的显著优势来准备这份礼物，会让你的任务更有成就感。例如：

- 有创造力的人可能会给最好的朋友写周年纪念册
- 幽默风趣的人会安排烧烤
- 善良的人可能会为自己生病的室友或伴侣准备四道菜的晚餐

完成这个练习后，写下你送出“时间礼物”的经历。一定要准确记录你做了什么，花了多长时间：

____

____

____

____

____

反思和讨论

完成这个练习后，请患者进行反思和讨论：

- 当你送礼物时，有什么感觉？
- 送出礼物后，有什么感觉？
- 收到礼物的人有什么反应？
- 送礼物有什么后果（积极的或消极的）？
- 你是否使用了自己的一个或多个优势？如果有，是哪些优势，如何使用的？
- 你是否曾经参与过这样的活动？是什么？你有没有发现这次不一样？如果有，你注意到了哪些不同？
- 在过去，你是否曾被他人要求付出大量时间，但你并不想这样做？

- 你是否曾经接受过别人的时间礼物？是什么？
- 为了特殊的原因，你是否愿意定期给予时间礼物？这可能是什么原因？
- 你预计会有什么变化吗？也就是说，一段时间之后，你是否认为时间礼物可能不会像第一次那样带来那么多的满足感？如果是，你能采取什么措施来解决这个问题？

案例

齐莎娜今年 47 岁，是 3 个孩子的母亲，也是一名管理人员。她参加了为期 3 天的积极心理治疗培训，这个培训布置了作业。齐莎娜选择完成“时间礼物”的任务。以下是她对这一练习的反思，写于参加工作坊 3 个月后，当时她正在实践时间礼物。

从很小的时候起，我的母亲就向我灌输了一种深刻的观念，那就是我们总是可以给予他人一些东西，我的意思是积极的东西。一开始我不明白，因为我们自己也不富裕。但我记得，我的母亲总是找时间帮助别人。作为一个收入微薄的单身母亲，她从事的是销售行业，她的职业价值是以她卖出了多少东西来衡量的，而不是她提供了多少服务。但她还是认为要帮助别人，比如走过两个街区去帮一个老妇人倒垃圾——这个老妇人行动不便；当我们进入大厅时帮别人扶着门；周末去餐馆收集剩菜，把它们带到“食物银行”或庇护所；教新来的难民使用复杂的社保系统。妈妈做这些事时经常拖着我一起，虽然当时我很不情愿。青少年时，我开始对体育锻炼感兴趣。食物银行旁边有一个健身房，我母亲经常在那里做志愿者。因为母亲的乐于助人，健身房老板给了我一张免费会员卡——我喜欢跑步、游泳。大家都喜欢我母亲博爱的性格。当他们需要她的爱、关怀和帮助时，她总是会全心付出。

我们走过了艰难的岁月。我擅长学习，非常擅长运动。好成绩为我赢得了奖学金，我为了上大学搬到了很远的地方。我努力学习，更加努力地训练，并参加了州级游泳比赛。

在一个秋天的晚上，我在训练完回宿舍的路上，踩到了一些湿树叶，在大理石地板上滑了一跤……我左肩着地，头撞到墙角，昏了过去。当我睁开眼睛的时候，我已在医院里，肩膀打了石膏，头上缠了绷带。接下来的几周，我陷入了无法参加即将到来的州冠军赛的绝望之中，担心自己会失去奖学金。

三个月后，我发现自己无法游泳了，我沮丧地坐在长凳上，哭了起来。一位年长的绅士看到了，他轻轻地拍了拍我的肩膀，问我怎么了。我告诉了他我的故事，他也告诉了我他自己的情况——他曾是三次全美游泳冠军，也受过伤。他主动提出帮助我康复，不收任何费用。我简直无法相信这个令人惊讶的提议，喜出望外地接受了。

在接下来的三个月里，他每天都给我做一个小时的康复，并根据我的体型和伤情制订康复策略。不到六个月，我就恢复了，我又回到了以前最好的状态。我问他为什么花这么多时间帮助我，他说："我的婚姻很不幸，离婚后，孩子都远离了我。我的母亲是一个非常仁慈的女人，她出身贫穷，还是大屠杀的幸存者，但她有一颗博大的心，这让她有足够的时间去帮助别人。儿时我不明白她为什么要花那么多时间帮助别人，但现在，我明白了。和你在一起的这段时间让我明白，我可以通过帮助别人而变得更加快乐。"

适应性和灵活性

一些患有社交焦虑或性格内向的患者可能很难接近他人（当利他行为涉及他人时），因为他们害怕社会判断。帮助这些患者应使用小的步骤，比如加入一个有完善的志愿者计划的组织。这将为他们提供一个组织，明确指示他们该做什么，从而降低他们的社交焦虑。他们也可以和一组志愿者一起工作，避免与人面对面接触。

明智地处理他人的担忧是非常重要的。利他主义的个体不会把自己强加于他人，也不会试图帮助那些不想被帮助的人。要提醒患者确保他们的无私服务符合他人的需求。

当人们拥有必要的技能、专业知识、经验和手段时，他们才有能力帮助身边的人。鼓励患者与接受者讨论细节，以确保各方的期望都是现实的。患者可以通过许多方式帮助他人。

有证据表明，主动亲身参与大自然中的活动（如树木疏伐、改善基础设施、清除入侵物种、修复人行道、清除垃圾、创造新的栖息地或绿地）是另一种送出时间礼物的方式。这种创新的方法也被称为“环境志愿服务”。研究发现，这种方法是有效的，特别是对来自边缘社区的个人和希望重新融入社会的刚出狱的人。参与环境志愿服务的志愿者报告了他们的本地意识、自我发现感和归属感。这种方法也培养了参与者的责任感，扩大了他们的社交网络。此外，它还可以作为临床治疗的辅助手段。

必须永远记住，你认为的问题对别人来说可能不是问题。患者必须保持一个开放的和移情的视角，允许自己被其他人的需求所引导。

提醒患者，利他行为是馈赠者可以享受的礼物，不必成为负担。同样，利他行为必须从更高的社会和道德层面来考虑。

文化差异

对一些患者来说，利他主义可能是他们的社会、宗教或文化遗产的重要组成部分。如果这些患者是开放的，可以与他们一起探索他们认同的、有意义的、与文化或宗教相关的利他行为。

提醒患者考虑送礼人与受赠人之间的文化差异，患者（作为给予者）应该与接受者一起确保所提供的时间礼物在文化上是恰当的。例如，一个白人患者花了很多精力收集二手婴儿物品，并把它们作为礼物送给一个移民家庭，但这个家庭的反应很冷淡，这让患者很失望。经过探究，患者发现，在这个移民家庭的风俗中，必须给新生儿送新衣服（而非二手的）。

还要记住，无私的努力与经济和社会条件有关。有些患者可能想要给出时间礼物，但由于工作关系和家庭责任，他们可能没有时间，或者缺乏专业知识及技能来合理利用时间。

保持

与你的患者讨论以下建议，让他们保持进步：

- 想象一个这样的世界：个人拥有知识和技能，可以作为时间、才能和财富的提供者，终生投身于慈善事业。为了成为利他主义者，我们不需要付出太多，我们可以在日常生活中利用简单的机会来实现，比如帮助别人或称赞别人。
- 多了解重要的利他主义者。他们也许存在心理健康问题，但仍会与他人分享自己的优势、技能和善良。例如戴安娜王妃（饮食问题）、马丁·路德·金（抑郁症）、特蕾莎修女（抑郁症）。你最认同哪个人？是什么促使那些利他主义者为事业而奉献？他们的行为如何改变了世界？
- 参与当地的学校和社区的俱乐部或其他组织，这可以为志愿者提供机会，让他们贡献时间或技能。
- 开始一个小规模的利他行为，持续一段时间。经过一段时间的努力，你会拥有实现人生目标、找到人生意义和继续努力下去的动力。
- 为他人提供帮助可能会让你进一步完善自己的社交智慧和个人智慧，

尤其在理解他人的细微需求方面。

- 无私的努力通常会将你与那些可以帮助你学习技能的人联系起来，这将扩大你的社交圈，让你了解社区中已有的资源和服务，以及如何有效利用它们。

环节结束的放松

我们建议每个环节结束时都进行与开始时相同的简短放松练习。

第 21 章　环节 15：人生意义与目标

环节 15 的重点是：为了更崇高的利益而寻找和追求有意义的努力。本环节积极心理治疗的核心练习是"积极遗产"。这是积极心理治疗第三阶段的最后一个环节，也是整个治疗的最后环节。

到达积极心理治疗旅程的终点

我们以一个包含三部分的环节来结束 PPT：

- 对心理韧性的叙述（积极介绍）
- 希望培养一个"更好的我"
- 留下"积极遗产"的渴望

核心概念

有很多方法可以获得有意义的生活：亲密的人际关系（前面的治疗中已包括培养积极关系和积极沟通的练习）、生成性（创造或繁殖）、利他主义（如前一章所述）、社会积极主义或服务，以及有使命感和精神性的职业经历。感到生活有目标意味着我们认为世界是一个特别的地方，因为我们在其中。另一方面，缺乏人生目标，会让我们把这个世界视为一个危险的地方，从而引发焦虑和抑郁（Schnell, 2009）。缺乏人生目标是抑郁症发病率大幅增加的部分原因（Ruckenbauer, Yazdani, & Ravaglia, 2007）。

“人生意义”指的是对世界的连贯理解，它促进人们对长期人生目标的追求，从而提供一种使命感和成就感。鲍迈斯特（Baumeister, 2005）认为我们对人生意义的追求有四个目的：

- 人生意义帮助我们在包括过去、现在和未来的时间框架内清晰地表达生活目标。
- 人生意义提供了一种效能感或控制感。意义让我们相信我们不仅仅是被世界的事件控制的棋子。
- 人生意义有助于我们找到方法来证明行动的合理性。
- 与人生意义相关的活动通常将人们与共同的社区意识联系在一起。

维克多·弗兰克尔，在他关于意义的开创性著作（如《追求意义的意志》，1988；《活出生命的意义》，1963；《医生与心灵》，1986）中认为人生意义总是可能的，它是人的基本驱动力。无论环境如何，每个人都可以自由选择他们对自己经历的看法。在弗洛伊德和阿德勒的基础上，弗兰克尔认为对意义的追求必须与对快乐和权力的追求一起作为人类的核心属性。

意义不一定是一个宏大的包含生命的概念，也存在情境意义，也就是与较小规模的事件相关的意义。例如，赢得一局纸牌游戏、电子游戏或体育游戏可能会带来极大的兴奋感，因为游戏提供了短期目标和相关价值。然而，这并不一定意味着游戏对一个人的生活有很大的意义。

人生意义往往存在于人际关系中。因为人类是社会性动物，所以人们往往会有促进群体发展的目标（如“我想成为一名医生，以帮助我的社区”），或者源于群体价值观的目标（如“我想成为一名医生，因为这是一个有声望的职业”）。

有证据表明，拥有人生意义的生活对我们的心理健康大有好处。实现人生意义的方法有很多，致力于比自己更伟大的事情（通常是通过利他主义和服务他人）对于人生意义是非常重要的（Steger, 2012）。

人生意义的本质是联系。人生意义可以把两件事联系起来，即使它们是物理上独立的实体。例如，属于同一类别（香蕉和苹果都是水果）、属于同一个人（杰森有一把吉他和一个篮球），或都用于一个共同的目标（为当地收容所收集温暖的毯子和食物）。不幸的是，由于“极端个人主义”的兴起，这种社会和社区的联系已经明显减弱。塞利格曼（1991）指出，极端个人主义强化了“压抑型归因风格”，促使人们用持久的、普遍的和个人的原因来解释常见的失败。塞利格曼还指出，更大的慈善机构（如上帝、国家、家庭）的衰落不再重要，因为个人的失败似乎才是灾难性和永久性的。

环节的开始：放松

在每一环节的开始，先做一个简短的放松练习。从复习患者的感恩日志，复习上一环节教授的核心概念开始。

环节练习：过去的故事和对未来目标的展望

PPT的第一个环节阐述了“积极介绍”练习。如果当时你让患者写下他们的故事，把最终的故事装在信封里，然后封口、签名、注明日期，然后把信封给你，那么现在是拿出信封并要求患者阅读他们的故事的时候了。向患者介绍工作表15.1“回顾过去，展望未来”。如果你当时没有收集故事，那么给患者几分钟的时间来回忆他们写了什么。

临床医生注意

在工作表 15.1 中，除了回忆环节 1 的积极介绍外，还要求患者思考他们将来想要追求的成就或目标。为了帮助患者拓宽思路，你可以考虑下面这些例子，根据需要与患者分享这些成就：

- 重复使用、再利用和回收电子产品
- 探索和促进企业的社会责任
- 推广增加慈善捐赠的创新方式
- 把人才投入能带来更好变化的事业中去
- 积极参与公共生活，推动一个重要社会问题的解决
- 将食物银行的形象转变为公共餐饮
- 为一项能够安慰穷人的事业做出贡献
- 成为弱势群体的导师

工作表 15.1 回顾过去，展望未来

回顾环节 1 的积极介绍，请回答以下问题。你可以灵活运用在整个治疗过程中学到的你对自己各方面的了解。

回顾过去，你能从有关自己心理韧性的经验中获得什么意义？

____

____

____

____

____

（续表）

现在你对品格优势有了更深入的了解，你认为你最突出的品格优势是什么？你还在日常生活中使用这些优势吗？如果有，如何使用？

关于你的心理韧性的经历是否告诉了你生活的目的？

总的来说，在未来的10年里，你想追求何种具有创造性且有意义的成就？

具体而言，在艺术、科学、人际关系（社会）或学术方面，构想一项对自己和他人都有益的成就。

是什么让这个成就成为你的重要人生目标？为什么？

（续表）

这个目标对别人有什么影响？

____

____

____

____

____

在未来10年，你需要采取什么步骤来完成这个目标？你需要做些什么？

____

____

____

____

____

为了实现目标，你最常使用的显著优势是什么？

____

____

____

____

反思和讨论

完成这个练习后，请患者进行反思和讨论：

- 回顾自己有关心理韧性的故事，你有什么感受？
- 如果你有机会重写自己关于心理韧性的故事，你会像几个月前那样写吗？如果不是，你会改变哪些内容？
- 前几次PPT在哪些方面影响了你对人生目标和意义的思考？

- 对你来说，反思并写下未来目标的过程是怎样的？
- 如果你达成了目标，会发生什么？如果没有达成目标又会发生什么？

环节练习：积极遗产

给临床医生的建议脚本

以下脚本摘自彼得森（2006）：

每个人都有一个愿望清单："有朝一日"要做的事情、希望实现的目标，以及"有时间"时想去的地方。然而，我们可能会发现，如果我们不挤出时间，就永远不会有时间。工作表 15.2"你的积极遗产"促使我们展望未来，并认真思考如何实现我们的希望和梦想。

工作表 15.2　你的积极遗产

展望未来的生活，你希望它是什么样子？你希望最亲近的人如何记住你？他们会提到你的哪些成就和 / 或个人优势？换句话说，你希望你能为这个世界留下什么？在空白处写下来。不要谦虚，要实事求是。

____

____

____

____

____

____

写完后回顾自己所写的内容，问问自己是否有计划来创造一个既现实又在你能力范围内的遗产。

写完后把这张工作表放在安全的地方。一年或五年以后再读一遍，问问自己在实现目标的过程中是否取得了进步。如果出现了新的目标，可以随时修改。

反思和讨论

积极心理学为我们幸福的来源和标志提供了有价值的科学见解。例如，在满足基本需求之后，更多的钱并不能增加多少幸福感（Lucas, 2007），而更多的投入、令人满意的人际关系和有意义的努力会增加和维持我们的幸福感（Peterson, Park, & Seligman, 2005）。根据这一发现，我们应该留下什么样的遗产呢？在完成“积极遗产”练习后，要求患者进行反思和讨论：

- 写下你的积极遗产的过程如何？
- 练习中最困难的部分是什么？这个概念太抽象了吗？写一些自己未来值得瞩目的成就，会让你觉得不谦虚吗？或者你不太在意别人会怎么记住你？
- 你是否能想到一个自己非常了解的人（在世的或去世的都可以），将他作为你的榜样？如果有，你会给他写些什么？如果你心中没有人选，请使用历史人物。
- 你能设定怎样的短期和长期目标来完成你的积极遗产？
- 为了实现你的短期和长期目标，你想采取什么具体行动？完成这些行动的时间表是什么？
- 你可以用你的显著优势做哪些能留下积极遗产的事情？

案例

23 岁的患者布莱恩参加了个人和小组的积极心理治疗，并在其中一次小组讨论中写下了他的积极遗产。以下是原稿，没有修改。

> 我希望人们记住我是这样一个人：带着雄心与同情，追求最重要

的人生目标，成为他人的老师、治疗师、朋友；一个真实而自由的人；此外，还是一个谦逊的学生。

我希望人们记住，我帮助了那些需要帮助的人，并通过净化内心世界来改变外部世界。

我的遗产是创造一个更美好的世界。

我有什么计划可以实现这个目标？我无法帮助别人找到平静和幸福，除非我自己先找到。通过有意识的练习、生活和互动，我变得更加善良。通过关心自己，我学会了关心他人。

案例

47 岁的山姆是一名企业高管，他完成了积极遗产练习，这是自我发展课程的一部分。以下是他对这一过程的反思以及他的积极遗产。

反思：这不是一个简单的练习，因为我一直试图弄清楚怎样才能成为一个幸福的人，以及幸福意味着什么。我花了很多时间来思考“我是谁”，“我想成为什么样的人”。过去 6 年里，我把大部分时间和精力都花在拓展业务上，我自豪地看到，这已给我带来丰厚的回报。

然而，当涉及我的家庭时，写下积极遗产是很困难的。如果我看看我想留下什么积极遗产，我就会发现，我为家人做得很少。在过去的 6 年里，我为事业付出了很多，但为家人做得太少。

这个练习让我意识到，我正在攀登事业的高峰，但每一个高峰都会把我带到一个新的低谷。我爬得越高，离我爱的人就越远。然而，我找不到返回基地的方法。这种认识让我很沮丧，于是我运用了我的商业优势——永不放弃，并且专注于对家庭有益的事情。我想到了以下三个方面：

1. 我希望人们记住我是两个儿子的父亲。未来，我在事业上投入多少，就会在家庭上投入多少。目前，我每天工作 10~12 个小时，以后我只工作 8 小时。相对于更久地工作，我将尝试更高效地工作。

2. 当我回到家，我会关掉所有的电子产品，用心和孩子们交流，利用好奇心的优势，和他们讨论学习、生活，一起做一些小家务。

3. 我将确保和家人每半年度假一次，并且在度假时坚决不带手机。

我想，如果我能坚持做到这三件事，我将会是一个好父亲。

适应性和灵活性

对一些患者来说，为了更崇高的利益而寻找和追求有意义的努力——留下积极遗产——可能是具有挑战性的。由于心理困扰和 / 或认知僵化，一些患者的世界观设定可能是不利的。例如，患者最近失去了一位亲密的家庭成员，或者患者经历了严重的抑郁症，并以明显的绝望为标志，那么他们寻找和追求生活意义的意愿可能并不强烈。重度抑郁症患者往往在意义感上得分较低（Peterson, Park, & Seligman, 2005）。

有些患者可能很难去追求意义，因为意义的构建是一个需要积极努力的过程。由于心理压力，这些患者寻找和追求有意义的体验的动机可能是有限的。

那些最近经历过创伤或重大损失的患者、处于悲伤之中的人，以及因为意外或自然灾害而失去重要资产的人，也很难去寻找意义。而且，他们可能不会忽略或弱化精神压力（Hicks & King, 2009）。同样，严重焦虑的患者也很难寻找意义。

证据还表明，归属感受到威胁也会降低我们对生活意义的信念（Stillman & Baumeister, 2009）。因此，社会联系薄弱或有孤立感的患者在寻找意义时可能会遇到困难。但是，医生应坚持询问患者关于意义的问题。

临床医生询问患者的意义感对他们来说非常重要。《存在主义心理治疗》的作者欧文·亚隆（Irvin Yalom, 1980）说："事实上，我治疗过的每一个病人，要么毫无理由地表达了对生活缺乏意义的担忧，要么对这个问题的询问很快做出了回应。"

文化差异

我们对世界的理解大都来自文化的视角，因此对意义的探索和追求具有高度的文化敏感性。一个人感知经验的方式（有意义的或没有意义的）很大程度上是由他所在的文化决定的。在这个快速变化、多样化、城市化和数字化的世界里，个人主义或集体主义的文化概念可能过于简单了。尽管如此，有些观点仍然是正确的。例如，对于大多数个人主义文化背景的患者（如欧洲和北美）来说，意义和目的意味着追求个人主义目标、自我提升和自主。大多数集体主义文化背景的患者可能会付出努力和行动，以保持和加强积极的、有适应性的家庭与社会和谐，并从中找到意义（Kitayama & Markus, 2000; Steger et al., 2008）。

同样，不同的文化有不同的意义来源。例如，在中国道教中，生命的意义可能主要基于与自然和谐相处，而不是与"道"抗争（Lin, 2001）。佛教提倡一种接受和满足于逆境的态度，因为苦难（欲望和业力的结果）是不可避免的（Lin, 2001）。在临床治疗上，这些文化差异可能表现为东亚文化背景的患者表现出接纳，而欧洲或北美文化背景的患者可能会积极工作以改善情况。同样，对于大多数亚洲和非洲文化背景的患者来说，生命的意义在很大程度上取决于一个人与文化规范、家庭和社区建立密切关系的能力。事实上，综合多个研究方向的观点表明，人们往往能在生活中找到一些意义，但很少是生活本身的意义。在所有文化和年龄组中，人际关系，尤其是与家庭的关系，是生活意义的重要来源（Glaw et al., 2017）。

对于欧洲和北美文化背景的患者来说，有意义的生活可能取决于过一种“真实”的生活，为了获得这种真实，患者可能会挑战根深蒂固的社会制度。这些例子包括为性少数群体（LGBTQ）争取权利、支持婚姻平等，或为环境工作。最后，对于一些患者来说，意义是通过宗教和精神追求来实现的。也就是说，对一些患者来说，成为一个好的基督徒、穆斯林、印度教徒、犹太教徒或佛教徒就意味着过上了有意义的生活。

保持

与患者讨论以下建议，让他们保持进步：

- 人生意义能赋予生活连贯性，提高自我效能，它还与健康和更好的人际关系有关。人生意义可以是全球性的，也可以是地方性的。为了保持意义和目的，选择一个全球性的意义。全球性的意义是指你的目标和信仰要从更大的世界来看问题，比如正义、平等和公平。意义也可以是地方性的，通过在你的社区或家庭中追求特定的目标来维持。
- 我们也可以通过思考和讨论那些对自己有深刻或重大影响但仍未进行反思的事件来保持人生的意义和目的感。随着时间的推移，这样的反思可以帮助我们理解其意义和目的。
- 记住，人生意义不是一成不变的，它可能随着年龄、环境或重大生活事件而改变。
- 为了保持意义感，一个人也不是总要做些什么。人生意义也可以通过减少活动或学会拒绝自己认为没有意义的活动来保持。这可能看起来像是放弃生活中不再让你快乐的人、想法和事情。例如，你的家里有没有你不再需要的衣服或书？你或许可以考虑捐赠。你是否经常有一些于事无补或弄巧成拙的想法？考虑用更有用的想法来替代。你的生活中有没有伤害过你的人？有没有让你从意义中分心的人？你能想出办法来限制他们对你的影响吗？

环节结束的放松

我们建议每个环节结束时都进行与开始时相同的简短放松练习。

心理治疗不是一帆风顺的，PPT 也不例外。PPT 不一定是朝着某件事前进，有时，它更多的是关于向内移动——扩展患者的内部空间，使他们能够更好地理解自己的情绪和经历。通过结构化的练习，你已经能够帮助患者管理他们的压力，部署他们的品格优势。有时，患者仍会在压力和优势之间、在希望和怀疑之间、在放弃和尝试的勇气之间摇摆不定。

我们已经到达了最后阶段，这一事实表明，你一直在坚持，患者也一直在以勇气和希望坚持。患者通过创建有关心理韧性的叙述开始了 PPT 之旅，在你的指导下，他们已经将这种叙述塑造成了一种情境化的优势指数——经过仔细校准和文化上的细微处理。

我们并不认为仅靠一轮心理治疗（PPT 或其他行之有效的方法）就足以持久治愈所有症状，培养所有优势。成长是持续的，你很可能是患者生命中第一个（也许是唯一一个）用别人没用过的方式点亮希望和乐观之光的人。我们为人类独有的治愈和帮助他人的能力而庆贺，你为此做出了自己的贡献，去体验成就感和满足感，为自己感到骄傲吧！

附录 A

放松和正念练习

核心概念

正念是一个人时刻意识到自己的思想、感受、身体上的感觉和周围的环境，而不带批判或较少批判。正念让我们接受自己不能改变的东西，并且看到什么是可以改变的。

一些特定的事件、经历和互动留在我们的脑海里。每当我们想到它们，情绪就会爆发，让我们感到悲伤、快乐、愤怒或不确定。有时我们会无意识地根据这些感觉行事。正念是通过观察思想和情绪流意识到这个过程，而不是立即回应。

正念也能帮助我们在特定的情况下（尤其是那些困扰我们的情况）对我们的行为和反应形成意识。我们也将学习到自己的行为如何影响他人。不加评判地提高觉知可以帮助我们拥有开放的思维，接受不同的观点。

例如，留意与朋友的消极互动可以帮助我们看到更广阔的视角。也许这种消极的互动并不是由我们可能做过的事情引起的。相反，我们的朋友可能会因为一些与我们完全无关的事情而烦恼。通过正念，我们将一个复杂的经历分解成几个部分，从而让自己敞开心扉，拓宽视野。正念可以提高我们的开放性、自我调节能力和社交能力。

治疗环节中的正念练习

正念是可以培养的，但它需要经常练习。以下是 5 种正念和放松练习，我们可以在积极心理治疗中使用，也可以在家里使用。

练习一：正念时刻

指导语

1. 以舒适的姿势坐着，双手放在大腿上或靠近大腿，头部、颈部和胸部呈放松的直线。把脚平放在地板上。

2. 把注意力放在呼吸上。注意它是如何进入你的身体，又是如何离开你的身体的。当你吸气和呼气时，专注于你的胸部如何扩张和收缩。

3. 轻轻地让你的呼吸深达腹部。重复这个呼吸周期。尽量使每次吸气和呼气持续 6~8 秒。每次呼吸后重新开始。

4. 相较于试图停止任何其他想法，你可以保持注意力集中，并非常安静地或在你的脑海中数数。你的注意力会分散，而你的工作就是轻轻把它拉回来，重新开始。这不仅是一种集中注意力的练习，也是一种你会开始很多次的练习——分心，再开始，再分心，再开始。如果在治疗环节中做这个练习，当一分钟结束时，你会听到一个声音。[①]

练习二：呼吸

指导语

1. 确保坐在一个放松舒适的位置。

2. 保持头部、颈部和胸部放松（而不是僵硬）的直立姿势。

3. 放松肩膀，把背部靠在椅背上。

① 如果这个练习是在治疗环节中进行的，临床医生应该用一种舒缓的声音轻轻地把病人从练习中带出来。

4. 把手轻柔地放在大腿上或任何你觉得舒服的地方。

5. 将眼睑慢慢地、轻轻地合上。

6. 用鼻子深吸一口气，保持几秒钟，然后慢慢地、轻轻地呼出。

7. 重复两次以上，逐次加深，从胸部到腹部。

8. 每次吸气和呼气时，试着从头到脚放松整个身体。

9. 平稳地呼吸，不要停顿。

10. 调整呼吸。良好的呼吸有三个特点（Sovik, 2005）：

- 平稳
- 均匀（吸入和呼出的时间大致相等）
- 没有声音

11. 放松呼吸，让它自然地流动，仿佛整个身体都在呼吸。

12. 当气息从鼻孔进出时，关注呼吸。

13. 做 10 次平稳、均匀、无声的呼吸。然后睁开眼睛。

练习三：伸展和放松

指导语

以放松的姿势坐下来，练习下面的伸展动作。

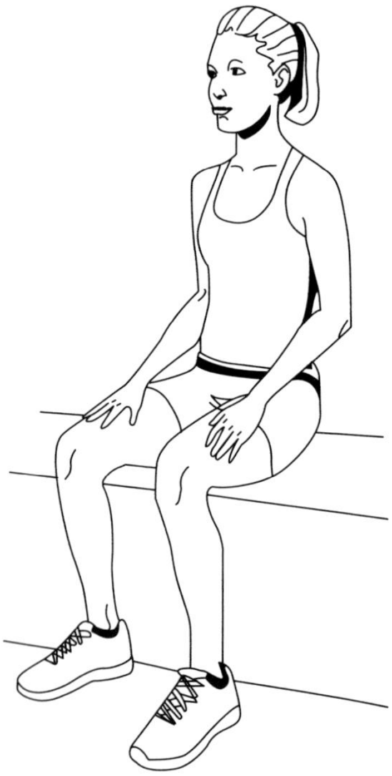

放松位置

坐着的时候，头、脖子和胸部在一条直线上，双腿不交叉，双脚平放在地板上，手放在膝盖上或靠近膝盖。

头

保持肩膀稳定，慢慢将头转向右边[①]。

放松呼吸三次，从呼气开始。

在另一侧重复同样的动作。

① 或优势侧。从这里开始，请在你的方向中纳入优势侧。为了保持平衡，我们两侧交替，从一侧换到另一侧。

耳朵

保持肩膀稳定，将左耳靠向左肩，肩膀不要动。

做三次放松的呼吸。

在另一侧重复同样的动作。

脖子

让头部、颈部和胸部在一条直线上，保持肩膀平衡。慢慢抬起脸朝向天花板。坚持向上，直到达到一个感觉不舒服的极限。保持头部稳定，伸展脖子前侧，并保持这种伸展。呼气，慢慢把脸收回来。不要停留在中间的位置，把下巴靠向胸部。保持这个姿势，感觉脖子后侧的伸展。当你准备好了，把脸部转回中间的位置。

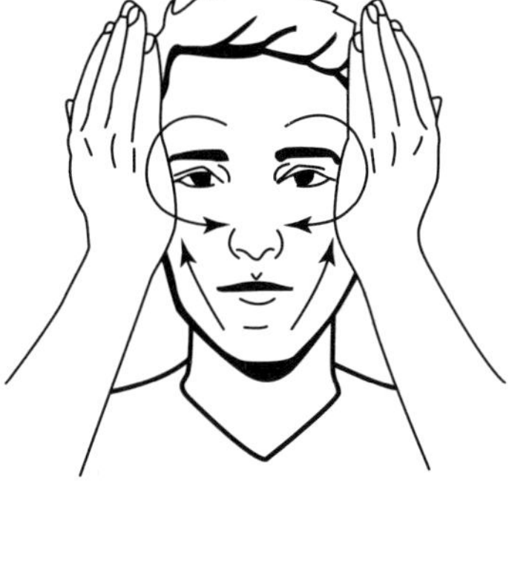

面部按摩

把手掌的下半部放在颧骨的两边，靠近太阳穴。开始做小的圆周运动，向下移动，到达颌骨后再向上，顺着面部骨骼做圆周运动（改编自 Bellentine，1977）。

眼部及前额按摩

双手虚握，将手掌和指关节放在眼窝底部，轻轻按压眼窝骨。指关节慢慢向太阳穴移动。从太阳穴开始，逐渐向上移动，按压眉毛和前额。重复这个程序几次。继续用指关节按压脸部。

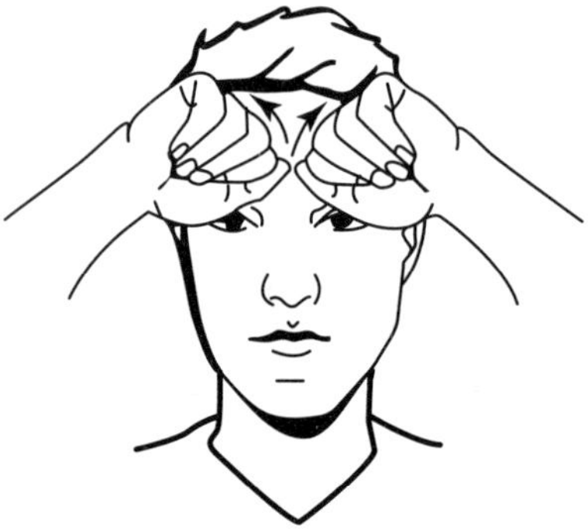

练习四：积极的意象

指导语

如果你正在治疗环节中做这个练习，你的临床医生可以阅读下面的脚本。如果你是在家里做这个练习，把脚本录下来，这样你可以边听边练习。首先，舒服地坐好。

闭上眼睛，在脑海中想象一个地方。这个地方可以是室内的，也可以是室外的，在这里，你可以毫不费力地感到舒适。做几次放松的呼吸，想象自己已经到了这里。看看你能否一次专注于一种感觉。你看到了什么？（停顿）慢慢环顾四周。（停顿）你听到了什么？注意这些声音——近的、远的，也许非常远的。接下来，你闻到了什么？自然的味道、人工的味道。（停顿）现在触摸一些东西，感受它的质地——光滑或粗糙，硬或软，重或轻。环顾四周，如果有任何材料、颜料、石头或其他材质，触摸它们。看看你能不能用它们做点什么。它不必是完美的大小或对称的。或者你不需要做任何东西。做某事或不做某事都感到很自在。放松。做几次深呼吸。去尝试，但不要太用力，记住这个地方的细节，就像脑海中的画面。这是你的地方，你放松的地方。轻轻地、慢慢地循着你进来的路离开。

练习五：仁爱冥想

指导语

以下仁爱冥想练习选自莎朗·萨兹伯格的《爱—善良》（*Love-Kindness*）一书。这个冥想练习需要说出一些特别的话，唤起一种“无限的仁爱”。冥想可以从你自己开始，逐渐将幸福和快乐的愿望扩展到所有人。

从下列短语开始：

愿我幸福。愿我身体健康。愿我平安。愿我安宁自在。

在说这些话的时候，让自己沉浸在它们所表达的意图中。仁爱冥想帮助我们将崇高的意图与他人的幸福联系起来。让爱、善良、开放和接受的感觉包围你，让这些感觉随着你重复这些话语而扩展。当你继续冥想时，你可以将自己的形象带入，并将这种爱和善良引导到自己身上。

之后，让你的朋友或你生命中曾经深深地关心过你的人来关注你。然后对那个人慢慢重复慈爱的话语：

愿你幸福。愿你身体健康。愿你平安。愿你安宁自在。

当你说这些话的时候，要全心沉浸在它们的全部意义之中。而且，如果你产生了爱和善的感觉，就将这些感觉与话语再次联系起来。这样，当你重复这些话时，这种感觉可能会变得更强烈。

当你继续冥想时，你可以扩大圈子，联想其他朋友、家人、邻居、熟人、陌生人、动物，甚至是那些难以相处的人。

附录 B 感恩日志

每晚睡觉前，请写下三件好事（美好的事物）[①]。在每件好事的旁边，至少写上一句话：

- 为什么今天会发生这样的好事？这对你意味着什么？
- 你从花时间命名这件好事中学到了什么？
- 你或其他人以什么方式为这件好事做了贡献？

每日祝福：周日

周日	日期________________________
第一件好事 反思	
第二件好事 反思	
第三件好事 反思	

① 想要制作更多的感恩日志，请登录网站 www.oup. com/ppt 将其打印出来。

每日祝福：周一

周一	日期______________
第一件好事 反思	
第二件好事 反思	
第三件好事 反思	

每日祝福：周二

周二	日期______________
第一件好事 反思	
第二件好事 反思	
第三件好事 反思	

每日祝福：周三

周三	日期 ______________
第一件好事 反思	
第二件好事 反思	
第三件好事 反思	

每日祝福：周四

周四	日期________________
第一件好事 反思	
第二件好事 反思	
第三件好事 反思	

每日祝福：周五

周五	日期________________
第一件好事 反思	
第二件好事 反思	
第三件好事 反思	

每日祝福：周六

周六	日期________________
第一件好事 反思	
第二件好事 反思	
第三件好事 反思	

附录 C

积极心理治疗量表

积极心理治疗量表（Postive Psychotherapy Inventory, PPTI）是基于本手册第二章所讨论的 PERMA 理论来评估患者幸福指数的主要方法。PPTI 通过积极情感、投入、关系、意义和成就来评估幸福感。本文介绍了 PPTI 的心理测量学特性。

量表 C1

积极心理治疗量表

请仔细阅读每个陈述，在复选框内用表格顶部的 5 分制给自己打分。请只在每行的复选框内做记号。

有些问题是关于品格优势的。品格优势是通过思想、感觉和行动表现出来的稳定特质，具有道德价值，对自己和他人都有益。品格优势包括乐观、热情、灵性、公平、谦虚、社交能力、毅力、好奇心、创造力和团队合作等。

C.1 优势陈述

5: 非常符合　4: 符合　3: 一般　2: 不符合　1: 非常不符合					
	P	E	R	M	A
1. 我感到开心	☐				
2. 我知道自己的优势		☐			
3. 我能感觉到与经常和我互动的人之间的联结			☐		
4. 我所做的事对社会很重要				☐	
5. 我是一个有抱负的人					☐
6. 别人说我看起来很开心	☐				
7. 我追求能发挥自己优势的活动		☐			
8. 我感到和我爱的人很亲近			☐		
9. 我觉得我的生活是有目标的				☐	
10. 别人的成就能激励我采取行动来实现自己的目标					☐
11. 我能注意到生活中的美好事物并心存感激	☐				
12. 我会利用自己的优势来解决问题		☐			
13. 遇到困难的时候，总有人可以帮助我			☐		
14. 我参加宗教或精神活动				☐	
15. 我很好地完成了生活中的许多事					☐
16. 我感到放松	☐				
17. 我在擅长的活动中，注意力很集中		☐			
18. 我的人际关系支持着我的成长和辉煌			☐		
19. 我所做的事情对更大的事业有所贡献				☐	
20. 当我设定了一个目标，我就能完成它					☐
21. 我能发自内心地笑	☐				
22. 当我投入我擅长的活动中时，时间过得很快		☐			
23. 在我的生活中，至少有一个人能很好地倾听我，了解我和我的感受			☐		
24. 我会用自己的优势去帮助他人				☐	
25. 实现目标激励我去完成新的目标					☐
总分					

请将以上每一列的分数加起来，填入下表。请注意，在表格起始处，右边五列分别标记为 P、E、R、M 和 A，这些字母与下表左列的字母对应。

范围	临床	非临床	你的得分
P = 积极情绪（5–25）	14	21	
E = 投入（5–25）	16	21	
R = 关系（5–25）	14	22	
M = 意义（5–25）	14	19	
A = 成就（5–25）	18	21	
总分（25–125）	76	104	

C.2 评分说明

维度	计分项 （每条优势前的序号）	PERMA 元素的定义
积极情绪	1 + 6 + 11 + 16 + 21	体验积极情绪，如满足、自豪、平静、希望、乐观、信任、自信、感激
投入	2 + 7 + 12 + 17 + 22	将自己深深地沉浸在活动中，利用自己的优势来体验最佳状态，其标志是剃刀般敏锐的注意力、高度的专注和进一步发展的内在动力
关系	3 + 8 + 13 + 18 + 23	拥有积极、安全、值得信任的关系
意义	4 + 9 + 14 + 19 + 24	有使命感和信念，并为之服务，这种使命感和信念超越了自我
成就	5 + 10 + 15 + 20 + 25	追求成功、掌控感和成就本身

心理测量学特性

PPTI 的心理测量学特性已经得到了探索。PPTI 最大的验证性研究涉及大量不同文化的年轻人样本（N = 2501，平均年龄 = 22.55 岁；SD= 2.96；68.3% 的女性）。这些人参加了一个以优势为基础的项目。除了 PPTI，他们还完成了其他一些，包括：

- **精神压力**：结果问卷（Outcome Questionnaire, OQ-45; Lambert et al., 1996）。这份 45 个项目的问卷评估了整体的痛苦程度及以下三个领域的痛苦程度：症状性痛苦、人际关系和社会角色。
- **学生参与度调查**（Student Engagement Inventory, SEI; Rashid & Louden, 2013）。该测量评估了学生在七个方面的参与度：课堂行为、作业、考试、学习动机、学业韧性、校园参与度和校园适应。
- **显著优势问卷**（Signature Strengths Questionnaire, SSQ:72; Rashid et al., 2013）。这 72 个项目测量了 24 项 VIA 优势。
- **决心**（Duckworth et al., 2007）。这份 8 个项目的自我报告量表评估了在特质层面上对长期目标的毅力和热情。

上述测量中的临床样本（OQ-45 评分≥ 63 分，低分）和非临床样本（OQ-45 评分≤ 63 分）的二元相关关系见表 C1。此表显示了 PPTI（总分）与精神压力、整体学业投入、品格优势和决心的测量的双变量相关性。相关趋势清楚地表明，PPTI 幸福感测量与积极构念呈正相关，与消极构念呈负相关。

结构

PPTI 的五个维度显示了令人满意的内部一致性。上述样本的 α 值为：积极情感 0.77，投入 0.81，积极关系 0.84，意义 0.71，成就 0.77。已发表的研究也表明，PPTI 具有以这五个因素为基础的结构（Khanjani et al., 2014）。此外，由于结构性干预的结果，总分和五个维度可以修订（e.g., Rashid et al., 2017; Schrank et al., 2016; Uliaszek et al., 2016）。

表C1 积极心理治疗量表与压力、学业投入和品格优势的双变量相关

	临床 (n = 710)	适应良好 (n = 937)
精神压力（总）	–.40**	–.38**
症状性痛苦	–.16**	–.12**
人际关系困难	–.20**	–.16**
社会角色的挑战	–.23**	–.30**
学业投入（总）	.14**	.20**
课堂和作业	.24**	.19**
考试和展示	.22**	.23**
学习动机	.29**	.18**
校园参与	.24**	.22**
学业韧性	.20**	.18**
校园适应	.15**	.11*
品格优势（总）	.20**	.09**
审美	.07	.17**
勇敢	.09*	.19**
公民意识与团队合作	.08*	.14**
创造力	.04	.19**
好奇心	.03	.18**
公平性	.03	.18**
宽恕	.07	.21**
感恩	.10**	.18**
决心	.16	.48**
诚实	.08*	.21**
希望和乐观	.10*	.20**
幽默	.12**	.16**
善良	.09*	.16**

（续表）

	临床 (n = 710)	适应良好 (n = 937)
领导力	.10**	.21**
爱	.16**	.20**
好学	.13**	.22**
谦卑平实	–.02	.15**
开放性	.04	.15**
毅力	.13**	.19**
洞察力	.08*	.18**
谨慎	.08*	.16**
自我调节	.01	.16**
社交能力	.05	.17**
灵性	.06	.22**
热情	.13**	.17**

* = $p < .05$； ** = $p < .01$。

附录 D

建立你的优势

压力和优势都是日常生活的一部分，尽管压力（如关系挑战、工作中的问题或没有工作、工作与生活的平衡、生病、持续的交通压力或税负）可能比优势（如好奇心、正直、善良、公平、谨慎和感激）更突出。本附录着眼于日常经验，并确定了你可以做的事情，以将优势融入你的生活。附录中的“治疗行动”并不能代替心理治疗（如果你需要的话）。确切地说，这些材料是为了提高你的认识，即虽然日常生活中包含了不可避免的麻烦、压力和问题，但这也为我们提供了机会，让我们更纯熟地了解和使用我们的优势，以解决我们的问题，增加我们的幸福感。

本附录的结构

本附录的目的是将品格优势的抽象概念转化为具体的行动。本附录基于品格优势和美德的 VIA 分类（Peterson & Seligman, 2004）。我们非常感谢 VIA 研究所的慷慨，使我们得以设计出基于优势的治疗资源。

根据彼得森和塞利格曼（2004）的研究，品格优势是普遍存在的特质，这些特质本身是有价值的，不一定与具体的结果相关。与症状相比，品格优势在很大程度上并不会削弱他人，相反，它们能提升那些见证优势的人，让他们产生钦佩而不是嫉妒。临床上，品格优势表现在许多方面。有些优点在临床环境中很容易被发现和承认（如表现出感激或创造力），而其他优点则不那么明显（如表现出谦卑或自律；对某些不明显的事情的克制）。与品格优势一样，美德在每种文化中都受到重视，并在文化、宗教和哲学语境中被定义。在彼得森和塞利格曼的分类中，美德是优势的集合，换句话说，美德是通向美好生活的康庄大道。

表 D1 列出了 24 种品格优势，分为 6 个美德集群。这些品格优势中的每一个都在本附录中进行了讨论，包括：

- 对呈现的优势的描述
- 讨论优势的“中道”
- 解释哪些其他品格优势能与讨论中的优势进行整合
- 治疗行动——你如何增强自己的优势

表 D1　核心美德和相应的品格优势

	核心美德					
	智慧和知识	勇气	仁慈	公正	节制	超越
性格优势	创造力	勇敢	爱	公民意识和团队合作	宽恕和仁慈	对美和卓越的欣赏
	好奇心	毅力	善良	公平	谦卑平实	感激
	开放性	正直	社交能力	领导力	谨慎	希望和乐观
	好学	活力和热情	—	—	自我调节	幽默风趣
	洞察力	—	—	—	—	灵性

表 D2 位于本附录的末尾，是对所有讲到的品格优势的概述。这个一览表总结了 24 种优势，通过展示它们的过度和未充分利用，简单描述了优势的平衡利用（中道），以及每种优势如何潜在地与其他优势进行整合。

这个附录是直接写给你的（患者），临床医生也可以在患者已经完成了他们的显著优势评估后使用它（参见环节2）。本附录中的资源可以帮助临床医生在单个治疗环节中加强技能，因为本附录提供了基于优势的方法，适用于处理日常挑战，以及培养更多的积极情感、更高的投入度和更积极的人际关系，帮助创造和维持有意义的目标。

中道

“中道”是亚里士多德提出的概念，即道德行为是介于两个极端之间的中点。在以优势为基础的积极心理治疗的背景下，中道意味着平衡地使用优势能起到有效的治疗作用。例如，对好奇心的平衡使用是指在过度使用（窥探或探听）和缺乏（无聊、无兴趣或冷漠）之间的平衡。

整合

有些品格优势具有相同的属性，而且常常能很好地协同工作。例如：

- 为了克服抑郁症的症状，你要明白，并非所有未来的事情都是消极的（希望），你也需要找到切实可行的方法来继续努力（坚持）。
- 为了应对冲动行为，你需要找到调节自己感受和行为的方法（自我调节）。这样做的时候，不要因为过去的冲动控制失误而对自己太苛刻，因为你也需要自我照顾（自我宽恕和自我同情）。
- 处理人际关系的挑战，尤其是当被告知“你不了解我”的时候，试着更多地了解别人的感受和动机，尝试不同的策略来更好地把握复杂人际关系的微妙之处（社交能力）。然而，你也可以从快乐、团队合作和真诚的优势中受益，以达到同样的目的，或与他人（尤其是所爱的人）建立深厚的联结。

核心美德：智慧和知识

知识获取和运用上的认知优势

1. 创造力

描述

如果这是你最大的优势之一，你可以利用创造力想出新的方法来解决损害幸福的问题，比如找到一个具有创造性的积极方式来应对持续的压力或一个难相处的人。大多数创造性的表达，包括艺术（绘画、陶器、平面设计）、写作（诗歌、故事、散文）和表演（唱歌、表演、演奏乐器），都有巨大的治疗潜力。这些表达方式将调用你的注意力、认知能力和情感资源，否则它们就会被用于反刍式的沉思和责备。

中道

你不满足于以惯常的方式做大多数事情或盲目地遵循规范。同时，即使是你最亲密的朋友，也不会认为你的创造性努力是奇怪的或怪异的。你不想仅仅满足于此，而是想要创新。从治疗的角度来看，平衡地使用创造力需要用新方法来解决那些引起持续压力的老问题。然而，在尝试这些解决方案之前，请考虑它们对其他人的影响（例如，你可以用你的创造力来重新设计你的办公室或是一个你独自负责的项目，但是，重新设计一个公共空间，或者在没有其他人参与的情况下将新的创意注入一个集体项目中，都不是一个平衡的创造力的表达）。当你和别人一起工作的时候，当你领导或推动一个包含新思想的头脑风暴会议的时候，你的创造力将会为你提供最好的服务。

- 过度使用优势：奇异、离奇、古怪
- 优势使用不足：沉闷、平庸、从众

整合

你可以利用好奇心、毅力、热情和勇气的优势来完善你的创造力。同样，如上所述，如果你的创造性表达影响了他人，那么可以利用社交能力、团队合作和开放性的优势，让他人也参与到对影响幸福感的问题的共同创造性解决方案中来。

悲伤和痛苦常被认为是创造力的源泉。然而，也有许多其他途径和过程可以激发创造性表达。设想当孩子们玩耍的时候，他们是快乐的（积极的情绪），经常玩角色扮演或创造虚构的角色，从现有的环境中创造新的场景。诸如感激、审美能力、风趣幽默等优势，通过相对明确地表达积极情绪，可以促进创造力。创造性表达（从概念到结果）需要坚持和自我调节的支持。坚持对于完成已经开始的事情是很重要的，如果分心的话，需要自我调节来保持专注或者重新建立专注。

治疗行动

- **为老问题创建新的解决方案：**编制一份原创的实用解决方案或技巧清单，以解决你和你的同伴所面临的老问题。通过社交媒体（或任何你认为合适的方式）与你的朋友分享这个列表，以获得反馈。
- **处理无聊的任务：**列出你觉得无聊但必须要做的任务，寻找不同的和有创造性的方法来完成这些任务。想办法把它们融入你的工作或杂务中，让这些时间过得更愉快。
- **提供有创意的解决方案：**为兄弟姐妹或朋友的挑战提供至少一个有创意的解决方案。分享你在自己尝试类似事情时相关的经验、成功和挫折。练习对他们的创意和你自己的创意保持开放的心态。
- **用剩余的物品（食物、纸张等）制作新产品：**在扔掉之前，考虑一下它们的艺术或实际用途。
- **收集和组织：**收集和组织各种材料（如网页、在线视频、速写本、蜡笔、粉彩画或挂图），利用它们把新想法转化为具体的形式。

- **提高注意力**：如果你经历了注意力的挑战——比如忽视重要细节、容易分心、不能同时记住多个信息——那么寻找一个能吸引你的创造性努力、有助于提高注意力的方法。

2. 好奇心

描述

好奇心包括积极地认识和追求具有挑战性的机会，并寻求新的知识。在治疗情况下，你可以利用好奇心来接受你可能一直回避的经历，因为这些经历会让你感到害怕或焦虑，比如乘坐拥挤的地铁、在问讯处问问题，或在社交聚会上与陌生人交谈。也可能有些东西会让你感到不舒服，比如针、公共卫生间里的细菌，或者某些特定的食物。好奇心具有巨大的治疗潜力，尤其是当你认为自己的恐惧无法克服的时候。好奇心会让你变得灵活，而不是专注于这些经历。它的组成部分，包括开放和拥抱不确定性、未知和新的东西，将帮助你了解不同恐惧的细微差别和微妙之处，这可以促进治愈和成长。

中道

我们适应（如习惯于）几乎所有积极的经验和产品。对好奇心采取平衡的态度有助于避免厌倦、冷漠和无兴趣。好奇心可以帮助你发现一种体验、过程或产品的新出现的或以前没注意到的方面，特别是你还没有完全掌握的方面。而且，好奇心不会让你变得焦虑不安，它可以让你日常生活中单调的一面变得忙碌、有兴趣、有动力。在自我理解方面平衡地运用好奇心是成长的关键。与其过度分析，过分关注自我或过度自我保护，不如保持足够的好奇心去挑战你对自己和周围世界的认知极限。

- 过度使用优势：窥探、探听、好管闲事
- 优势使用不足：无聊、无兴趣、冷漠

整合

好奇心与其他优势和属性紧密相关，比如创造力、毅力和开放性。当你发现自己陷入复杂的情况时，可以使用你的好奇心，并配合其他优势。有时，好奇心需要配合勇气来找到合适的表达方式，尤其是当你感到矛盾（或悲愤），又无法确定具体原因的时候。你的矛盾心理可能与避免恐惧、对抗权威人士虐待，或对情感创伤的自我麻痹有关。在你能找到处理这种痛苦的方法之前，探索痛苦根源的好奇心是至关重要的第一步。

治疗行动

- **直面恐惧：** 列出让你恐惧、不舒服或焦虑的经历或事情。确保列出了你恐惧和极力避免的事情，要么不去做（例如避开某些地方、食物或人），要么转做其他事情（例如绕道而行、吃替代食物，或不和他人交流）。通过阅读专家的意见、与那些可以帮助你的人交流，来扩展你应对恐惧的知识。
- **通过文化探索来应对厌倦：** 如果你厌倦了一成不变的生活，那就去尝试新事物。例如，吃来自不同文化的食物，或参与一种文化体验。从熟悉该文化的人那里探索该体验的文化背景。当面或通过社交媒体与朋友分享你的感受。
- **应对不确定性带来的焦虑：** 我们想要理解、管理和预测生活中的事件。然而，这几乎是不可能的，这往往会导致焦虑。不要用不健康的方法来应对这种焦虑（例如，用冲动获得的不准确信息来“填空”），而是用好奇心来拥抱不确定性，并对新信息持开放态度。这个过程将帮助你学会忍受不确定性，这样你就能更好地应对焦虑。与其寻找确定性，不如对通向确定性的过程感到好奇。
- **通过多样化的社会关系来克服偏见：** 我们经常与和我们相似的人交往，这有助于我们与他们产生共鸣，但也会因为限制了我们的社会接触而伤害我们。这种有限的接触维持或加强了我们对与我们不同的人和文化的偏见。安排一次与来自不同文化背景的人的面对面交谈或咖啡约会，每个月至少花一个小时，了解这个人及其文化。对自己的文化保持好奇、客观、开放的态度。

- **培养对大自然的好奇心：**大自然具有巨大的治疗潜力。每周至少花一个小时，用来探索大自然。在树林里、公园里、小溪边、院子里尽情探索。你可以将自己的印象和感受写下来、画下来或描述出来。

3. 开放性

描述

开放的心态是我们从各个方面思考和判断问题的能力。在治疗情境下，开放性意味着愿意思考我们有悖于自身信念的证据。心理治疗是一种人与人之间共同的努力，以评估一个人的信念，特别是那些包含症状和压力的信念。运用开放性的优势，特别是掌握一个综合的个人情况，将会鼓励你从以前没有考虑到的不同角度去解决问题。开放性会鼓励你保持“现实导向”，也就是说，不偏不倚，客观地看待问题。因此，你将能够更好地抵消普遍存在的“我方偏见”，这种偏见使许多人无法考虑他们自己以外的观点。

中道

开放性在很大程度上需要批判性的调查，仔细筛选信息的质量。在解决日常问题或应对重大挑战时，缺乏开放性会阻碍你进行反思，你可能会非黑即白地看待问题。你可能会被认为是固执的，你的立场可能会被称为“顽固”，而这会加剧症状上的痛苦。如果你经历了抑郁和焦虑的症状，同时也面临逆境、挫折或失败，那么你更有可能把挑战归咎于自己的缺点。你可能会认为这个挑战会永远持续下去，它会对你生活的各个方面产生负面影响。

同样，过度使用这种优势会让你过度分析、愤世嫉俗、多疑，你将无法信任其他人或其他过程。平衡地使用开放性需要你进行批判性的调查，但不要忽视情况的情感方面，这可能不能完全用事实来解释。(例如，分手后，你理性地认为这对你有好处，但你仍可能会继续感到悲伤和糟糕。重要的是要哀悼损失，而不是被它卷走。)

- 过度使用优势：玩世不恭、怀疑
- 优势使用不足：教条主义、不反思、思维僵化、简单粗暴

整合

开放性与许多优势协同工作。例如，开放性和有组织地进行批判性思维可以让你对其他解释和创新解决方案持开放态度——这是创造力和好奇心的标志。开放性也需要对多种观点持开放态度，并利用智慧。此外，与开放性相关的批判性评价加强了公平和正直。

治疗行动

- **反思和重写你的挑战：**监控和记录至少三种不健康的想法和信念，它们会让你感到悲伤、焦虑或矛盾。(例如，“我妻子总是把家里弄得乱七八糟，这真让我生气！我什么也没说，但我觉得她不尊重我。为什么这种情况总是发生在我身上？”)反思并写下另一种向自己解释这些问题的方式，其中包括一些开放性的特点。
- **反思并写下事与愿违的决定：**反思并写下最近你做的三个事与愿违的，或者没有产生预期的适应性结果的决定。和一个值得信任和明智的朋友分享你的想法，让你的朋友批判性地评价你的判断。你要保证，认真倾听朋友的评价，而不会生气或产生抵触情绪。
- **唱反调：**反思并选择一个你持有强烈观点的问题，故意从另一方面想论点，冷静地回顾可能支持你持相反观点的可信来源。这个练习可能会打开你的思维，让你看到一个你以前从未考虑过的新视角。
- **指导来自不同种族或宗教背景的人：**思考你可以教来自弱势或边缘化群体的人什么技能或专业知识。带着这样的期望去完成这个任务：

你想要，也能够从被辅导者那里学到和他从你那里学到的一样多的东西。

- **重新评估失败的原因：**找出最近三次失败、挫折、效果不佳或失望的原因。回顾开放性的特点，然后再次评估情况。如果有的话，找出一些模式，比如为什么你和这个人说话时总是感觉不好、焦虑或无力，或者是否有一个你通常认可的特定原因（例如“在开会之前，我总是错过一些重要的事情”）。

4. 好学

描述

好学包括热情地学习新的技能、话题和知识体系。如果这是你最大的优势之一，你很可能喜欢学习，随着时间的推移，你建立了一个特定主题和领域的知识宝库。你不需要外部的提示来学习，相反，你的内在动机就是增强和积累不同维度的数据和信息，以不断巩固你对特定主题的知识基础——从计算机到烹饪艺术，从电影到博物馆，或者从旅游到文学。你创造或被吸引到学习的中心——学校、读书俱乐部、讨论小组、演讲、研讨会，甚至是课程。障碍、挑战和挫折都不会减弱你的求知欲。

中道

抗拒学习会阻碍一个人的成长，而且往往是潜在抑郁的迹象之一。更深入的学习很可能会带来很多好处。然而，知识是一种具体的资源，对统计数据、事实、人物、历史事件、科学发现和具体证据的知识，可能会导致过度的自信，甚至某些情况下出现傲慢，这可以很容易地在那些知道、不知道或不太知道某些知识的人之间区分出来。因此，重要的是，在一个数据、信息和知识丰富的世界里，你无法创造或攀越知识和学习的所有层级，然后认为别人（那些没有你那么多知识的人）不如你。更重要的是，不要忽视情绪。允许你的担心、恐惧和怀疑，这是至关重要的，因为这些情绪为你的理性和知识提供了环境，这样你就可以理解整体的情况，从而最佳地解决你的问题。

- 过度使用优势："无所不知"主义
- 优势使用不足：自满、自视甚高

整合

好学与知识和智慧相辅相成。例如，对学习的热爱伴随着好奇心和毅力。没有毅力，就很难对任何学科有更深刻的理解。同样地，对学习的热爱也会增强批判性思维，拓宽视野。

治疗行动

- **重新分配时间来学习适应性应对：**我们经常花很多时间思考和担心我们的问题，而花更少的时间思考如何适应性地应对它们。监控你自己，估计一下你花了多少时间思考你的问题。重新分配时间，学习其他人是如何成功地处理类似问题的。
- **分享你的学习经验：**确定一个你可以与同伴分享的话题。以一种谦逊的、对话式的方式分享信息。反思之后，你很可能会感到满足，这可能会提高你的自我效能感。
- **关注正在发生的事情：**关注正在发生的当地或全球事件，你可以亲自识别或感受到它的吸引力。把你不知道的事情列出来，找到可靠的来源来促进你的学习。
- **在休闲中学习：**到新的地方旅行，将教育与休闲结合起来。当你在那里的时候，可以去旅游、上烹饪课，或者去当地的博物馆了解当地的文化和历史。
- **与他人共同学习：**与和你有一个或多个共同兴趣领域的朋友一起学习。讨论你们将分别学习的具体领域。在喝咖啡或茶的时候分享你的发现，最好是在咖啡馆。你也可以和你爱的人一起学习，包括你的伴侣、父母、孩子或大家庭成员。这将加强你们的关系，你们将以积极而不是潜在的消极的方式共度时光。

5. 洞察力

描述

洞察力涉及更高层次的知识和判断，这种优势能让你给别人提供明智的建议。我们的许多心理问题都是以假设为特征的。例如，我们认为自己可以做很多事情，尤其是涉及需要与他人互动的事情。当别人达不到我们的期望，没有（或不能）做我们想做的事情时，我们就会感到失望、沮丧（例如，“我希望我的家人能理解我为什么做出这个艰难的决定”)。从治疗的角度来看，洞察力可以帮助你评估你能做什么，不能做什么，你可以现实地期待什么，什么可能是不现实的。

当我们无法辨别相互矛盾的信息或无法平衡积极竞争时（例如，“我是应该疯狂工作挣更多的钱去度假，还是多花点儿时间和我所爱的人玩棋盘游戏”)，我们会经历矛盾。洞察力的优势将帮助你做出一个更好的选择，无论是关于自我照顾还是关心他人。洞察力也能让你解决关于道德和生命意义的重要和困难的问题。有洞察力的人知道他们生活中广泛的意义模式，了解自己的长处和短处，以及对社会做出贡献的必要性。

中道

从定义上讲，洞察力就是中道。也就是说，如果洞察力是你的优势之一，你就知道如何在工作和个人生活之间取得平衡。你善于设定现实的期望。你擅长区分积极和消极，并适当地权衡它们。有了这种优势，你可以权衡个人因素（例如，“我总是出洋相”）和情境因素（例如，“昨天我的演示不太顺利，因为我的同事没有提供我需要的关键数据”)。平衡地使用洞察力需要具有从树木中看到森林和从森林中看到树木的能力。它也意味着忍受一些短期的痛苦（比如面对一个令人焦虑的情况）来获得长期的收益（比如摆脱焦虑）。然而，要注意并不是你生活的所有方面都需要洞察力。用洞察力来评估和处理每一个平凡的情况会让你的决定变得神秘或迂腐。

- 过度使用优势：精英主义、神秘主义、迂腐
- 优势使用不足：肤浅

整合

在某些方面，洞察力包含了前面讨论的优点。也就是说，洞察力包含了好学、好奇心、创造力，以及理解以何种比例使用你的特定优势最能让你感到满足和幸福（例如，恰当地使用善意和公平）。

治疗行动

- **为让你沮丧的事情设定目标：**为处理你每天的压力设定5个小目标（比如因为伴侣没有把菜从餐桌上拿回厨房而感到烦躁，或者因为忘记重要网站的密码而感到沮丧）。把目标分解成实际的步骤，按时完成，每周监控你的进展。
- **选择一个榜样来解决问题：**选择一个有毅力的榜样，并决定你如何跟随他的脚步。试着选择一个曾处理过类似挑战的人，和他谈谈这个优势。
- **拓宽视野，监控暂时的压力：**用一两句话来解释你生活的广阔前景，作为每周的练习。监控暂时的压力是否会影响你的整体观点。
- **贡献出本打算用于分析自身问题的时间：**设定对世界有重要影响的目标，重新分配你的时间和资源来实现这个目标。这种重新分配会积极地转移你思考自身问题的注意力——其中有些问题确实需要新的视角。如果你不能马上解决问题，积极地转移注意力可以让你从新的角度来思考它。
- **将信念和情感联系起来：**通过阅读或观看一些有关个人经验的书籍或电影，将你的信念和情感联系起来。在这个问题上要有人情味，回想一下，什么时候你觉得自己对这个问题的看法变得过于激烈。

核心美德：勇敢

内外意见不一致时，依然能够顺利完成任务的一种情感优势

6. 勇敢

描述

勇敢是指尽管面临重大风险或危险，仍然采取行动帮助他人的能力。当你在心理上感到痛苦，同时也面临挑战、威胁或逆境（不管是真实的还是感知到的），这可能会构成“双重打击”，因此影响可能是双重的。有时挑战、威胁和逆境本身就足以造成心理问题。如果勇敢是你最大的优势之一，它可以帮助你采取行动，以适应性的方式应对挑战。勇敢并不会让你避免或逃避挑战，你通常会充分意识到其中的风险。如果勇敢是你的显著优势之一，你会给予它很高的评价。也就是说，当你感到压力、悲伤、害怕、生气或不知所措时，勇敢会促使你采取行动。勇敢的人不会在与做好事有关的威胁、挑战或痛苦面前退缩。勇敢的行为是自愿的，个体完全知道所涉及的潜在逆境。不管后果如何，勇敢的人都把更高的目标和道德放在最重要的位置。

中道

在勇敢优势的帮助下处理问题，重要的是你不会感到被强迫或完全是出于外部动机。勇敢的行为（无论是身体上的还是情感上的）都应该以你自己的价值观为基础。（例如，如果你面对着遭受其他家庭成员的情感或身体虐待的家庭成员，或者如果你支持一个脆弱的或受压迫的人，你的个人价值观毫不动摇地认为这是对的，你的行动受此引导，那么这样的行动将是真实的。）平衡使用勇敢需要存在一个真正的威胁或风险，这是你可以通过勇敢的行动来避免的。勇敢的平衡使用还需要意识到行动或不行动的后果。（例如，你要确保勇敢行为不会带来不必要的风险，而这种风险会危及

你和他人的安全。）注意，不使用勇敢优势通常会导致无助感；而过度使用勇敢（如揭露、名声、集体报复）和勇敢使用不足（如绝望、被动、消极）则会给你自己和他人带来问题。

- 过度使用优势：冒险、愚蠢
- 优势使用不足：极度恐惧、懦弱

整合

勇敢可能与许多其他优势相互作用。例如，勇敢需要使用某些优势，如公平、真实性或洞察力，或不使用某些优势，如谨慎、自我调节或宽恕。勇敢与热情、社交和个人智慧、毅力和自我调节等优点配合得很好。例如，尽管有不舒服的情绪和记忆，你仍然想要面对你的恐惧，以开放的心态评价（判断），采取行动来停止消极循环或抵御冲动（自我调节），承诺坚持你的目标（坚持）。

治疗行动

- **用勇敢的"一对一"法解决人际困扰：** 写出三种持续困扰你的人际问题，比如恐惧或压抑，尤其是对处于权威地位的人，以及你经常与之打交道的人。思考一下如何使用勇气来减少你的痛苦（如"我想在课后和教授单独交流，勇敢地表达自己"）。
- **勇敢地拥抱黑暗和消极的经历：** 列出你经常逃避的情绪，运用勇气，想象拥抱你所有的负面情绪。
- **说出让你获得自由的真相：** 用勇气与你最亲密的人分享关于你自己的真相。这是一个很重要的事实，它可能会对你的人际关系产生负面影响，这是你生活中很重要的一个方面，也是你因为害怕被拒绝而不愿分享的一个方面。（例如，"我真的很害怕告诉父母我是同性恋，他们会怎么想呢？但如果我不告诉他们，我在家人面前就无法成为真正的我"。）
- **问出难题或质疑现状：** 在团队中，比如在工作中或与家人朋友在一起时，勇敢地问出难题或质疑现状，提出大胆而现实的解决方案。

- **为某人或某项事业挺身而出：**为弱势群体挺身而出。

7. 坚毅

描述

坚毅是面对障碍和挫折时继续为实现目标而奋斗所必需的精神力量。从治疗的角度来看，一些心理问题会对注意力和集中力产生负面影响。坚毅是一种优势，它可以帮助你保持专注，让你在面对挑战（尤其是那些由于分心而导致的挑战）时仍然专注于目标本身。你尽你最大的努力去完成你所开启的事件，并找到克服困难的方法。如果你感到无聊和缺乏动力，找到一个能让你坚持的任务是一个有效的方法。当你如期完成任务时，你会感到自信、振奋和满足。

中道

平衡使用坚毅的关键是知道何时应该坚持，何时应该停止并减少损失。为了决定是否坚持，可以问问自己如果不完成这个任务会怎样。同样重要的是拥有适应变化的能力。例如，在追求理想的职业时，你需要适应市场条件、技术和更大的社会经济框架中不可避免的变化。为了最好地利用这种优势，你还需要不断地强化目标。

- 过度使用优势：过分执着、固执、追求无法达到的目标
- 优势使用不足：懒惰、冷漠

整合

要评估坚毅是适应性的还是强迫性的，你需要其他的优势，比如洞察力、社交能力、判断力（开放性）和谨慎。要坚持下去，尤其是当你经历挫折、挑战或障碍时，你需要有足够的希望和乐观。没有希望和乐观，坚持下去的动力就会减弱。

治疗行动

- **处理让你应接不暇的任务：**列出5件你必须要做但又经常让你应接不暇的大任务，比如处理税务、回复电子邮件、为家人准备节日晚餐。把这些任务分成更小的步骤，当你完成每一步时，便祝贺自己。一步一步监督你的进展。
- **找到一个即使面临挑战也能坚持下去的榜样：**选择一个坚毅的榜样，并决定如何追随这个人的脚步。试着找一个和你有类似心理问题的人。理想情况下，你可以和这个人面对面，或者通过其他方式和他联系，探索他是如何坚持不懈克服挑战的。
- **在获得新技能的同时坚持：**你的坚持可能会因为你的技能水平不足而停止。（例如，在设计了一个产品之后，应毫不犹豫地去寻求帮助，学习新技能或者找人和你一起工作，这样你就可以完成项目。）
- **融入心流的元素：**如果你很难坚持，那就探索心流体验，这是一种在内心深处拥有沉浸感的激发状态。探索能引发心流的活动，在这个过程中，你会坚持和成长。
- **与他人合作：**对坚持的潜在治疗方式是与其他有相同想法的人合作。他人的陪伴可以提高你的技能，增加你坚持的动力。

8. 正直

描述

正直的优势是通过讲真话和以真诚的方式表现自己来体现的。从治疗的角度来看，许多心理问题会导致内心矛盾、压抑、恐惧、尴尬和排斥，这让我们无法以真实的方式分享情感、思想，以及更重要的需求。正直能帮助你对自己的想法和情绪保持开放和诚实的态度。如果正直和真诚是你最大的优点，你很容易掌控自己的行为，这使你能够按照自己的价值观行事。换句话说，几乎不存在失调和异化，这反过来又提高了你的现实验证和社会推理能力。一个正直的人不太可能经历认知扭曲和社会恐惧，他能更好地理解和处理通常由精神病理学问题所带来的复杂困境。

正直的人对自己的思想、感情和责任是开放和诚实的，不会通过作为或不作为误导他人。这种优势让你对自己的内在状态有一种归属感，无论这些状态是否受欢迎或在社交中让别人感到舒适，并体验到一种真正的完整感。

中道

考虑到文化、宗教、政治、经济、生态甚至技术（尤其是社交媒体）的影响，在一个人际关系复杂的世界里，按照自己的价值观生活，控制自己的情绪和思想，并不是一件容易的事情。因此，正直的平衡使用取决于情境。（例如，并不是每一种情况都可以使用“我不如别人好”“我常常觉得自己很没用”“我不好意思寻求帮助”“我觉得自己不值得别人帮助”“别人会认为我软弱”等真实的表达。在社交媒体上分享你的想法可能也不是真实表达自己的最佳方式。）要过一种正直而诚实的生活，必须有勇气去承受外部的压力。真实的生活还包括可信、脚踏实地和讲真话。注意，正直和公平性的适用并不是绝对的，文化在真实的自我表现方面有很大的差异。因此，对真实性、诚实和正直的平衡使用可以在文化背景下更好地进行评估。然而，不管文化框架是什么，不充分使用正直可能会导致不表达你的情感、兴趣和需求，这反过来又会限制你的自我效能——如果你不能拥有你的需求，你怎么能满足它们呢？此外，这种优势的不足会迫使你在不同的情况下扮演不同的角色，导致人格碎片化，更容易受到外部而不是你自己优势的控制或影响。

- 过度使用优势：无礼
- 优势使用不足：肤浅、虚假

整合

当你与自己的需求和动机相协调时，正直会起作用。热情和活力很好地补充了正直，洞察力和社交能力是帮助你理解环境的两个关键优势。此外，情商（作为社会智商的一个子领域）为你提供线索，以一种你觉得合适和真实的方式，让你感受、拥有和表达自己的内心状态。善良和爱是与正直相辅相成的另外两个特质，以关心和分享为标志的真正的爱鼓励真诚，反之亦然。

治疗行动

- **评估压抑、评判和拒绝——真实性的缺乏：**回想并写下让你感到压力的5种情况。对每一种情况进行评估，以确定是否有部分原因是压抑、害怕被评判或被拒绝，尤其是由社会规范和期望引起的。与亲密的朋友或家人讨论如何找到真正表达自己的方法。
- **寻找那些能促进真实性的情况：**回想并写下那些能让你自然地做自己的情况。密切关注有助于你真实性的内部和外部因素。与你的知己讨论如何创造更多这样的情况。
- **培养真实的互动：**我们的许多心理压力来自我们无法诚实地与他人建立真正的关系。回顾真实而有建设性的反馈模型，建立（而不是阻碍）关系。
- **寻找真实的角色：**寻找结构清晰，能让你正直、诚实的角色，尤其是当你在工作中感到压抑的时候。在组织中寻找能够促进诚实、直率的沟通的职位。
- **阐明道德信念：**确定你最坚定的道德信念（例如，以最佳状态完成自己的工作）。你如何将这些信念带入生活中其他你经常挣扎的领域（例如，遵守交通规则，总是做出对环境友好的选择，为一些受到虐待的人挺身而出）？设定小的、可衡量的目标来改善你的行为，让你变得更加正直。

9. 活力和热情

描述

活力是一种对待生活的态度，其特征是对精力、活泼、兴奋和热情的欣赏。从心理学的角度来看，缺乏活力会导致抑郁、被动和无聊。活力包括积极的情绪，如喜悦、丰富和兴奋，以及知足、满意和满足。如果活力和热情是你最大的优点，你会全心全意地对待生活。当你进行日常活动时，你有充沛的精力和体力。你经常会受到鼓舞，并把这种感觉转化为创造性的项目和计划。充满活力的生活能让你压力减少、保持健康。

中道

平衡使用活力是至关重要的，但要区分平衡和过度使用并不容易，这两种状态都很容易被视为激情。然而，当活力被过度使用时，它就会变成一种内在的热情，成为你身份的一部分。另一方面，不使用活力会让你感到被动、没有动力。为了平衡使用，让热情和活力成为你个性的一部分是很重要的。平衡地使用活力意味着你以热情从事许多活动，但没有忽视你的其他责任。

- 过度使用优势：过度活跃
- 优势使用不足：被动、压抑

整合

活力是一种优势，它与谨慎、自律、好奇心、玩乐和对美的欣赏等优势配合得最好，这些美德也被用来创造有益身心的体验。例如，学习一门乐器需要你建立常规练习（自律），学会欣赏音乐，享受学习的过程（好奇心），即兴创作和玩乐（玩乐、创造力），学习音乐的同时也履行其他职责（谨慎）。

治疗行动

- **参与“必须做”的活动：**许多心理状况会削弱我们的动力。选择一个

“必须做”的活动——一个你必须做但你不想做的活动（如完成作业、锻炼或洗碗）。运用你的创造力，用一种不同的、令人兴奋的方式来做这个活动。你可以选择一个伙伴，和他或她一起做。

- **户外活动：**每周至少花一个小时进行一项户外活动，如徒步旅行、骑自行车、爬山、快走或慢跑。享受户外体验和自己的内在感受。大自然具有巨大的治疗潜力。
- **获得更好的睡眠：**通过建立有规律的睡眠时间来改善你的睡眠习惯。睡前3~4小时内不要进食，不要工作，不要在深夜摄入咖啡因等。注意你的能量水平的变化。
- **加入一个俱乐部：**加入一个舞蹈俱乐部或表演艺术团体，至少每月活动一次。或者，用手机来拍摄代表你的活力和热情的照片。
- **多和快乐的人交往：**花时间和喜欢开怀大笑的朋友在一起。观察笑是如何传染的。或者多看情景喜剧。

核心美德：仁慈

在面临反对或内部威胁时表现出意志力的情感优势

10. 爱

描述

爱包括爱和被爱的能力。这种优势的定义特征是重视和关心他人，特别是那些能回应分享和关心的人。如果爱是你最大的优点之一，给予和接受爱对你来说很容易。你可以向你依赖的人表达你的爱，也可以向你情感上所爱的人表达你的爱。这种优势使你能够信任他人，并将他们作为你做出决策的优先事项。你将从你所爱的人的奉献中体会到深深的满足感。

中道

爱可以说是众多优势的源泉，这使得要在爱和其他优势之间取得平衡具有挑战性，尤其是当你可能感到悲伤、焦虑、矛盾或不安的时候。如果你倾向于躲避（很可能是由于焦虑）而不是面对一个总是冒犯你的人，你可能是在锻炼爱的优势，也可能是忽视甚至宽恕某个人。同样，害怕失去一段关系（可能是由于抑郁）可能会削弱爱的优势，你可能会容忍不公平的待遇。与此相关的是，一个特定的人（恋人、父母、孩子、兄弟姐妹或朋友）可能会让你发展出一种扭曲的、选择性的表达爱的方式，从而伤害自己和其他人。请注意，爱的平衡应用是很典型地被个人所在的文化背景所框定的：在相互依赖的文化中，这种平衡是爱整个家庭；而在个人主义文化中，这意味着爱和工作的适当平衡。

- 过度使用优势：感情混乱
- 优势使用不足：孤立、超然

整合

爱是建立相互关爱的关系的普遍需要，它就像“强力胶”，可以整合几乎所有其他优势。由于爱是包罗万象的和特殊的性质，重要的是要意识到，在当前的情况或挑战下，哪种指导原则最能适应性地整合各种优势。例如，如果你正在经历一段痛苦的关系，你可以将爱与社交能力和勇气相结合来缓解这种痛苦，而其他有类似挑战的人可以通过将爱与玩乐和创造力相结合来解决它。

治疗行动

- **爱是一项可以学习的技能：**如果你的爱让你痛苦，评估你痛苦的来源和后果。爱是一种需要练习才能获得的技能。探索具体的基于证据的技能，比如观察你所爱的人的优势。
- **与你的伴侣 / 爱人保持联系：**与你的爱人保持联系。每天抽出 5 分钟来问问他 / 她这一天过得怎么样，尤其是在重要的日子里。经常向你爱的人询问当前的压力、忧虑、计划、希望、梦想、友情和工作情况。

- **避免“关系疲劳”：** 大多数关系都是从积极的方面开始的。然而，随着时间的推移，很多人认为自己已经了解了对方，而消极偏见往往会把积极因素最小化，把消极因素放大。这种偏见会减缓人际关系的发展，而愤怒和怨恨则会累积。用爱、创造力和好奇心去探索你的伴侣的新东西，做一些你们之前从未尝试过的事情。
- **分享深刻的意义：** 和家人一起玩、一起笑，和他们分享生活细节时，良好的关系才会发展。这种意义可以通过多种方式共享，比如拥有共同的价值观（如自主权、家庭和睦和事业成功），理解表达这些价值观的行为等。
- **花时间和家人在一起：** 定期安排家庭休闲活动，如一起散步、徒步旅行、骑自行车或露营，参加家庭瑜伽或舞蹈课程，作为一个家庭参加体育赛事、静修、音乐会或文化节日。这些活动将建立愉快的而不是有毒的记忆。

11. 善良

描述

善良包含许多属性，比如体贴、礼貌和关心。如果善良是你的最大优势之一，你就会把这些优点转化为行动、行为和为他人做出的努力，而不需要别人的要求，也不指望会有切实的结果。善良不仅仅是你想做的事，你也要清楚自己的动机、技能、努力和可能产生的影响。虽然这种善意的行为是在不期望个人利益的情况下完成的，但从心理治疗的角度来看，接受这种善意行为的人会体验到积极的情绪，做出这种行为的人也会体验到积极的情绪。因此，通过以适应性的方式将注意力从自己转向他人，善良可以作为一个处于困境中的人的缓冲器。如果善良是你的优势，你会在帮助别人的过程中找到快乐。你是否认识对方并不重要，但你愿意无条件地为他人提供帮助。

中道

为了满足眼前的需要而采取自发的、随机的善举是有价值的、重要的。这些行为可能包括解决某人的技术故障、为受伤的人提供急救、倾听和分担他人的痛苦，或为生病的朋友做饭。然而，在做一些可能需要大量努力、精力和时间的善举时需要考虑（如指导和协助一个家庭建设或建筑项目，以及专业协助，如会计、法律或医疗）。对于所有这些情况，要解释任何潜在的风险和结果，还要考虑你提供的帮助是否确实被需要，被接受，出于尊重，务实，不依赖于任何直接、间接或次级的收益。关于进程和物流，确保你咨询了接受人，因为一些因素可能不是很明显。还要确保你的善良不会演变成纵容，也不会导致依赖，将善举和你更深层的价值观联系起来。理解善良也包括善待自己，这一点是非常重要的。缺乏自我同情的善良可以成为逃避或压抑自己严厉的内心批判的借口。善良的平衡使用需要你不要过度地批评自己。

- 过度使用优势：侵扰他人
- 优势使用不足：冷漠、残忍、吝啬

整合

善良可以和其他的优势配合使用，运用情商可以帮助你评估当下情势的细微之处。比如：善良与当下情势相关吗？其他优势能带来更好的结果吗？如果一个任务需要一项非常特殊的技能，你只能完成一部分，那么你可以让别人帮助你（团队合作），或阐明你所了解的程度，以便接受人知道你能做什么和不能做什么（真实性），然后完成剩下的任务。如果你渴望帮助别人，并且你有能力提供帮助，但是你害怕犯错误，那就和接受者商量并合作，利用其他的优势，比如谨慎、判断和开放性，创造一个表达善意的最佳体验。

治疗行动

- **建立自我效能感：**承诺至少做一件善事来帮助他人。当你真诚地帮助别人时，你是不期望任何回报或其他好处的。然而，当帮助他人的行为建立你的自我效能感时，你可能会获得心理上的满足感，而这反过来又会减少精神压力。
- **善待自己：**心理上感到痛苦的人（尤其是患有抑郁症的人）会严厉地批评自己，并认为造成痛苦的原因是他们自己。如果你是这样，开始使用自我同情，也就是说，善待自己。不要只关注自己的不足，要客观地肯定自己的优势。
- **通过沟通表达善意：**写电子邮件、写信、打电话或在社交媒体上与人互动时，使用更亲切、更柔和的词语。在社交媒体上列出一些友善的小技巧和策略，发布这个列表，从你的朋友和家人那里得到反馈和建议。
- **扩展你的善意和文化联系：**选择一种特定的独特文化。使用不同的资源，包括一些来自该文化内部的资源，设计出一个文化表达的列表，这些表达经常被该文化以外的人误解。在你的社交圈内分享这个列表。
- **做一些自发的善举：**开车时，给别人让路，对行人和骑自行车的人要有礼貌。进出建筑物时，替他人扶住门。帮助别人修理轮胎，或者把你的手机借给被困的司机。在你的后备厢里携带跨接电缆和照明弹，以防你需要在路上帮助别人。
- **分享物品和专业技能：**与他人分享你的物品（如割草机、吹雪机或跨接电缆）。如果他们不知道如何操作设备或无法完成任务，你可以主动提供帮助。

12. 社交智力

描述

拥有社交智力的人（也包括情商和智商）知道自己和他人的情感和意图。如果这是你最大的优势之一，你可能很清楚自己的情绪、动机和反应（个人智力），也很清楚别人的感受（社交智力）。你有一种不可思议的能力，能注意到别人情绪的变化，并做出必要的调整，以确保友好的氛围得以维持。当你和别人一起工作时，尤其是在团队活动中，你要确保每个人都感到舒适、被包容、被重视。从治疗的角度来看，社交智力让你了解自己和他人的感受，这种了解可以促进、维持和深化健康的关系。

中道

平衡地使用社交智力能让你注意到其他人之间的细微差别，尤其是当他们的情绪或动机发生变化时。这种优势让你以适合情况的方式做出反应。你几乎毫不费力地与他人联系。你会做出适当的反应，在需要的时候，你会表达出同情、同理心，或者只是能够设身处地地为别人着想（例如，如果你的朋友感到悲伤，社交智力会让你注意到这一点，并去关心你的朋友）。你有能力了解其他人。就像爱和善良一样，社交智力也是健康生活的关键优势之一。

这种优势的缺乏和过度与心理问题有关。缺乏社交智力的人无法与他人进行更深层次的交流。因此，这样的人无法建立起治疗性和支持性的联系，尤其是处于压力、悲伤和 / 或焦虑状态时——这些状态被默认为是孤立的，会阻止我们向他人敞开心扉。这样的人可能还会觉得与他人分享自己的心理困扰是令人尴尬的，因为可能得不到他人的理解，也可能会给他人带来不必要的负担。然而，如果因为社交智力而拥有深厚而安全的人际关系，我们就容易向他人敞开心扉并寻求支持。社交智力能为我们提供缓冲，尤其是在困难时期。

社交智力存在严重缺陷时，其症状会通过自闭症、阿斯伯格综合征和分裂型人格障碍表现出来。尽管这些情况有很强的生物学基础，需要专门的、持续的治疗，但它们确实能从社交智力的可构建的方面得到改善。

过多使用社交智力也会带来问题。例如，在复杂的社会环境中，了解和理解他人是耗时的，需要大量的情感投入。如果你过度投资这些资源，你可能就没有自己的时间了。其次，你也许会得到一个待人亲切的好名声，但很可能会使那些愿意向你倾诉的人对你建立起不切实际的期望。你可能会成为许多人的“伪治疗师”，这会（而且很可能）让你情绪疲惫。你的社交智力可能会被过度使用，你会开始表现出易怒，最终会感到不适应。因此，一种平衡的社交智力的使用需要你留意自己的幸福。

- 过度使用优势：喋喋不休、自欺欺人
- 优势使用不足：迟钝、毫无头绪

整合

为了实现社交智力的平衡使用，你需要把它与其他优势结合起来，如洞察力，这是至关重要的。当你用判断力和开放性从所有可能的角度来审视情势，捕捉任何潜在的偏见时，社交智力就会发挥作用。活力和热情可以增强社交智力，尤其是当你需要动力和希望的时候。社交智力还可以帮助你打破僵局或缓解紧张。

治疗行动

- **用情商处理不舒服的情况：**设想应对一个让你感到焦虑和抑郁的社交场合（比如在会议上分享你的不同意见、与家人争论等）。运用你的社交智力和个人智力，依次澄清以前没有澄清的问题。分享你的动机和潜在的价值观，并要求其他人也这样做。这个过程将帮助你和其他人确定价值。
- **不受干扰地倾听：**倾听你所爱的人，让他们知道你在全心倾听，不要打断他们，也不要反驳。在脑海中记下要说明的要点，并在对方讲完话后加以说明。然后，分享你的想法，并得到反馈。

- **解析冒犯：**如果有人冒犯了你，试着在他的动机中找出至少一个积极的因素。利用与社交智力相关的概念，考虑一下为什么冒犯行为可能是由暂时的、情境性的因素导致的，而不是因为对方的性格或天性。
- **引出反馈：**当你在情感上不理解身边人的时候，就此事问问他，也问问他将来希望在情感上如何被理解。当你下次和这个人交流时，想一些你可以采取的小而实用的步骤。
- **简单明了：**在亲密的关系中，直接明了地说出你的需求和愿望。允许别人也这么做，不要对他们品头论足，也不要反驳。

核心美德：公正

照顾和帮助他人的人际交往优势

13. 公民意识与团队合作

描述

公民意识的品格优势，也叫团队合作，指作为一个团体的成员为共同的利益而工作。如果这是你最大的优势之一，你很可能愿意为你所在团体的共同利益做出牺牲，比如你的社区、学校、公司。你会以一种适应性（而不是排外）的方式与你的邻居、学校、公司，以及你的国家紧密相连，这些组群和单位形成了你的身份来源。如果公民意识和团队合作是你的优势之一，你就会通过履行（或超越）你的公民责任来体现它们。

参加有助于建立公民意识和团队合作的活动的人通常有良好的心理健

康，因为这些活动将他们与志趣相投的人联系起来，进而建立社会信任度。拥有社会信任可以让你更有安全感，参与社区建设活动也可以增强自我效能感。

中道

平衡地使用公民意识和团队合作需要你与你的团队建立联系，并找到利用你的优势、专业、知识和资源为团体谋福利的方法。对公民意识的平衡和恰当使用意味着团队中的每一个成员都有融入感，并有内在动力为团队的成功而工作。尽管个体差异不可避免，但当团队目标优先时，公民意识和团队合作能发挥最大的作用。可见，集体身份增强了团队凝聚力。

平衡地使用公民意识还意味着你不能成为一个旁观者。如果少数人承担了更大的角色，可能会减少你的参与，你需要利用勇气和公平等优势来确保团队和谐。缺乏团队合作和公民意识可能会让你被孤立，失去社会和社区的支持，而这些支持可能会产生重大的影响，尤其是当你经历心理压力的时候。

- 过度使用优势：盲目和自动的服从
- 优势使用不足：自私、自恋

整合

为了更好地利用公民意识和团队合作，你需要利用其他优势，比如情商和社交智力。当你和一群不同的人（例如，在种族、教育背景、性格或偏好方面）一起工作时，你将受益于开放性、公平以及对差异的认识和尊重。

几乎每个团队或团体都会经历紧张和冲突。因此，为了共同的利益和最佳的团队绩效，你可以激发团队成员的创造力，集体讨论解决方案。善意的幽默和趣味性可以缓解群体的紧张，如果群体成员有一个共同的目标（洞察力）来增强团结，任务就会变得更容易。此外，当团队成员的优点被发现、认可和支持时，团队合作将更为顺畅。

治疗行动

- **避免公民疏离：** 有些人完全脱离了公民参与，认为无论自己做什么，都改变不了任何事。这是一种绝望和悲观的观点，也是抑郁症的两个特征。应鼓励这类人积极参与社区工作，公民参与将把我们与崇高的事业联系起来。
- **建立一个在线社区：** 建立一个基于网络的社区，其成员拥有共同的崇高目标，如拯救特定的濒危物种、为难民筹集资金，或采取公民行动反对歧视（如同性恋恐惧症或仇外心理）。分享这个在线中心，建立一个社区。
- **加入社区花园：** 社区花园可以为你提供一个支持性的、安全的、平静的环境。你可以与他人进行交流。分享空间和任务（园艺）可以帮助你成为社区的一部分。
- **加入社区精神卫生支持小组：** 加入社区精神卫生组织。利用多媒体资源，你可以借鉴他人成功应对心理健康挑战的经验。探讨针对特定心理健康问题的最有效的治疗方法。
- **"生活体验"：** 在社区邀请面临心理健康挑战的个人来展示他们的"生活体验"，他们愿意通过各种艺术形式来分享自己的经历，也可以在线提交。

14. 公平

描述

公平包括根据平等和正义的原则来对待每个人。如果公平是你最大的优势之一，你通常不会让个人情感影响你对他人的道德或伦理判断，而是会依赖于一套广泛的道德价值观。你的公平感包含了对道德准则的尊重和对他人的关怀。在与社会公正问题的日常互动中，这是一种你可以应用于生活所有方面的优势。

中道

一个平衡的对公平的应用通常需要你遵守考虑他人福利的原则。你面临的挑战是如何定义“福利”，你可能很难判定什么是公平的、什么是正确的，因为这两者以及它们所代表的潜在核心价值，在不同文化背景下可能有差异。例如，女性的着装（一种行为表现）和端庄（一种潜在的价值观）在不同的文化甚至同一文化中都有很大的差异。在保守的穆斯林国家，女性穿比基尼会被认为是不端庄的表现，而在西方国家，这样的泳衣是完全可以接受的。同样，穆斯林妇女戴头巾在伊斯兰国家是被期待和赞赏的，而在一些西方国家，这种面纱或头巾可能被一些人视为一种被迫的选择或宗教文化义务。因此，为了在相互竞争的权利、习俗和价值观之间取得公平的平衡，要根据每个情境来解释公平。在应用公平之前，询问并理解社会文化的内涵。公平或许比其他任何优势都更重要，它不是非此即彼的，因此，你应该做好准备，在中间地带游刃有余。

在应用公平之前，总是要探索终极目标是什么。在公平的背景下，公允是以一种成功或不受伤害的方式对待每个人，而平等是以同样的方式对待每个人，即使不是每个人都需要同样的种类或水平的支持。同样地，如果你平等地对待每个人，你要知道，除非你建立一个乌托邦式的社会，否则不是每个人都会被公平对待。因此，与其应用绝对意义上的公平，不如根据情境来使用它。

- 过度使用优势：没有远见或同理心的公正、超然
- 优势使用不足：偏见、盲目支持

整合

为了平衡使用公平，你需要一些优势，比如领导力、公民意识和团队合作，这将使你更容易应用公平。同样，诚实和真实会增强公平感。

在应用公平时也应该考虑善意。例如，如果老师不断惩罚一个表现出过度活跃行为的学生，那么很可能会让这个学生变得更加急躁和怨恨。但是，如果老师循循善诱，并给予学生适当的教育，他就更有可能改进自己的行为。

治疗行动

- **了解偏见和成见**：为了促进公平，要意识到你亲眼目睹或亲身经历的歧视。这种歧视表现在许多方面，包括年龄、残疾、性别、性取向、口音、语言流利、宗教和仇外心理。利用你的公平优势去做一些事情来阻止这些偏见和成见。
- **增加日常生活中的公平性**：将可以使用公平的日常任务、互动和活动列成一张清单——如果这些事情不能变得更加公平，就会增加你的压力（例如，和你的伴侣谈谈关于分担家务的事）。找到文化上和环境上合适的方法来运用公平，以减少压力。
- **确定困扰你的社会问题**：列出最令你烦恼的社会问题，重点关注那些可以通过公平解决的问题。例如，同样的工作，女性的工资仍然比男性低很多，这让你感到困扰吗？
- **监督你的判断**：自我监督，看看你的判断是否受到个人偏好的影响，或者它们是否基于公正和公平的原则。在做未来判断时，尽量减少个人偏好的影响。
- **为自己所在的群体发声**：以尊重其他群体的方式为他人的权利发声。

15. 领导力

描述

运用领导力是激励、指导和协调团队成员实现共同目标的过程。如果这是你最大的优势之一，你将在社会交往中占据主导地位；不过，有效的领导还需要倾听其他成员的意见和感受，因为它关乎积极的方向。作为一个领导者，你能够帮助你的团队以一种有凝聚力的、高效的、友好的方式实现目标。

中道

我们看到，尽管成员之间存在差异，当一个人能够在一个群体中找到共同点时，他就能平衡地运用领导力。通过不同的方式有效地沟通这个共同点，从而使团队成员保持动力。有些领导人在给追随者灌输希望和重振士气方面表现卓越，但他们可能缺乏将自己的愿景转化为清晰、具体而切实的任务和成果所需的技能。因此，领导力的平衡运用包括意志、动机以及成功所需的具体步骤。

同时，平衡地运用领导力既需要领导，也需要跟随。也就是说，如果没有谦卑和倾听的能力，一个领导者很容易演变为专制的象征。此外，平衡运用领导力要求你能够与下属建立真诚和信任的关系。通过信任，你能让你的团队发挥出最好的一面。建立在恐惧或滥用权力或权威基础上的关系会引发恐惧，而且，在这种群体中，人们更有可能出于恐惧和不信任而行事，而不是做到最好。

- 过度使用优势：专制、专横
- 优势使用不足：顺从、默许

整合

领导力可以配合其他优势来培养幸福感和适应力。例如，社交能力、团队合作和善良可以在你的团队中建立起牢固的联系，而谦逊和感恩可以让你的领导风格更人性化，更平易近人。这些优势可以产生协同作用，使你与团队保持协调。

治疗行动

- **为某人挺身而出或捍卫一项事业：**为受到不公平待遇的人挺身而出。鼓励其他领导在他们的团队进程中强调公平。或者，你可以支持你认为有意义的事业。这可能涉及许多问题，如童工、边缘化群体就业不足、校园欺凌（包括网络欺凌）或使用对环境有害的化学品。

- **读一本与精神健康挑战相抗争的领导者的传记：**读一本传记和/或看一部电影，讲述一位著名的领导者遭遇精神健康挑战，并通过强大的领导力应对这些挑战的故事（如维多利亚女王、亚伯拉罕·林肯、温斯顿·丘吉尔）。你能从这位领导者身上得到什么启发来增强自己的领导力？
- **指导一个孩子：**在你的社区或社交圈里指导一个可以从你的技能中受益的孩子（如学术、技术、体育）。在每次辅导之前和之后评估你的情绪，也要评估你的努力所产生的影响。
- **调解两个不和的朋友：**当两个人有分歧时，去做一个调解人。邀请他们和你一起见面，制订一些你可以执行的基本规则后，让他们分享他们的观点。强调通过讨论解决问题。
- **领导家庭活动：**组织和领导一个家庭活动，包括年轻和年长的亲戚。运用你的领导才能邀请你的家人参加这个活动，尤其是那些可能彼此不和或有怨恨的人。让每个人都参与到对话中来，而不是让各个年龄段的人自我隔离。引起人们对跨代相似性的注意。

核心美德：节制

防止过度的优势

16. 宽恕和仁慈

描述

宽恕是一个逐渐改变的过程，不是一次性的决定和事件。在宽恕中，你愿意放弃你的权利和复仇的欲望；事实上，你愿意停止报复的循环，你将可能找到一条更健康的自我成长之路。这种优势包括宽恕那些曾经伤害过你的人。通过宽恕，你接受了别人的缺点，给冒犯者第二次机会，有意把怨恨、厌恶和报复心放在一边。此外，宽恕能让你处理好自我毁灭的消极情绪，这种消极情绪会让你的愤怒不断发酵，让你的其他优势无法发挥作用。为了宽恕，你需要仁慈。要激励自己经历宽恕的过程，你需要学会宽容，接受别人的缺点，在认知和情感上给犯错的人留下空间。仁慈在开始宽恕的过程中是很重要的，并且要坚持下去。

中道

为了平衡地使用宽恕，彻底理解宽恕也很重要。在使用宽恕的优势时，你并不是在免除、回避或忽视冒犯的影响，不是在贬低对正义的需要，也不是用积极情绪来替代消极情绪，或者希望达到高尚的道德境界。宽恕不是结果，相反，这是一个亲社会变革的过程。这通常是一个渐进的、复杂的、困难的过程，在这个过程中，被冒犯的人会有意识地决定停止报复的循环，并超越冒犯，这样即便冒犯没有从记忆中删除，它也不会再引起持续的痛苦。

获得宽恕是极其困难的。然而，追求一个平衡的宽恕的概念是值得的，因为它的缺乏（“不宽恕”）可能会让你铁石心肠，让你对过去的记忆感到痛苦。当你能够利用自己的仁慈和善良时，宽恕就会变得容易。缺乏宽恕和仁慈可能会影响你的人际关系，因为你可能会永远失去信任。此外，一旦被冒犯的经历被触发，就会让你情绪低落，在负面记忆中徘徊数日。另一方面，过多的宽恕和仁慈会让你变成一个不自信和脆弱的“受气包”。如果你试图宽恕一些不应该被宽恕的事情（比如虐待、多次严重的侵犯），那么宽恕是无效的。

此外，你需要勇气来克服内心的恐惧，放下愤怒和报复。判断力和开放性可以让你从各个方面彻底审视形势。善良可以让你学会宽恕别人，这是一份无私的礼物。

- 过度使用优势：纵容

- 优势使用不足：无情、报复心强

整合

定期的感恩——用生活中真实的积极事件来充实你的头脑和心灵，可以帮助你淡忘痛苦的记忆。

治疗行动

- **评估“不宽恕”对你的影响：**思考不宽恕和怨恨是如何折磨你的。愤怒、憎恨、恐惧、担忧、悲伤、焦虑或嫉妒是否会产生破坏性？反思并写下这些破坏性的情绪是如何影响你的行为的。
- **通过宽恕来释放负面情绪：**强调宽恕的过程可以让你用积极情绪代替消极情绪。运用洞察力，通过宽恕来反思“释放”负面情绪的好处。
- **寻找宽恕的动机：**你需要发自内心去宽恕。有意识地让自己从负面情绪切换到宽恕。
- **回忆你被宽恕的时候：**生动地回忆并写下你冒犯别人而被宽恕的情形。如果对方是你深爱的人，问问他，是什么让他把宽恕作为一种矫正关系或恢复行为的方法。思考一下，如果你要采取类似矫正或恢复性的行动，你需要做些什么。
- **为下次有人冒犯你的时候准备好回应：**制订一个计划，如果可能的话进行演练。定期对自己确认：“无论他如何冒犯我，我都会按照计划来回应。”
- **从沉思转向同情：**是反刍和沉思阻碍了你的宽恕之路吗？当你沉思的时候，有时愤怒、悲伤和矛盾会占据你的思想。试着从冒犯者的角度来理解为什么他当初会伤害你，然后评估你的反应。

17. 谦逊和稳重

描述

谦逊和稳重意味着让你对取得的成就和荣誉保持低调。如果这是你最大的优点之一，你不会认为自己比别人更优秀。对他人成就或幸福的过度关注往往使当代文化变得盲目，你身处其中，却没有去追逐聚光灯。作为一个谦虚的人，你会对自己诚实，对自己的不可靠性诚实，对自己不能做的事情诚实，你愿意寻求帮助。

中道

平衡地使用谦逊包含了前面提到的特性，但是要注意，过度使用谦逊和稳重可能很难被发现。为了区分谦逊和稳重的平衡和过度使用，你需要评估具体的情况。例如，你可能在工作晋升上被忽视，因为谦逊不允许你为自己争取应得的职位和利益。为了达到平衡，你需要弄清楚你是否对现状满意，你需要放下过分的谦卑，维护你的权益。

另一方面，如果你缺乏谦逊和稳重的优势，可以让你信任的朋友给你诚实的反馈。选择一个不怕提供反馈的人，一个你不怕听到反馈的人。仔细想想这个朋友说的，然后选择几个方面来做。例如，不要和那些不亲密的朋友分享你的成就。你可能会有被他人认可的强烈愿望，但这并不完全是因为你不够谦逊。同样合理的是，你的热情和幽默的表达可能会被认为是缺乏谦逊和稳重。如果不理解各种情境的细微差别，就无法得到他人的评价和欣赏。

- 过度使用优势：自嘲
- 优势使用不足：愚蠢的自尊、傲慢

整合

谦逊通常能与善良、社交智力、自我调节和谨慎很好地融合在一起。重要的是，要有类似优势协同工作。例如，如果你在工作中被认为是一个谦虚的人，而善良、谨慎、谦逊和稳重是你的主要优点，那么这些优点的组合可能会导致你的不自信，这可能对你不利。你最好利用其他优势，比如热情和好奇心，这样才能达到最佳的平衡。

治疗行动

- **通过其他优势培养谦逊：**你可以利用其他优势来培养谦逊。思考你不经意间的炫耀会给别人带来怎样的感受。
- **多听，少说：**集中精力倾听别人说的话。
- **认错：**承认自己的错误，尤其是那些让你和他人之间产生裂痕的错误。勇于道歉。
- **让别人发现你的技能、才能和成就：**不要炫耀。
- **真诚的赞美：**如果你发现别人在某些方面比你真实、比你优秀，要真诚地赞美。同时，谦虚地接受别人的赞美。

18. 严谨

描述

严谨是对未来目标的一种实践取向。如果这是你的最大优势，你通常会对自己的选择非常谨慎。你不会承担过多的风险，在做短期决定时，你会把长期目标放在心里。因此，你是一个很好的计划者，也能预料到意想不到的结果。你通常会早到或准时到达。当你因无法控制的情况而迟到时，你会设法通知正在等待的人。你开车小心，遵守交通规则。当你做决定或计划时，你排除了不必要的干扰。你需要花时间整理思绪。你能意识到和控制冲动行为，并预测你行为的后果。你不会做出仓促的判断，也不会轻易或自发地屈服于建议和想法。

中道

平衡地使用严谨，需要在做出决策或处理重要任务时非常慎重，深思熟虑。然而，这种优势的过度使用可以表现为对细节和分析的过分关注。的确，有些任务需要一丝不苟的细节，比如做脑部手术、在键盘上输入你的信用卡号码、文字编辑等。但有些任务并不需要如此一丝不苟的细节——比如完美地把洗碗机装好；比如花很多时间整理办公桌上的所有东西，而花在实际工作上的时间却少得多；再如更关注报告的格式而不是关键内容。在这种情况下使用严谨是对优势的过度使用。平衡地使用严谨可以帮助你做好计划，早到或准时到达，激励你遵守规则和条例，并缓冲当意外情况出现时的不知所措。

这种优势并不是吝啬或胆怯的同义词，相反，它包含了实现人生主要目标的智慧和有效的视角。然而，过度使用严谨可能会导致矛盾和犹豫不决，你可能会经历“决策瘫痪”。另一方面，缺乏严谨会导致草率的决定、忽视风险，或不严格遵守规章制度。例如，如果有人请你允许延期提交工作申请，缺乏严谨会导致你在做决定前没有完全探索是否应该允许这样一个特例，因为它可能对那些按时提交者是不公平的。

- 过度使用优势：拘谨、木讷
- 优势使用不足：鲁莽、寻求刺激

整合

你可以借助其他优势平衡使用严谨。社交能力可以帮助你确定他人的动机；好奇心可以帮助你进行更多的探索，从而做出更明智的决定；坚持和自我调节可以帮助你坚持谨慎的决定。开放性和善良可以帮助你做一个彻底的成本效益分析，也可以探索你的决定的人性层面。

治疗行动

- **在放松的时候做出重要决策：**放松状态下，你会考虑到所有的可能性，而不是做一个可能会适得其反的仓促决定。如果你必须在压力下做决定（比如焦虑或沮丧时），花几秒钟深呼吸，理清思绪。
- **排除干扰：**在你做出重要决策之前，排除所有无关的干扰，花一些时间整理思路。
- **预见长期后果：**设想你的决定在 1 年、5 年和 10 年后的后果。在做短期选择时要考虑这些长期后果。

- **想好再开口：**说话之前考虑清楚。每周至少做 10 次这样的练习，并注意效果。
- **谨慎驾驶并遵守交通规则：**谨慎驾驶，注意，有时间限制的紧急情况比你想象的要少。优先考虑高速公路上的安全问题，尤其是在交通高峰期和假日、周末等繁忙时段。

19. 自我调节

描述

自我调节是一个人为了实现目标或达到标准而对自己施加控制的能力。如果这是你最大的优势之一，那么你也许能控制本能反应（如攻击和冲动），你会根据深思熟虑的行为标准做出反应。在面临心理困扰时，自我调节允许你调节自己的感觉、想法和行为。当你变得不知所措时，这种优势会帮助你以一种健康的方式重新引导你的情绪，即使他人反应强烈，你也能保持镇静。你不容易被煽动，你知道如何保持冷静。

中道

自我调节的平衡使用取决于环境。你不会低估严重情况的影响，认为它会以某种方式解决，也不会高估或恐慌。平衡使用自我调节时你要知道自己在调节什么。从治疗的角度来看，考虑以下三种情况：（a）为减肥设定具体的目标；（b）避免陷入消极情绪；（c）避免陷入不健康的关系。（a）为了减肥，你需要平衡地应用自我调节来吃健康的食物和锻炼。然而，这并不意味着过分关注食品标签，或者在拜访他人时，对他们的不同饮食习惯感到失望。（b）为了对抗消极的螺旋，而不是沉溺于你无法控制的经历和事件，你会把思想转向可控的或积极的、可以提供支持来帮助你防止消极的事件和经历。（c）为了建立健康的人际关系，你要寻找对方的个性并重视它，而不是被外表和其他肤浅的特征所迷惑。

平衡地使用自我调节需要你有一个具体的目标，一个可以确保你的自我调节是适应性的，不会对你的身体或认知造成伤害的目标。以健康的方式减肥是一回事，但过度锻炼和过于严格地控制饮食可能会让你生病。过度的情绪控制与孤立感有关。另一方面，缺乏自我调节与冲动的行为模式有关，包括吸烟、吸毒和滥交。从心理上来说，缺乏自我调节会压垮我们，让我们做出糟糕的选择，使我们处于负面情绪之中，反刍和冲动（言行不假思索），这可能会冒犯他人，损害我们的关系。

- 过度使用优势：压抑、沉默
- 优势使用不足：自我放纵、冲动

整合

许多优势都能与自我调节很好地配合，从而产生良好的行为和结果。最重要的是坚持，没有坚持，自我调节几乎是不可能的。同样，谨慎、公平、真实、洞察力和勇气可以帮助你有效地进行自我调节。知道一种可取的行为并不足以使它发生，把这些知识转化为具体的行动是很重要的。为了克服实现目标的障碍，除了自我调节，你还需要乐观、创造力和勇气。

治疗行动

- **消除诱惑：**节食时，不要把垃圾食品放在身边；当你想和别人交流时，关掉电视；戒酒时，不要去酒吧社交，也不要参加露天酒吧里的活动；戒烟时，用口香糖或其他适应性咀嚼物品代替香烟；想减少购物时，把信用卡放在家里。不过，你可以偶尔享受美味的甜点或购物，否则你可能会感到精疲力竭。让与你交往的人尊重你对诱惑的放弃，并鼓励你积极地改变生活方式。
- **列出触发因素：**列出当你“失去”时会触发你强烈情绪的情况。至少写一个策略来中和这些强烈情绪。下次你感到紧张的时候，可以使用这些策略。

- **试着控制自己的情绪：**当你难过的时候，试着控制自己的情绪，把注意力放在积极的方面。观察你能在多大程度上控制自己的感觉和反应。
- **创建日程：**谨慎地创建你可以系统遵循的日程。这些日常活动应该对治疗有帮助，比如按时睡觉，每周锻炼三次等。根据需要做一些小的调整，同时保持核心元素不变。
- **心烦意乱时进行渐进式放松：**心烦意乱时，进行渐进式放松。允许你烦乱的想法暂时被打断，这样它们就不会失控。
- **忍受痛苦：**列出经常让你心烦的事情。设定一个目标，逐渐忍受这种痛苦，如果可以的话，完全消除它。如果你因为某个同事的行为而烦躁，或者当地铁晚点、人很多的时候，或者在公共场合讲话的时候，想办法减少这种烦躁。设定具体的、可衡量的目标来降低痛苦。（这里有两个例子：避开一个你不喜欢的同事可能会对你的工作产生负面影响。因此，与其回避他，不如设定一个目标，不去关注他的个人特质，而是和他一起做一个你们可以合作的小项目。或者，不要总是因为你十几岁的儿子喜欢的食物、音乐、衣服而生气，把注意力放在你喜欢他的地方，而不是你不喜欢的地方。）
- **确定最佳清醒时间：**密切关注自己的生物钟，在最清醒的时候做最重要的事情。

核心美德：超越

超越自我并提供人生意义的优势

20. 对美与卓越的欣赏

描述

能欣赏美的人对大自然会感到敬畏。如果欣赏美和卓越是你最大的优势之一，那么你会喜欢观察自然之美，欣赏他人的技能和才华，欣赏道德之美。你可以在生活中的每一个领域发现美，从自然到艺术，从数学到科学。观察和欣赏自然美和人体美，体验提升的感觉，会让你产生积极情绪，从治疗的角度来看，还会抵消消极的情绪。当我们看到一个人表现出勇气或自我牺牲的行为，当一个人在紧张的情况下表现出镇静、善良和同理心时，我们会由衷钦佩，还会因受到鼓舞而向他们学习。因此，见证卓越能激励我们效仿，这是一种激发积极行动的有机方式，而不是沉浸在与许多心理障碍相关的消极情绪中。

中道

对自然之美和道德之美的平衡运用要求我们敏感、开放地去关注、承认、欣赏和评价积极的经历。这种敏感性因人而异，可能受到文化的限制（例如，当你听莫扎特的歌剧《费加罗的婚礼》或贝多芬的《第九交响曲》时，可能会感到敬畏；而有些人听印度古典音乐或格鲁吉亚圣歌时，或看阿根廷探戈或爱尔兰踢踏舞时，可能会感到敬畏）。改变生活的事件都有其文化情境。为了充分欣赏这些事件给你带来的震撼和敬畏，你需要了解其文化背景，包括宏观层面（更广泛的文化规范，如爱尔兰葬礼习俗）和微观层面（如爱尔兰特定家庭的葬礼惯例）。如果你看到有人在某社交聚会上被感动，而你却无法理解，那么可以礼貌地请他解释一下这件事的重要性，这将有助于理解你所感受到的敬畏之情。即使不懂当地语言，人们也更容易理解那些为了拯救他人而将自己置于危险之中的英勇行为，这些行为在道德上是高尚的。一种艺术表达（如音乐、舞蹈、表演、绘画）也可以在你观看一场感人的表演时提升你的情绪。当你参加音乐会或在博物馆欣赏伟大的艺术作品时，这种提升就会发生；它也可以在观看流行节目时发生。

平衡运用对美和卓越的欣赏，也体现在对这种感情的表达或分享不是势利的，也不是为了获得外界的认可和奖励。缺乏对美和卓越的欣赏可能会让你的生活无聊且缺乏动力。

- 过度使用优势：势利、自负
- 优势使用不足：遗忘、无意识

整合

将欣赏美与创造力、感恩之心等诸多优势自然融合。欣赏本身就是感激的标志，欣赏几乎总是将我们与他人联系在一起——无论是面对面的还是虚拟的——从而加强我们的社会信任，激发我们的灵感，提升道德感。当我们看到有人不顾一切地去拯救生命，或者一个人在进行高超的艺术表演时，这种情况就会发生。这种提升给我们注入了动力、热情和坚持。

治疗行动

- **探索你情绪的充实感：**意识到你的消极情绪是如何持续，如何影响你的行为的。同时，每天至少关注一个自然之美的实例（如日出、日落、云、阳光、雪、彩虹、树木、鸟、花、水果和蔬菜等）。在一天结束的时候，批判性地评估消极情绪和积极情绪，并写下增加积极情绪的方法，尤其是当你感到痛苦的时候。
- **做一些可以缓冲消极情绪的活动：**考虑一下，然后选择三个可以发挥创造力、坚持不懈和欣赏美的活动。把时间花在这些活动上，而不是担心、焦虑或感到压力。
- **注意表情：**注意别人是如何通过特定的语言、表情、手势和动作来欣赏美和卓越的。看看你是否注意到这些人在欣赏你平时没有意识到的生活。把这个表达融入你的词汇中。
- **编录积极的行为：**每周记录他人的善良如何影响你的生活。欣赏积极的人类行为之美，将它们分类，每周回顾，并激发做类似事情的动力。

- **反思和写作：**反思和撰写关于自然美的三个方面，人类创造力或艺术表达的三个实例，以及看到别人做一些你能认同并看到自己在做的积极的事情的三个经验。
- **对亲密关系表达欣赏和感激之情：**这种欣赏很可能会取代负面情绪。特别是当你对某人有轻微偏见或怀恨在心时，专注于其积极方面，真诚地欣赏对方，就会减少消极情绪，进而用信任和亲密化解它。

21. 感恩

描述

感恩是对生命中美好事物的觉知和感激。如果感恩是你最大的优势之一，你会花时间去表达感激，并思考你在生活中所得到的一切。当你回顾人生时，你不会被消极的记忆麻痹或占据；相反，你可能会重新评估你的消极记忆，并从中找到意义。你从不认为一切都是理所当然的，你会向某个特定的人或向大自然表达你的感激之情。因此，你通常认为世界是积极的，而不是消极的，这种信任有助于你向他人表达感激之情。事实上，感恩往往是“以他人为导向”的。也就是说，你对某人、和某人或为了某人表达感激，这个过程会建立积极的关系。在与他人交往时，你更有可能关注积极的方面。

中道

平衡地使用感恩需要你既不觉得自己有资格得到一个积极的结果，也不认为任何积极的事件或结果都是理所当然的。平衡和适应性地使用感恩通常与负面情绪互不相容。也就是说，当你真诚地心存感激时，你不会感到愤怒、痛苦、嫉妒、贪婪、贫穷或低人一等——事实上，适当地表达感激会抑制负面感受。

另外，要注意，如果你对每一件小事都热情洋溢地表达感激之情，那么接受感激的人可能会习惯你这种表达方式，并认为这是理所当然的。有些人可能会对你公开表达感谢的方式感到不适。因此，在表达感激之情之前，了解对方性格和情境动态是很重要的。另一方面，在你应该表达感激的时候却不表达感激，会给人留下自私、自大的印象。

合理地使用感恩之心可以促进平衡的自我形象。你对自己所拥有的感到满意，并且避免社会比较。

- 过度使用优势：讨好
- 优势使用不足：权利、特权

整合

感恩在很多方面都很有效，比如善良、爱、社交和情商，它能帮助你对他人的需求有洞察力和敏感性，并通过行动来表达你的关心。感恩也能培养积极体验的享受。你能够集中注意力，注意到一个积极的事件或经历，并与他人分享。利用欣赏美和卓越的优势，你会注意到别人的积极事件和特点，并真诚地与他们分享这些反馈，从而加强社会联系。和大多数积极情绪一样，感恩打开了你的认知和注意力渠道，让你在解决问题和进行创造性努力的过程中融入多样和新鲜的视角。平衡地使用感恩也会抑制社会攀比。

感恩能帮助我们应对压力和创伤，促进积极的重新解释或重构。感恩会帮助我们评估什么是生活中最重要的。在个人逆境、损失或创伤中表达感恩之情可能很难，而且在当时可能看起来无关紧要。然而，这样的表达可能是你能做的最重要的事情，因为它可以帮助你调整、应对和成长。平衡应用感恩的另一个标志是亲社会行为。也就是说，感恩能提高道德感，让你学会关心别人，并与他们分享你的资源。

治疗行动

- **培养感恩之心：**同时表达感恩和负面情绪是相斥的。换句话说，如果你心存感激，你就不太可能感到愤怒、矛盾、压力或悲伤。运用下面的策略（如表达感谢、忘却自怜），在日常生活中培养感恩之心。你体验到的积极情绪越多，你感受到的消极情绪就越少，陷入消极情绪的时间也就会减少。

- **表达感谢：**对每一个为你的成功做出贡献的人表示感谢，不管这些贡献有多么微小。要意识到你的成功在多大程度上是他人的有益影响加上你自己努力的结果。表达感谢不只是说声“谢谢”，还要具体描述。仔细观察别人是如何表达感谢的。
- **不要自怜：**感恩你所拥有的、你所取得的成就，以及你所享受的资源和支持。这反过来会让你更自信，更高效。这个过程可以帮助你戒掉一些坏习惯，比如自卑。
- **处理创伤：**感恩也能帮助你处理压力和创伤，让你积极地重新解释或重新构建困扰你的事。
- **每天练习感恩：**每天至少留出10分钟来享受平静，在这10分钟内不做任何有意识的决定。

22. 希望和乐观

描述

希望和乐观是对未来会发生好事的期待。虽然“希望”和“乐观”有时可以互换使用，但研究表明它们之间存在细微的差别。从治疗的角度来看，当一个人以悲观的方式解释失败的原因时，抑郁就会发生——乐观主义者看待失败的角度是不同的。例如，一个抑郁症患者可能认为一次失败：（a）就可能毁掉他的整个生活，（b）影响生活的每一个领域，（c）永远存在。但另一方面，乐观主义者会明白：（a）一次失败并不意味着他在每一次努力中都会失败，（b）失败会发生，但它不会永远持续下去，（c）失败不会毁掉生活中的一切。同样地，如果你正在经历抑郁症状，在“希望”

方面努力将帮助你增强你的意志，同时，将为你提供具体的策略来驾驭你的意志或动机，并付诸行动。希望和乐观可以引导你探索和期待自己最好的一面。

中道

希望和乐观的平衡使用要求你不要设定不现实的期望或目标，尤其是当你有心理压力的时候。从现实的、可实现的目标开始，特别是那些你能得到支持的目标。

PPT 的指导原则之一就是让患者相信自己的优势，相信自己寻求帮助的行为，这是一种充满希望和乐观的行为。只要有勇气承认自己需要帮助，你就已经有了一个很好的开端。在很多方面，PPT 是一种设定个性化目标的努力。利用你的优势，你和临床医生都可以设定对你有意义的人生目标，你们将一起监测治疗进展。目标越现实，你的恢复和幸福之旅就会越顺畅。庆祝你完成的每一个目标或其中的一部分。

为了平衡使用希望和乐观，在治疗中尽早确立目标是很重要的，因为在最初的五周或五个治疗环节中，症状改变的概率要高得多。如果你没有建立目标，或者在选择目标时太过自发，你可能会失去改变的动力，随着时间的推移，你的症状可能会恶化。写一个积极的未来版本的自己（见环节 4：更好的我）也可能会帮助你设定和修改现实的目标。最后，还应在文化背景下看待希望和乐观。

- 过度使用优势：盲目乐观
- 优势使用不足：悲观、绝望

整合

许多优势都可以与希望和乐观相结合，提供最佳的治疗效果。例如，把希望和乐观转化为目标是很重要的，你需要勇气和毅力等优势来实现这些目标。乐观尤其需要勇气和热情，因为有时我们真的想做某事，但我们内心的批评和别人的批评会阻碍我们的进步。我们可能不相信我们的实力，而更多地关注我们的缺点。

治疗行动

- **保持乐观和希望：**列出三件耗尽你的希望和乐观的事情。运用希望和乐观来减少你的痛苦。
- **培养乐观的伙伴：**让自己身边围绕着乐观和有未来意识的朋友，尤其是当你面临挫折的时候。接受他们的鼓励和帮助，让他们知道当他们遇到困难时你也会在他们身边。
- **奋斗后获得成功：**回想一下你或你身边的人成功克服困难的情景。如果你将来遇到类似的情况，记住这个先例。
- **想象未来的生活：**想想自己在 1 年、5 年、10 年后想要成为什么样子。画一条你可以走到那里的小路，包括可管理的步骤和方法来规划你的进展。
- **应对逆境：**当面对逆境时，专注于你如何克服过去类似的情况，借鉴以前的成功经验。

23. 幽默

描述

幽默是一种享受，包括欢笑、善意的玩笑，以及给他人带来快乐。幽默是社交互动不可或缺的因素，它为我们提供了一个不同的视角。如果幽默是你的优势之一，你会知道如何在保持团队凝聚力的同时减少压力。从治疗的角度来看，幽默提供了一个可行的方法来释放负面情绪。有了这种优势，你就能在很多情况下看到生活的光明面，找到让自己开心的事情，而不是让逆境打击自己。幽默不仅仅意味着讲笑话，相反，幽默是一种有趣和富有想象力的生活方式。

中道

太多的幽默会让你看起来像个傻瓜，而严重缺乏这种能力会让你变得太严肃和无聊。幽默的平衡运用虽然不容易，却是非常可取的。在不牺牲同理心和文化敏感性的情况下，一个好的笑话，快速的反驳、观察或评论可以提供一个全新的和不同的视角，可以扩展你的思维，提高你的自我意识。然而，在使用幽默和趣味性时，语境是至关重要的。例如，在某些情况下，偶尔幽默一下可能会带来好处，但很快就能转变为严肃的思考，过度使用幽默会给人留下不严肃、不可靠的印象；另一方面，严肃的语气和表情如果不能被小笑话或轻松的评论所打破，会使你与他人隔离，使他们无法自由地与你分享自己的想法和感受。

- 过度使用优势：像滑稽演员和小丑
- 优势使用不足：不开心、冷酷

整合

很多优点都可以帮助你驾驭幽默，比如社交智力、热情、好奇心、团队合作、善良、真实和公平。如果一个有趣的评论、笑话或趣闻被恰当地分享，它可以温和地缓解压力。请注意，幽默的平衡和适应性使用要求这个笑话或有趣的故事是相关的、有吸引力的。

治疗行动

- **使用会分散注意力的幽默：**如果你感到紧张、沮丧或愤怒，就在视频网站上创建一个有趣的播放列表。确保这些内容能吸引你，让你远离消极情绪。保持列表更新。
- **让一个阴郁的朋友高兴起来：**让一个你非常了解的人高兴起来。这也会帮助你处理自己的烦恼。
- **和有趣的人做朋友：**和幽默的人做朋友，看看他如何利用这种力量来处理困难的情况和坏消息。
- **在严肃的情况下寻找轻松的一面：**当一些严肃的事情发生时，试着找有趣和轻松的一面。在足够认真和不太认真之间取得平衡。
- **参与户外活动：**每月至少和朋友出去一次，跑步、远足、越野滑雪、骑自行车等等。注意当你们一起欢笑的时候，团队活力是否会提高。

24. 灵性

描述

灵性是人类经验的一个普遍部分，包括一个人在更大的事物体系中的位置知识。灵性可以包括（但不限于）宗教信仰和实践。在这种优势的帮助下，你会在日常生活中意识到神圣和世俗。这是一种优势，它能让你在面对逆境时感到舒适，并能让你体验到超越平凡、实现自我。你会感到一种安慰，拥有一种可以依靠的力量及情感支持，从而能够应对逆境。为了增强你的灵性，你会采取一些具体的行动，这些行动通常遵循既定的精神或宗教规范。当你采取这些行动时，你会觉得生活更有意义。

中道

平衡的灵性表明你的生活充满了意义和目的，尽管这种意义和目的不一定是宏大的。灵性、意义和目的的平衡使用可以通过有形的亲社会活动来实现，比如在救济所、福利院或养老院做志愿者。参与宗教机构、专业协会、休闲或体育俱乐部、非营利组织、环境工作组或人道主义组织都提供了与更大的事物建立联系的机会。不管你是如何建立一种精神上的和有意义的生活，确保目标或意义总是明确的。在踏上任何一条道路之前，先思考一下这条道路会给你带来什么结果。完全缺乏灵性、意义和目的会让你感到空虚、不满足，并对生活的无目的感到焦虑。

- 过度使用优势：狂热、激进
- 优势使用不足：失范、孤立

整合

许多优势与灵性自然地结合在一起，包括感恩、自律、坚持、真实、对美的欣赏和希望。除了特定的优势，一些基于优势的行动也可以提供给你抚慰人心和令人满意的精神体验。这些包括指导，与你的伴侣或亲密的朋友一起静修、冥想或祈祷，或共享同一个空间；定期回顾你的生活，反思它的意义，以及你的行为和习惯是否与这个意义保持一致。

治疗行动

- **列出那些让你感到分离和建立联系的经历：**每周或每月列出那些让你感到分裂、分心和分离的经历。在每一个这样的经历旁边，写下可能会在你的生活中建立牢固联系的经历。
- **调整你的追求：**如果你发现自己沉浸在消极情绪中（如悲伤、压力或愤怒），有意识地让自己沉浸在自然、艺术、音乐、诗歌或文学中，让自己充满敬畏和惊奇。逐渐调整你的意识。这些经历可以将你与你的精神追求联系起来。
- **练习放松：**每天花 10 分钟深呼吸、放松和冥想（通过专注于呼吸来清空大脑中的想法）。观察你事后的感觉。
- **探索人生目标：**如果你感到失落、矛盾或空虚，探索你生活的一个基本目标，并将你的行动与这个目标联系起来。每天问问自己，你是否完成了任何事情来实现这个目标。
- **为自己写下悼词：**为自己写悼词，或者问你爱的人他们会如何记住你。他们有没有提到你的显著优势？

表 D2 品格优势的平衡使用

优势	过度（太多）	不足（缺乏或太少）	中道	整合（与其他优势的相互作用）
智慧和知识：知识获取和运用上的认知优势				
创造力	奇异、离奇、古怪	沉闷、平庸、从众	适应性的、积极和创新的做事方式	好奇心，开放性和热情
好奇心	窥探、探听、好管闲事	无聊、无兴趣、冷漠	探索和开放，既不无聊也不侵扰	毅力，开放性和勇气
开放性	玩世不恭、怀疑	教条主义、“不反思”、僵化、过分简单化	如果需要，对适应性变化进行公正的批判性调查	洞察力，好奇心和公平
好学	“无所不知”主义	自满、自视甚高	深化知识，更好地了解自我和社会	好奇心，开放性和毅力
洞察力	精英主义、神秘主义、迂腐	肤浅	用综合知识来理解情境	社交智慧，正直和勇气
勇气：内外意见不一致时，依然能够顺利完成任务的一种情感优势				
勇敢	冒险、愚蠢	极度恐惧、懦弱	在不危及安全和幸福的情况下面对并处理威胁和恐惧	自我调节，正直和毅力
毅力	过分执着、固执、追求无法达到的目标	懒惰、冷漠	完成已经开始和需要完成的事情	勇敢，洞察力和热情
正直	过于平均	肤浅、虚假	真实，不为外界的压力或奖励所动	热情、活力、社交能力、情商、善良、爱和洞察力

（续表）

优势	过度（太多）	不足（缺乏或太少）	中道	整合（与其他优势的相互作用）
活力和热情	过度活跃	被动、压抑	热情不是痴迷，也不是太多的抑制	自我调节，希望和勇气
仁慈：在面对反对或内部威胁时表现出意志力的情感优势				
爱	感情混乱	孤立、超然	真诚地关爱他人而不做出极端的牺牲	善良，社交能力和希望
善良	侵扰他人	冷漠、残忍、吝啬	为他人做一些他们需要的事情，而不是被要求做的事情，也不期望有形的回报	社交能力，公民意识和团队合作，洞察力
社交能力	喋喋不休、自欺欺人	迟钝、无能	细致入微地理解情感、动机和相应的变化。	洞察力、意义和目的，活力和热情
公正：照顾和帮助他人的人际交往优势				
公民意识与团队合作	盲目和自动的服从	自私、自恋	为了共同的利益而包容与和谐	社交能力，领导力和希望
公平	没有远见或同理心的公正，超然	偏见、盲目支持	做正确的事情，不受个人和社会偏见的影响	正直，勇气和开放性
领导力	专制、专横	顺从、默许	有抱负并带领他人朝着一个积极的共同目标前进	热情，团队合作和社交能力

（续表）

优势	过度（太多）	不足（缺乏或太少）	中道	整合（与其他优势的相互作用）
节制：防止过度的优势				
宽恕和仁慈	纵容	无情、报复心强	自愿停止复仇的循环	善良，社交能力和正直
谦逊和稳重	自嘲	愚蠢的自尊、傲慢	不妥协的自我照顾，尽管值得但不会主动寻求聚光灯	感恩，正直和灵性
严谨	拘谨、木讷	鲁莽、寻求刺激	对潜在的和现实的风险保持谨慎，而不是太过忧虑或漠不关心	持久性，自我调节和好奇心
自我调节	压抑、沉默	自我放纵、冲动	调节情绪和行为而不感到压抑或约束	洞察力，持久性和希望
超越：与更大的宇宙建立联系并提供意义的优势				
对美和卓越的欣赏	势利、自负	遗忘、无意识	从本质上欣赏美和卓越，不势利	感恩，热情和创造力
感恩	讨好	权利、特权	深切而真诚的感激之情，而不觉得理所当然	善良，爱和社交能力
希望和乐观	盲目乐观	悲观、绝望	在现实范围内保持乐观	开放性，勇气和热情
幽默	像滑稽演员和小丑	不开心、冷酷	用良好的意图表达轻松有趣的情况	热情，社交能力和正直
灵性	狂热、激进	失范、孤立	通过有意义的行动追求适应性路径	感恩，谦逊和善良

致　谢

感谢无数的援助之手和善良之心帮助我们策划了本书。我们要感谢牛津大学出版社的莎拉·哈瑞格顿，感谢她为本项目提供了所需的帮助和关怀。凯特·沙因曼的编辑才能极大地润色了我们的手稿。以下这些人以他们独特的方式为本书提供了帮助：我们最衷心地感谢罗伯特和黛安·奥斯特曼、简·吉勒姆、约翰·阿贝拉、卡伦·莱维奇、朱迪·萨尔茨伯格、彼得·舒尔曼、詹姆斯·鲍威斯基、安吉拉·达克沃思、阿卡恰·帕克斯、海森·海沃德、琳达·纽斯特、芭芭拉·弗雷德里克森、丹尼斯·昆兰、尼尔·梅耶森、瑞安·内姆克、罗伯特·麦格拉斯、丹·塔苏洛、胡安·温贝托·杨、哈米德·佩塞施基安、露丝·劳登、亚历山德拉·洛夫、柯蒂斯·科尔、米里亚姆·肖克曼、德斯蒙德·皮亚特、乔治·维兰特、里克·萨默斯、卡罗尔·考夫曼、卡洛琳·伦诺克斯、露丝·鲍曼、朱迪思·考夫曼、阿曼达·优尼科、瑞安·豪斯、丹尼尔·乌伊、阿亚·马哈拉杰、凯伦·杨、沙菲克·卡曼尼、吉乐娜·纳西皮、诺曼·希迪奎、蔡文斌、史蒂夫·荷杰、路易莎·朱厄尔、坦尼娅·丹·梅洛、约翰·亨德里、迈克·斯莱德、贝亚特·施兰克、西蒙·里奇斯、卡罗尔·杨、塞缪尔·何、迈克尔·亚历山大、萨拉·斯平克斯、尼尔·多彻蒂、阿卜杜·劳夫、费萨尔·尼萨尔、阿西夫·赛义德、埃曼·邦特·赛义德、弥河·拉扎、蒂莫西·贾诺蒂、罗伯特·法齐奥，以及我们的患者、是他们教会我们如何在伤痛中疗伤。